Monetäre Umweltbewertung mit
der Contingent Valuation-Methode

Europäische Hochschulschriften
Publications Universitaires Européennes
European University Studies

Reihe V
Volks- und Betriebswirtschaft

Série V Series V
Sciences économiques, gestion d'entreprise
Economics and Management

Bd./Vol. 2611

PETER LANG
Frankfurt am Main · Berlin · Bern · Bruxelles · New York · Oxford · Wien

Ralf Wagner

Monetäre Umweltbewertung mit der Contingent Valuation-Methode

PETER LANG
Europäischer Verlag der Wissenschaften

Die Deutsche Bibliothek - CIP-Einheitsaufnahme

Wagner, Ralf:

Monetäre Umweltbewertung mit der Contingent-Valuation-Methode / Ralf Wagner. - Frankfurt am Main ; Berlin ; Bern ; Bruxelles ; New York ; Oxford ; Wien : Lang, 2000
(Europäische Hochschulschriften : Reihe 5, Volks- und Betriebswirtschaft ; Bd. 2611)
Zugl.: Cottbus, Brandenburgische Techn. Univ., Diss., 1999
ISBN 3-631-36096-7

Co 1
ISSN 0531-7339
ISBN 3-631-36096-7

Dank

Nicht nur die Durchführung von modernen Nutzen-Kosten-Analysen mit Befragungsmethoden erfordert gemeinschaftliches Denken und Handeln sowie eine intensive und aufgeschlossene Zusammenarbeit über verschiedene wissenschaftliche Disziplinen hinweg, wenn sie zum Erfolg führen soll.

Auch diese Arbeit wäre nicht möglich gewesen ohne zahlreiche wertvolle Hinweise von Herrn Professor Dr. Ahlheim von der Brandenburgischen Technischen Universität (BTU) Cottbus, Lehrstuhl Volkswirtschaftslehre, insb. Umweltökonomie, und Herrn Professor Dr. Wagenhals von der Universität Hohenheim, Lehrstuhl Statistik und Ökonometrie. Beiden Professoren bin ich für ihr Interesse, ihre Kritik sowie ihre stete und zeitaufwendige Bereitschaft zum Gespräch und zur Diskussion dankbar. Mit großem Sachverstand begleitet wurde diese Arbeit von meinen ehemaligen Kollegen Thomas Sauer und Jürgen Schneider. Ohne ihre Anregungen wäre wohl so manches Kapitel im Ansatz steckengeblieben. Professor Dr. John Whitehead von der East Carolina University bin ich für die Bereitstellung der Daten dankbar. Frau Steffi Richter danke ich für wertvolle Korrekturvorschläge und Hinweise zur Gestaltung das Layouts. Wichtig für den Erfolg einer Zahlungsbereitschaftsanalyse ist, daß die Ziele und Inhalte der Umfrage von den Befragten verstanden und für realistisch gehalten werden. Daher bin ich meinem Vater, Klaus Wagner, sowie Astrid Wagner für fachfremde und daher ungewohnte, aber nicht minder interessante Perspektiven dankbar, die sich aus Gesprächen mit ihnen ergeben haben. Profitiert hat diese Arbeit insbesondere von Diskussionen mit Studierenden der BTU Cottbus. Hervorzuheben sind in diesem Zusammenhang Diskussionen mit Ophelia Bote, Etta Bultmann, Maja Jejkal, und Thomas Junge, dessen IT-Sachverstand dazu beigetragen hat, die Arbeiten effizient durchzuführen.

Essen, im Februar 2000,

Ralf Wagner

☎ (beruflich) (0201) 102 2212
Email wagner@conenergy.com

"What do you mean the maximum
I would be willing to pay?
You mean when someone has
a gun to my head?"

Dale Whittington (1996, S. 6)

Abstract

Ziel der vorliegenden Arbeit ist es, Methoden darzustellen und weiterzuentwickeln, mit denen Qualitätsänderungen in der Umwelt monetär bewertet werden können. Mit dem Instrumentarium der Nutzen-Kosten-Analyse kann eine vollständige monetäre Bewertung *aller* Umwelteffekte vorgenommen werden, wenn Zahlungsbereitschaftsanalysen auf Basis der Kontingenten Evaluierungsmethode (KEM) eingesetzt werden. Mit dieser Befragungsmethode wird der Wert einer Umweltänderung aus den geäußerten Wertschätzungen der von einem Umweltprojekt betroffenen Individuen ermittelt. Zur praktischen Umsetzung werden repräsentative Stichproben aus der Gesamtheit aller betroffenen Personen gezogen. Die vorliegende Arbeit zielt auf diskrete Befragungsdaten aus KEM-Studien ab, die man aus sogenannten „Referendumsbefragungen" erhält, bei denen Gebote von den Interviewern vorgegeben werden, die die Befragten entweder ablehnen, oder denen sie zustimmen.

Neben einem eher theoretisch und methodisch orientierten ersten Teil, der die ersten sechs Kapitel einschließt, umfaßt der eher empirisch orientierte zweite Teil die Kapitel sieben bis elf. Im zwölften und abschließenden Kapitel werden die Perspektiven der KEM in Deutschland diskutiert.

Der wichtigste Schluß dieser Arbeit ist, daß kontingente Evaluierungen in Nutzen-Kosten-Analysen bisher zuwenig Eingang finden. Die Ergebnisse dieser Arbeit stimmen positiv. Dabei muß jedoch darauf hingewiesen werden, daß eine Zahlungsbereitschaftsanalyse methodisch exzellent vorbereitet werden muß. Der Interpretation von KEM-Ergebnissen müssen sorgfältigste statistische Analysen des Datenmaterials vorausgehen. Zudem ist dem strategischen Verhalten der Befragten wieder mehr Aufmerksamkeit zu schenken, als dies in der jüngsten Vergangenheit geschah. Auch die Anforderungen der ökonomischen Theorie müssen in stärkerem Maße als bisher Beachtung finden.

Key Words: Contingent Valuation-Methode; Nutzen-Kosten-Analyse; Referendumsmethode; Wohlfahrtstheorie; Ökonometrie; Umweltökonomie; Mikroökonomie; Umweltbewertung; Zahlungsbereitschaftsanalyse; Survey; Rationalität; strategisches Verhalten.

INHALT

1 Einleitung

1.1 Motivation der Arbeit und aktueller Bezug

Soll zwischen Hamburg und Berlin eine Transrapidstrecke gebaut werden und der innovative Hochgeschwindigkeitszug täglich verkehren? Ist es wünschenswert, in Nordrhein-Westfalen und Brandenburg weiter Braunkohle im Tagebau abzubaggern? Sollen in Süddeutschland die zentralen Fernverkehrsstraßen verbreitert und soll in Norddeutschland die Ostseeautobahn gebaut werden? Macht es Sinn, die Havel für die Großschiffahrt auszubauen? Ist Stromerzeugung mit Kernenergie nachhaltig?

Obwohl man mit solchen oder ähnlichen Fragen regelmäßig in den Medien konfrontiert wird, fällt vielen Menschen eine Antwort schwer. Viele beschleichen ambivalente Gefühle, wenn sie über Antworten auf obige Fragen nachdenken.

Die Fragen polarisieren und zwingen doch zu einer eindeutigen Antwort, weil es hierzu meist nur ein klares „Ja" oder „Nein" gibt. Dies wird am Beispiel des Transrapids deutlich: Entweder wird der Transrapid gebaut, dann wird eine Strecke benötigt, entlang der er verkehren kann, oder man verzichtet auf den Transrapid, dann kann die in die Streckenführung einbezogene Landschaft in ihrem ursprünglichen Zustand verbleiben, oder zu anderen Zwecken verwendet werden. Ähnlich steht es mit der Verbreiterung von Fernverkehrsstraßen oder dem Ausbau der Havel zur Großschiffahrtsstraße.

Die Frage nach der Rentabilität von Großprojekten zielt dabei nicht darauf ab, ob Unternehmen der Maschinenbau-, Stahl-, Energie- oder Baubranche, die sich an der Realisierung der Projekte beteiligen, Gewinne aus den genannten Projekten erzielen würden. Firmen, die sich an öffentlichen Ausschreibungen beteiligen, haben nach den bekannten betriebswirtschaftlichen Verfahren der Investitions- und Finanzierungsrechnung die zu erwartenden Kosten und Erträge kalkuliert und erwarten eine angemessene Rendite aus ihrem Engagement. Es geht um den gesellschaftlichen Nutzen dieser Projekte bzw. um die Änderung der gesellschaftlichen Wohlfahrt.

Das Entscheidungskalkül der Nutzen-Kosten-Analyse wägt die gesellschaftlichen Nutzen und Kosten eines Projekts ab. Die Abwägungen fundieren auf den Meinungen der die Gesellschaft repräsentierenden Individuen. Entscheidungsgrundlage der Nutzen-Kosten-Analyse bilden die durch Projektwirkungen ausgelösten Änderungen im Wohlbefinden der Individuen. Dabei hängt das, was ein

Individuum positiv beeinflußt, und das, was es negativ berührt, von seinen persönlichen Vorlieben bzw. „Präferenzen“ ab.

Während das betriebswirtschaftliche Investitionskalkül auf objektiv meßbaren und prognostizierbaren Größen beruht, deren Glaubhaftigkeit von externen Gutachtern jederzeit überprüfbar ist, ist das Kalkül der gesellschaftlichen Nutzen-Kosten-Analyse abhängig von den nicht beobachtbaren Präferenzen der von einem Projekt - positiv oder negativ - betroffenen Individuen. Die Identifikation der mit einem Projekt verbundenen individuellen Nutzenänderungen und ihre empirische Ermittlung wird als das „Meßproblem“ der Nutzen-Kosten-Analyse bezeichnet.

Zur Entscheidung über die gesellschaftliche Vorteilhaftigkeit eines Projekts, müssen die individuellen Nutzenänderungen zu einer gesamtgesellschaftlichen Wohlfahrtsänderung aggregiert werden. Da eine wechselseitige Verrechnung von Nutzenänderungen verschiedener Individuen stets Werturteile impliziert und im Rahmen der ordinalen Nutzentheorie nicht zu rechtfertigen ist, tritt bei diesem Vorgang das „Aggregationsproblem“ der Nutzen-Kosten-Analyse auf (s. hierzu das elfte Kapitel).

Als Lösungsansatz für das Meßproblem bedient man sich eines Zielsystems, in welchem festgelegt ist, auf welche Auswirkungen hin die geplanten Maßnahmen untersucht werden. Als Ziele im Verkehrsbereich definieren Petschow und Meyerhoff (1993, S. 1979) „z. B. die Senkung der Transportkosten, regionale Auswirkungen und Umweltauswirkungen“. Der Sinn einer Nutzen-Kosten-Analyse besteht darin, diese Projektwirkungen zu monetarisieren. Schlagen sich die projektinduzierten Versorgungsänderungen in den Einkommen und den Marktpreisen nieder, so sind diese Änderungen durch Beobachtungen realer Märkte meßbar. Obwohl selbst dieses Vorgehen zur Quantifizierung von Einkommens- und Preiseffekten theoretische Konsistenzprobleme verursacht, wie Ahlheim (1995, S. 326 ff.) zeigt, verläßt man bei dem Versuch, die sogenannten „intangiblen Nutzenänderungen“ monetär zu bewerten, endgültig den vertrauten Bereich der Marktbeobachtung. Zu „intangiblen Nutzenänderungen“ zählen traditionell die Umweltwirkungen von Projekten.

Von Umweltprojekten gehen sogenannte (negative) „Externalitäten“ aus, die das Wohlbefinden von Individuen (negativ) beeinflussen, jedoch nicht von ihnen kontrolliert werden können und die nicht über das Preissystem abgegolten werden. Daher galten Externalitäten lange Zeit als nicht monetarisierbar. Gerade von den anfangs erwähnten Projekten kann nun angenommen werden, daß sie in großem Umfang negative Externalitäten auslösen. So gehen Experten z. B. davon aus, daß die Lärmbelastung bei den an eine Transrapidstrecke angrenzenden Gemeinden erheblich zunehmen wird. Auch die Fortführung des Braunkohletagebaus löst negative Externalitäten aus: Neben der Zerstörung der natürlichen Schönheit der Landschaft werden viele von Umsiedlungen betroffene Dorfbewohner den Verlust ihrer angestammten Heimat beklagen. Des weiteren ist die Rekultivierung der Bergbaufolgelandschaften mit erheblichen Folgekosten verbunden [s. hierzu Ahlheim (1997)]. Viele Menschen beschleicht ein Gefühl der Unsicherheit beim Einsatz der Kernenergie. Umweltwirkungen, wie eine zunehmende Lärmbelastung, die Verschandelung eines Landschaftsbildes, den Verlust der Heimat oder Zukunftsängste werden häufig nicht bewertet. Damit werden die Verursacher negativer Externalitäten nicht zu Schadensersatzleistungen in Höhe des Marktwerts der von ihnen ausgehenden Effekte herangezogen. Folglich werden negative externe Effekte nicht oder nur unvollständig internalisiert.

Gerade bei Eingriffen in die natürliche Umwelt treffen zahlreiche Bewertungsprobleme aufeinander. Die meisten Umweltgüter tragen den Charakter öffentlicher Güter. Im Unterschied zu den auf Märkten gehandelten gewöhnlichen Gütern kann von deren Nutzung niemand ausgeschlossen werden. So steht die Schönheit von der Abbaggerung bedrohter brandenburgischer Landschaften beispielsweise potentiell allen Menschen frei zur Verfügung, die Brandenburg besuchen wollen. Da auf Umweltgüter i. a. das sogenannte „Ausschlußprinzip" nicht anwendbar ist, ist eine Voraussetzung für die Vergabe von Eigentumsrechten an diesen Gütern verletzt. Des weiteren ist die Schönheit einer Landschaft von vielen Personen gleichzeitig „konsumierbar", so daß „Nichtrivalität im Konsum" herrscht.

Die Nichtanwendbarkeit des Ausschlußprinzips und die Nichtrivalität im Konsum stehen dem freien Handel von Umweltgütern und Umweltqualitäten auf realen Märkten entgegen. Da freie Märkte Marktgüter durch das Zusammenspiel von Angebot und Nachfrage in eine effiziente Verwendung lenken, ist zu vermuten, daß dies bei Nichtmarktgütern, zu denen im folgenden Umweltgüter gezählt werden, nicht der Fall ist. Die Verwendung knapper Umweltgüter wird demnach durch andere als durch Marktkräfte gesteuert. Damit entziehen sie sich jedoch einer monetären Marktbewertung.

Der fehlende Markt für Umweltgüter und die damit einhergehende mangelnde Monetarisierung von Umwelteffekten führt zu einem gesellschaftlichen Informationsdefizit. Dies erschwert eine rationale Entscheidungsfindung im Umgang mit der Natur. Vielen Naturgütern kommt damit nicht der Wert zu, den sie verdienten. Die Folge ist ein Unterangebot an Umweltgütern. Daher wird die Natur auch als Produktionsinput nicht effizient eingesetzt. So zeigt das Statistische Bundesamt im Rahmen seiner umweltökonomischen Gesamtrechnung, daß zwischen 1960 und 1995 die Arbeitsproduktivität um 200 Prozent gestiegen ist, die Produktivität der Energienutzung jedoch nur um 31 Prozent [Süddeutsche Zeitung vom 22. Juli 1998)]. Durch einen Abbau negativer Externalitäten und durch die Bereitstellung einer besseren Umwelt könnte die gesellschaftliche Wohlfahrt erhöht werden.

Zur Fehlallokation von Umweltgütern aus wohlfahrtstheoretischer Sicht trägt die gegenwärtige Praxis der Nutzen-Kosten-Analyse in der Bundesrepublik Deutschland zweifellos bei. In Deutschland hat der Gesetzgeber die Durchführung von Nutzen-Kosten-Analysen zwar haushaltsrechtlich durch entsprechende Bestimmungen verankert. Danach sind nach § 6 Abs. 2 des Haushaltsgrundsätzegesetztes (HGrG), welches die Haushaltsführung von Bund und Ländern vereinheitlicht, „für geeignete Maßnahmen von erheblicher finanzieller Bedeutung" „Kosten-Nutzen-Untersuchungen anzustellen" [Mühlenkamp (1994, S. 7)]. In der Praxis werden die Umweltwirkungen von Großprojekten jedoch - wie beim Havelausbau zur Großschiffahrtsstraße [s. Petschow / Meyerhoff (1993)] - als weitgehend „intangibel" angesehen. Damit liegt die deutsche Praxis der Nutzen-Kosten-Analyse weit hinter internationalen Standards zurück.

Zur Begegnung dieses Mangels werden im nächsten Abschnitt zunächst diejenigen Wertkomponenten identifiziert, die Gütern im allgemeinen und Umweltgütern im besonderen zugewiesen werden. Daraus wird abgeleitet, welche Wertkomponenten als intangibel angesehen werden.

1.2 Die Konzepte der Gebrauchs- und Nichtgebrauchswerte

Aus traditioneller Sicht rührt die Motivation von Individuen, Güter nachzufragen, von deren Absicht, diese einem Gebrauch zuzuführen. Die aus Gebrauchsmotiven abgeleiteten Gebrauchswerte lassen sich bezüglich des konsumtiven Gebrauchs in direkten und indirekten Gebrauch unterteilen. Beim direkten konsumtiven Gebrauch werden Güter verbraucht, wie dies z. B. beim Konsum von Nahrungsmitteln der Fall ist. Beim indirekten konsumtiven bzw. beim nicht-konsumtiven Gebrauch bleiben Güter erhalten. Dies ist beim Photographieren in der Natur oder beim bloßen Besitz von Gütern der Fall.

Das Gebrauchswertkonzept allein reicht nicht aus, alle wertstiftenden Komponenten eines Guts zu erfassen, wenn dem Nachfrageverhalten keine beobachtbaren Markthandlungen zugrundeliegen. Dies kann am Beispiel des indirekten konsumtiven Gebrauchs verdeutlicht werden: So spiegelt der Preis für ein Photo einer Landschaft nicht die Bewertung der Landschaft selbst wider.

Im Unterschied zu ex post-Analysen, mit denen im nachhinein untersucht wird, was geschah, wird ex ante analysiert, was geschehen könnte. Das zugehörige Konzept des Optionswerts geht auf Weisbrod (1964) zurück. Zukünftiger Gebrauch ist unsicher und kann daher nur optional bewertet werden. Optionswerte werden stets ex ante gemessen. Sie sind damit einer Versicherungsprämie vergleichbar, die ein Individuum gegenwärtig für eine zukünftige Nutzung eines Umweltguts maximal zu zahlen bereit ist. Wenn diese Option beispielsweise als Folge von Umweltverschmutzungen unsicherer wird, sinkt auch zwangsläufig deren Optionswert. In die Kategorie der Optionswerte fallen der „reine Optionswert" und der „Quasioptionswert".

Reine Optionswerte mißt ein Individuum der Möglichkeit bei, eine bestimmte Umweltqualität in der Zukunft nutzen zu können, auch wenn es zum Zeitpunkt der Bewertung unsicher ist, ob es diese nutzen will. Quasioptionswerte sind Werte, die Individuen einem möglichen zukünftigen Gebrauch eines Guts zuordnen, über dessen Nutzen sie sich zum Zeitpunkt der Bewertung noch nicht im klaren sind, oder über dessen Verwendungsmöglichkeiten sie - beispielsweise in Ermangelung von Forschungsergebnissen - noch ungewiß sind. Hierzu zählen zum Beispiel Wertschätzungen für unerforschte Pflanzen oder Tiere, die in der Medizin Verwendung finden können. Damit spiegelt ein Optionswert allgemein die maximale Zahlungsbereitschaft eines Individuums für die Vermeidung eines Verlustrisikos wider. Die vorgestellten Optionswerte sind als Maße für die Risikoaversion von Individuen gegenüber Faktoren anzusehen, die ihre zukünftigen Konsummöglichkeiten einschränken.

Die Bewertung von Qualitätsänderungen in der Umwelt wird durch die Existenz von Nichtgebrauchswerten erschwert. Krutilla (1967) erwähnt erstmals Nichtgebrauchsmotive. Er identifiziert Wertschätzungen für bestimmte Güter losgelöst von gegenwärtigem oder zukünftigem Gebrauch. Krutilla führt Vermächtnis- und Existenzmotive als präferenzenbasierte Bewertungen an. So geht die Wertschätzung eines Individuums auch aus Motiven für die Bewahrung des Guts für zukünftige Generationen sowie aus der Freude über dessen bloße Existenz hervor.

Existenzwerte sind Nichtgebrauchswerte, die Individuen Gütern aufgrund ihrer bloßen Existenz beimessen. Vermächtniswerte gründen auf dem Wunsch der Vertreter der jetzt lebenden Generationen, daß zukünftige Generationen in den Genuß einer bestimmten Umweltqualität kommen sollen. Darin kommt das Verantwortungsbewußtsein von jetzt lebenden Menschen gegenüber den Lebensbedürfnissen künftiger Generationen zum Ausdruck.

Es besteht in der Literatur Konsens darüber, daß Gebrauchs- und Nichtgebrauchswerte formal unterschieden werden können. Optionswerte stellen keine eigene Wertkomponente dar [Larson (1993, S. 377)]. Sie zählen wegen zugrundeliegender Gebrauchsmotive in der neueren Literatur zu den Gebrauchswerten [Carson et al. (1997, S. 151)]. Da Optionswerte ähnlich wie Vermächtnis- und Existenzwerte nicht aus beobachtbaren Markthandlungen ableitbar sind, könnte man sie ebensogut zu den Nichtgebrauchswerten zählen - diese Unterscheidung ist jedoch semantisch und wird nicht weiterverfolgt.

Der Gesamtwert eines Umweltprojekts, welches das Angebot an Umweltgütern qualitativ oder quantitativ ändert, setzt sich aus Änderungen in Gebrauchs- und Nichtgebrauchswerten zusammen. Da für Umweltgüter häufig keine Markthandlungen und damit keine Preise beobachtbar sind, müssen andere Verfahren als Marktbeobachtungen herangezogen werden, um die Wohlfahrtswirkungen von Umweltprojekten monetär zu bewerten. Hierzu werden im folgenden Abschnitt indirekte und direkte monetäre Bewertungsmethoden diskutiert.

1.3 Indirekte und direkte Bewertungsmethoden

Indirekte Methoden zur Bewertung von Umweltgütern basieren auf einer angenommenen Verbindung zwischen den beobachtbaren Handlungen von Individuen und den zu bewertenden Umweltgütern.

Mit der schwachen Komplementaritätsbeziehung zwischen einem Marktgut und einem Umweltgut wird angenommen, daß einem Umweltgut kein Wert beigemessen wird, wenn das Marktgut nicht genutzt wird. Beispielsweise leitet man mit der Reisekostenmethode (oder auch Aufwandsmethode) aus den monetären und zeitlichen Aufwendungen für die Nutzung eines Umweltguts den Wert dieses Umweltguts ab. So wird ein Nationalpark danach bewertet, was Touristen für ihre Aufenthalte an Kosten für die Anreise, für Eintrittspreise usw. aufwenden, sowie danach, wieviel Zeit sie in ihre Ausflüge investieren. Ein ungelöstes Problem ist die Bewertung der Freizeit. Die Datenbasis ergibt sich aus Befragungen von Individuen über ihre Reisegewohnheiten. Die Reisekostenmethode hat sich in den letzten Jahren zu einem ökonometrisch äußerst anspruchsvollen Verfahren entwickelt. Den aktuellen Stand der Forschung vermitteln Hausman et al. (1995).

Bei Verwendung der hedonischen Preismethode werden marktgehandelte Güter, wie z. B. Immobilien, in ihre Attribute „aufgespalten“. Besitzen zwei sonst identische Marktgüter unterschiedliche Qualitätsausprägungen in ihren Umweltattributen, ist die Differenz in ihren Marktpreisen auf die unterschiedlichen Qualitätsausprägungen dieser Attribute zurückzuführen. Aus dieser Differenz wird der Wert der Qualitätsänderung abgeleitet. So z. B. ist an Urlaubsorten häufig zu beobachten, daß ein Hotelzimmer mit Meerblick ceteris paribus mehr kostet als ein Zimmer mit Blick auf den Hinterhof. Die Preisdifferenz leitet sich dann aus den unterschiedlichen Ausprägungen des Umweltattributs „Meerblick" ab [zur hedonischen Preismethode vgl. Bateman (1993)].

Indirekte Methoden besitzen den Nachteil, daß die Wertermittlung von der konkreten Nutzung eines Umweltguts abhängt. Da es dann jedoch sehr schwierig, wenn nicht sogar unmöglich ist, Handlungen zu identifizieren, die Individuen in Bezug auf Umweltgüter mit einem hohen Anteil an Nichtgebrauchswerten tätigen, empfiehlt es sich, auf direkte Bewertungsmethoden zurückzugreifen.[1]

Bei den direkten Methoden bewerten Individuen Umweltprojekte auf „konstruierten Märkten" [s. Carson (1991)]. Konstruierte Märkte können dabei rein hypothetischer Natur sein oder reale Märkte simulieren. Auf ihnen werden die Umweltprojekte quasi wie Marktgüter gehandelt. Gemeinsam ist diesen Märkten, daß sie in der Realität (noch) nicht existieren. Daher bedient man sich Befragungsmethoden, um das potentielle Marktverhalten der Marktteilnehmer zu ermitteln.

So eröffnet die bekannteste direkte Methode, die Kontingente Evaluierungsmethode (KEM) bzw. Contingent Valuation-Methode (CV-Methode), die Möglichkeit, die Verbindung zwischen einer Qualitätsänderung in der Umwelt und der Wertschätzung dafür explizit offenzulegen. Hierbei wird den Befragten ein genauer Plan der ins Auge gefaßten Qualitätsänderungen vorgelegt. Häufig ist das Bewertungsobjekt eine Umweltänderung, wie die Verbesserung der Luftqualität in einer Großstadt [z. B. Schulz (1985)]. Neben materiellen Dingen sind Bewertungsobjekte jede beliebige Form von Prozessen und Aktivitäten, für die ein ökonomischer Wert[2] gesucht wird.

Zentrales Gestaltungsinstrument, welches zur Präsentation des Bewertungskontextes herangezogen wird, ist das Surveydesign einer Studie, das von den Initiatoren der Umfrage erstellt wird. Es ist wichtig, daß die Interviewer den

---

[1] Larson (1993) zeigt, daß es unter bestimmten Bedingungen möglich ist, auch Nichtgebrauchswerte mit Hilfe indirekter Methoden zu identifizieren. Bockstael und McConnell (1993) weisen jedoch nach, daß diese Vorgehensweise sehr restriktive Annahmen hinsichtlich der Präferenzen der Individuen erfordert.

[2] Der Begriff „ökonomischer Wert" soll hier anstelle von „Wert" verwendet werden, um ökonomische Werte von Verwendungen des Begriffes Wert in anderen Wissenschaftsdisziplinen zu unterscheiden [s. hierzu Brown (1984)].

Befragten das zu bewertende Umweltgut in seinem zum Zeitpunkt der Umfrage befindlichen *Ist-Zustand* und in dem zum Zeitpunkt nach Durchführung der Maßnahmen geplanten *Soll-Zustand* detailliert beschreiben.

Zur Bewertung der Umweltänderungen werden die Befragten aus einer zuvor festgelegten Grundgesamtheit ausgewählt. Sie evaluieren das ihnen unterbreitete hypothetische Szenario im Rahmen einer persönlichen oder telephonischen Umfrage. Seltener werden Briefumfragen eingesetzt. Die den Befragten unterbreitete hypothetische Umweltänderung umfaßt alle bewertungsrelevanten Änderungen im gesellschaftlichen, ökonomischen und natürlichem Umfeld.

In den achtziger Jahren entwickelte sich die KEM in den USA zu der am häufigsten eingesetzten Technik zur Bewertung von Umweltprojekten [Hanley et al. (1997, S. 385)]. 1989 schlug der Supertanker Exxon Valdez vor der Küste Alaskas leck. Im Rahmen des "Oil Pollution Act" von 1990 können seitdem in den USA Unternehmen für Ölverschmutzungen haftbar gemacht werden. Eine KEM-Studie von Carson et al. (1992) zum Exxon Valdez-Unglück löste aufgrund der Höhe der ermittelten Schäden heftige Kontroversen aus. Die dem Umweltministerium unterstellte "National Oceanic and Atmospheric Administration" (NOAA) berief 1992 die interessenunabhängige "blue ribbon"-Kommission (im folgenden „NOAA-Kommission“ oder „NOAA-Panel“) als Schlichtungsinstanz. Unter dem gemeinsamen Vorsitz der Nobelpreisträger Kenneth Arrow und Robert Solow beriet sie die US-Regierung in der Frage um die Eignung der KEM zur ökonomischen Schadensbewertung.

Zentrale Frage an die Kommission war, ob die KEM valide ökonomische Maße zur Bewertung von Nichtgebrauchswerten liefert. Befürworter und Gegner der KEM lassen sich dabei in drei Gruppen unterteilen: Die erste Gruppe behauptet, daß Nichtgebrauchswerte keinen oder nur geringen Einfluß auf das Wohlbefinden von Individuen ausüben; die KEM könne daher durch indirekte Methoden ersetzt werden. Diese lieferten zuverlässigere Ergebnisse, da sie auf Marktbeobachtungen beruhten [z. B. Cummings / Harrison (1995)]. In der zweiten Gruppe hingegen sieht man Nichtgebrauchswerte als nicht monetarisierbar an. Sie können daher nur von Experten außerhalb der ökonomischen Disziplin, z. B. von Naturwissenschaftlern, bewertet werden. In Einklang mit der Meinung einer dritten Gruppe [z. B. Shechter / Freeman (1994)] wird in dieser Arbeit der Standpunkt vertreten, daß Nichtgebrauchswerte zuverlässig durch die KEM gemessen werden können.

Die NOAA-Kommission veröffentlichte ihren Abschlußbericht wenige Tage nach der Publizierung einer Reihe KEM-kritischer Studien.[3] Ihr Urteil hat weitreichende Bedeutung für die Validität der KEM als ökonomisches Bewertungsinstrument. Die Ergebnisse stimmen verhalten optimistisch. Das Panel teilte zwar nicht die vernichtende Kritik der KEM-Gegner, setzte jedoch gleichzeitig strenge Maßstäbe an eine valide Untersuchung. Hierfür hat es eine Reihe von Richtlinien erarbeitet, die in einem Anhang zum Abschlußbericht zu finden sind. Aus der Sicht der Kommission gilt: *" (...) the more closely the guidelines are followed, the more reliable the result will be"* [Arrow et al. (1993, S. 4609)]. Werden die Standards eingehalten, sollten die Ergebnisse in Umwelthaftungsprozessen Eingang finden: *"[...] C[ontingent] V[aluation] studies can produce estimates reliable enough to be the starting point of a judicial process of damage assessment, including lost passive use values"* (S. 4610).

Neben der Vorgabe von Durchführungsbestimmungen und Richtlinien zum Surveydesign hat die NOAA-Kommission auch versucht, den Methodenstreit um das geeignete Befragungsformat zu beenden.

Bei der Auswahl eines Befragungsformats ist zwischen den beiden Extremen einer offenen auf der einen und einer geschlossenen Fragestellung auf der anderen Seite zu unterscheiden. Des weiteren existieren zahlreiche Mischformen zwischen offenen und geschlossenen Befragungen. Offene Befragungsformate sind statistisch dadurch gekennzeichnet, daß sie stetige Datensätze für die Zahlungsbereitschaften erzeugen, während geschlossene Befragungsformate diskrete Datensätze liefern.

Die bekannteste offene Befragungsmethode ist die direkte Frage nach der maximalen Zahlungsbereitschaft (MZB) in der Form: „Was wären Sie maximal bereit, für die vorgeschlagene Umweltänderung zu zahlen?" Offene Befragungen führen ohne Umschweife zu den maximalen Zahlungsbereitschaften der Befragten; das offene Format konfrontiert die Wertenden darüber hinaus mit keinerlei Anfangswerten. Gegen die offene Befragung spricht deren Anfälligkeit für strategisches Verhalten seitens der Befragten. Eine Anwendung hierzu liefern z. B. Brown et al. (1996).

In einer modernen Version der offenen Versteigerungsmethode wird den Probanden, nachdem sie gefragt wurden, ob sie überhaupt eine Zahlungsbereitschaft für das in Aussicht gestellte Projekt besitzen, ein Ausgangsgebot in der Nähe der

---

[3] Die wichtigsten Ergebnisse dieser von der Exxon AG gesponserten Studien sowie die eines vom Exxon-Unternehmen veranstalteten Seminars finden sich in Hausmann (1993).

vermuteten repräsentativen MZB aller vom Projekt Betroffenen vorgegeben. Anschließend werden die Gebote bis zu dreimal erhöht (gesenkt), wenn das erste Gebot angenommen (abgelehnt) wurde. Wird während dieser Befragungsprozedur ein bestimmtes Gebot abgelehnt (angenommen), bricht die Befragung ab. Das ökonometrische Instrumentarium zur Auswertung der Daten liefern Langford et al. (1996).

Zu den offenen Varianten zählt auch die Zahlkartenmethode, bei der die Befragten den Geldbetrag auf einer mit mehreren vorgegebenen Geboten präparierten Zahlkarte ankreuzen, der ihrer MZB am nächsten kommt. Sind die Intervalle zwischen zwei Geldbeträgen jedoch breit, werden die Daten als diskret angesehen, und die Zahlkartenbefragung zählt zu den geschlossenen Formaten. Eine ökonometrische Analyse diskreter Zahlkartendaten führen Cameron und Huppert (1989) durch [s. auch Alberini et al. (1997)].

Die populärsten Vertreter diskreter Befragungen sind Referendumsmethoden ("closed-ended questioning strategies"; "discrete-choice methods" [Jakobsson / Dragun (1996, S. 97)]). Im Unterschied zur offenen Befragung wird einem Probanden mindestens ein fixer Geldbetrag vorgegeben. Ein Befragter ist demnach nicht frei in seiner Bewertung, sondern wie in einem Supermarkt an eine Art Preisvorgabe für das Bewertungsobjekt gebunden.

In der einfachen oder einseitig-begrenzten Form der Referendumsmethode ("single-bounded dichotomous choice method"; "dichotomous choice method"; "take-or-leave-it method" [Herriges / Shogren (1996)]) wird jedem Befragten ein Gebot für die geplante Umweltänderung offeriert, dem er entweder zustimmt, oder das er ablehnt. Die Höhe der Gebote wird dabei über die Stichprobe variiert.[4] In der erstmals von Hanemann (1985a) vorgeschlagenen doppelten oder doppelt-begrenzten Befragungsform ("double-bounded dichotomous choice method") wird einem Befragten ein zweites, höheres (niedrigeres) Gebot präsentiert, wenn er dem ersten Gebot zugestimmt (wenn er es abgelehnt) hat.

1.4 Der Forderungskatalog der NOAA-Kommission

Die NOAA-Kommission entscheidet sich in ihren Empfehlungen eindeutig zugunsten des Referendumformats (S. 4612): *"Thus, we recommend as the most desirable form of CV elicitation the use of a dichotomous question that asks*

---

[4] Die erste Anwendung der einfachen Referendumsmethode geht auf eine Studie von Bishop und Heberlein (1979) über die Bewertung von Lizenzen zur Gänsejagd zurück.

resondents to vote for or against a particular level of taxation, as occurs with most referenda."

Die Richtlinien werden um fünf Pflichtnachweise ergänzt. Diese sind so grundlegend für die Validität der KEM, daß die Erfüllung dieser Kriterien vom Panel in den Stand einer Beweislast ("burden of proof") erhoben wird. Das Panel stellt damit die Initiatoren einer Studie in die Nachweispflicht. Diese müssen zeigen, daß ihre Ergebnisse valide sind. Validitätsnachweise müssen daher nicht die „Angeklagten" - beispielsweise die für eine Umweltverschlechterung verantwortlichen Unternehmen - erbringen. Das bedeutet, daß sich zunächst nicht diejenigen, die mit einer KEM-Studie konfrontiert werden, verteidigen müssen, sondern daß umgekehrt diejenigen, die die KEM-Studie durchführten, nachweisen müssen, daß ihre Ergebnisse den Beweislastkriterien genügen.

Die NOAA-Kriterien beziehen sich auf die Bewertung eines Projekts, das die Wiederherstellung eines Zustands vor einer Umweltkatastrophe zur Folge hat, wie z. B. die Beseitigung der Schäden nach einer Ölpest. Diese Kriterien lassen sich auf Umweltverbesserungen übertragen. Dabei ist nachzuweisen, daß folgende fünf Verletzungen der Validität nicht auftreten [s. Arrow et al. (1993, S. 4609)]:

1. Eine hohe Rate an Befragten, die das Szenario zurückweisen, bzw. eine hohe Rate derer, die eine Antwort auf die Bewertungsfrage verweigern;
2. eine unangemessene Reaktion der Befragten auf das Ausmaß des Umweltschädigung;
3. ein mangelndes Verständnis bezüglich der Bewertungsaufgabe seitens der Befragten;
4. fehlender Glaube bei den Befragten an die Durchführungsmöglichkeiten des geplanten Umweltprojekts und
5. die Einforderung von „Ja"- und „Nein"-Antworten zu einem hypothetischen Referendum, der keine Hinweise auf die Kosten und / oder auf die durch das Projekt erzielbareren Benefits vorausgehen.

Die NOAA-Kommission warnt eindringlich vor Abweichungen von den Richtlinien: *"Many departures from the guidelines or even a single serious deviation would, however, suggest unreliability prima facie"* [Arrow et al. (1993, S. 4609)]. Diese Durchführungskriterien werden in der Literatur weitgehend als verbindlich anerkannt, obwohl die Kontroverse um die KEM damit keineswegs abgeflaut ist.

1.5 Überblick über die weitere Arbeit

Diese Arbeit ist einer Analyse der Referendumsmethode der KEM gewidmet.

Im nächsten Kapitel werden die ökonomischen Grundlagen der Referendumsmethode gelegt. Hierzu werden theoretisch konsistente Wohlfahrtsmaße abgeleitet. Anschließend wird auf Kritik an der Bewertungsrationalität der Befragten eingegangen. Das dritte Kapitel ist der praktischen Durchführung der Referendumsmethode gewidmet. Es wird der überwiegend nur aus der grauen Literatur bekannte aktuelle Stand der Surveymethodik dargelegt. Es wird untersucht, wie das praktische Vorgehen auf die theoretischen Notwendigkeiten besser abgestimmt werden kann. Erstmals werden in systematischer Form die Zusammenhänge zwischen einem geeigneten Surveyaufbau und den Erfordernissen einer validen und reliablen Referendumsstudie aufgezeigt.

Im vierten Kapitel wird die Strategieanfälligkeit der Referendumsmethode geprüft. Hierzu werden Bedingungen abgeleitet, unter denen es für ein Individuum die optimale Strategie ist, wahrheitsgemäß auf die Fragen nach den Zahlungsbereitschaftsfragen zu antworten. Hierzu wird ein anreizkompatibles Surveydesign entwickelt.

Das fünfte Kapitel dient der ökonometrischen Spezifikation von Referendumsmodellen in Übereinstimmung mit den Erfordernissen der ökonomischen Theorie. In diesem technisch orientierten Kapitel werden Discrete Choice-Modelle hergeleitet. Diese stehen in Einklang mit dem Konzept der ordinalen Nutzentheorie. Des weiteren wird ein nichtparametrisches Verfahren vorgestellt.

Traditionell werden Wohlfahrtsmaße mit Hilfe von Marktbeobachtungen über Preise, Mengen und über das Nachfrageverhalten von Individuen berechnet [s. Breslaw / Smith (1995) und Ahlheim / Wagenhals (1988)]. Da man in den Anwendungsfällen der KEM jedoch weder über Marktpreise, noch über Mengen, geschweige denn über beobachtbares Nachfrageverhalten verfügt, bedient man sich der aus Umfragen gewonnen Informationen. Dabei sind diese Informationen in transparenter Form auszuwerten. Dieser Erfordernis wird im sechsten Kapitel dadurch Rechnung getragen, daß die im fünften Kapitel entwickelten ökonometrischen Modelle den ökonomischen Anforderungen angepaßt werden.

Im siebten Kapitel wird eine empirische Studie mit dem doppelt-begrenzten Format vorgestellt. Erstmals wird in zusammenhängender Form erläutert, wie die erhaltenen Datensätze auf ihre theoretische Konsistenz hin geprüft werden können. Hierzu werden bestehende Validitätstests um neue Verfahren ergänzt.

Einer detaillierten Analyse wird die empirische Studie im achten Kapitel unterzogen. Hier werden sowohl verschiedene Modelle der einfachen wie auch der doppelten Referendumsmethode ökonometrisch geschätzt, und die zugehörigen Wohlfahrtsmaße werden evaluiert. Das Vorgehen basiert fest auf den theoretischen Grundlagen, die im zweiten, fünften und sechsten Kapitel gelegt wurden. Besondere Aufmerksamkeit wird einem Vergleich der Wohlfahrtsmessungen mit unterschiedlichen Referendumsmodellen anhand statistischer Gütekriterien gewidmet. Begleitet wird dieses Vorgehen von Validitätstests, mit denen die Ergebnisse auf ihre theoretische Konsistenz hin geprüft werden. Dabei wird erstmals ein auf die speziellen Erfordernisse von Referendumsdaten angepaßter χ^2-Verteilungstest vorstellt. Ergänzt werden die Validitätsüberlegungen von einem neuen Test auf sogenannte „Ankereffekte", die auftreten können, wenn die Antworten der Befragten von den vorgegebenen Geboten abhängen.

Das neunte Kapitel wendet sich neuen Modellspezifikationen, wie gestutzten Referendumsmodellen, "Spike"-Modellen zur Schätzung vom Ausmaß der Indifferenz gegenüber dem Umweltprojekt und bivariaten Probit-Modellen, die der unvollständigen Korrelation zwischen der ersten und zweiten Antwort auf die Fragen nach der Zahlungsbereitschaft Rechnung tragen, zu. Erstmals wird im deutschsprachigen Raum den jüngsten Entwicklungen nichtparametrischer Referendumsmodelle Beachtung geschenkt. Es wird gezeigt, wie solche Methoden sich hervorragend zur Überprüfung der zeitlichen Reliabilität der Referendumsmethode einsetzen lassen. Weiter wird eine Interpretation der Antworten als "Minimal Legal"-Zahlungsbereitschaften für die einfache und doppelte Referendumsversion vorgestellt. Im letzten Abschnitt des neunten Kapitels werden erstmals verschiedene Erklärungsmodelle zur Interpretation für „Weiß nicht"-Antworten miteinander verglichen.

Der Diskussion des „Embeddingproblems" ist das zehnte Kapitel gewidmet. Dabei geht es um das beobachtbare Phänomen, daß ein im Umfang größeres Projekt nicht höher bewertet wird als ein im Umfang kleineres Projekt. In diesem Zusammenhang wird ein neues sequentielles Testverfahren erläutert.

Im elften Kapitel wird die Aggregationsproblematik behandelt. Im zwölften und letzten Kapitel wird ein optimistisches Fazit gezogen. Es wird außerdem der Frage nachgegangen, warum die KEM vor allem in Deutschland bislang auf so wenig Gegenliebe stößt.

2 Haushaltstheoretische Grundlagen der Referendumsmethode

2.1 Das Konzept der Präferenzordnung

Ausgegangen wird von einem Individuum, dessen Präferenzen über beliebige Güterbündel $Q_1, ..., Q_R$ definiert sind.

$Q_1 \succsim Q_2$ impliziert, daß das Güterbündel Q_1 „mindestens so geschätzt wird wie" das Güterbündel Q_2; $Q_1 \sim Q_2$ symbolisiert Indifferenz zwischen Q_1 und Q_2; $Q_1 \succ Q_2$ bedeutet, daß Q_1 „besser geschätzt wird als" Q_2. In der traditionellen neoklassischen Theorie sind Präferenzen über alle Güter - also auch über Umweltgüter - definiert [Ahlheim / Rose (1992, S. 248)]. Hanley et al. (1997, S. 359) nennen vier Axiome der Präferenzordnung als mathematische Fundierung eines ökonomischen Modells rationaler Wahlhandlungen:[5]

(P1) *Reflexivität.* Für alle Q_r gilt: $Q_r \succsim Q_r$, $(r = 1, ..., R)$

(P2) *Vollständigkeit.* Für zwei beliebige Güterbündel Q_1 und Q_2 gilt: $Q_1 \succsim Q_2 \vee Q_2 \succsim Q_1$.

(P3) *Transitivität.* $Q_1 \succsim Q_2 \wedge Q_2 \succsim Q_3 \Rightarrow Q_1 \succsim Q_3$.

(P4) *Stetigkeit.* Für jedes Konsumgüterbündel Q_r existiert eine Menge $\boldsymbol{B}(Q_r)$, die all diejenigen Güterbündel enthält, die „mindestens so geschätzt werden wie" Q_r (Bessermenge), und es existiert eine Menge $\boldsymbol{S}(Q_r)$, die all diejenigen Güterbündel enthält, die „höchstens so geschätzt werden wie" Q_r (Schlechtermenge). $\boldsymbol{B}(Q_r)$ und $\boldsymbol{S}(Q_r)$ sind abgeschlossen.

2.2 Rationalität und Kontext: Das Invarianzprinzip

Normative Theorien individueller Wahlhandlungen beruhen auf einem den Entscheidungsträgern zugedachten Rationalitätskalkül und auf der Logik der Entscheidungsfindung auf Basis stabiler Präferenzordnungen [McFadden / Leonard (1993, S. 166)]. Die deskriptive Analyse von Wahlhandlungen hingegen beschäf-

---

[5] Vgl. zu weiteren Eigenschaften der Präferenzordnung Ahlheim / Rose (1992, S. 233 ff.).

tigt sich mit den Präferenzen der Individuen, wie sie tatsächlich sind, und nicht damit, wie sie sein sollten [Kahneman / Tversky (1984, S. 341)].

Die neoklassische Haushaltstheorie als ein Vertreter der normativen Analyse geht von der Invarianzannahme stabiler, über die letzte Allokation der Güter definierter Präferenzordnungen aus, die unabhängig sind vom Allokationsprozeß: *"Preferences must be defined solely by final allocations of goods and must not be influenced by the steps or transactions leading to the final allocation"* [McFadden / Leonard (1993, S. 166)]. Psychologen favorisieren einen deskriptiven Ansatz, bei dem Präferenzen nicht durch eine bestimmte Ordnung vorgegeben sind, sondern mit sich änderndem Bewertungskontext immer wieder neu „konstruiert" werden müssen [s. Kahneman et al. (1993, S. 310)]. Daher sind viele Psychologen der Meinung, daß die KEM nicht grundlegenden Rationalitätseigenschaften genügen könne, da mit dem Konzept der Präferenzordnung falsche Voraussetzungen an sie gestellt würden.

Bei der Interpretation von KEM-Ergebnissen wird vorausgesetzt, daß die erhaltenen Antworten intern konsistent sind, so daß sie grundlegenden Rationalitätsanforderungen genügen [Arrow et al. (1993, S. 4605)]. Ein Kriterium ist das der Theorie rationaler Wahlhandlungen zugrunde liegende normative Prinzip der Invarianz. Es besagt in seiner allgemeinsten Form, daß verschiedene Repräsentationen ein und desselben Auswahlproblems zu identischen Wahlhandlungen von Individuen und damit zu denselben Präferenzen führen sollten [Tversky / Kahneman (1987, S. 69)].

Der Verwirklichung des Invarianzprinzips im Rahmen einer KEM-Studie werden von ökonomischer Seite zwei Rationalitätsannahmen zugrundegelegt: So sollten die Präferenzen und damit die Zahlungs- bzw. Akzeptanzbereitschaften eines Individuums nicht beeinflußt werden von unterschiedlichen Beschreibungen derselben Szenarien. Ein vor die Wahl zwischen alternativen Umweltzuständen gestelltes Individuum sollte unabhängig von deren Beschreibungen stets dieselbe präferierte Antwort geben. Dies beinhaltet die Annahme der *deskriptiven Invarianz*. *Prozedurale Invarianz* hingegen bedeutet, daß die Präferenzen eines Individuums für den Ist- und für den Soll-Zustand eines Umweltprojekts ebenso wenig von der Befragungsprozedur abhängig sein sollten wie von den Schritten, die zur Projektumsetzung notwendig sind.

Deskriptive Invarianz bezieht sich also auf die Unabhängigkeit einer Bewertung von verschiedenartigen Beschreibungen derselben Umweltänderung. Die Bewertung ein und desselben Umweltprojekts sollte beispielsweise nicht davon abhängen, ob die Projektbeschreibung mit Photographien oder mit einem Videofilm unterstützt wird. *Prozedurale Invarianz* bezieht sich auf die Unabhängigkeit der

Bewertung von der Befragungsprozedur. Die Wertschätzung sollte beispielsweise nicht davon abhängen, ob die einfache oder die doppelte Referendumsmethode verwendet wird.

In KEM-Studien ermittelt sich die *deskriptive Varianz* als quantitative Differenz im Wert der Umweltänderung, die aus zwei unterschiedlichen Szenariobeschreibungen resultiert. Dabei sind die Befragungsprozeduren gleich. So sollten im Ausmaß der geplanten Umweltänderung signifikant unterschiedliche Projekte auch unterschiedlich bewertet werden, wenn dasselbe Befragungsformat gewählt wird.[6] *Prozedurale Varianz* ist die quantitative Differenz in der Bewertung eines Projekts, die sich aus zwei normativ gleichen Befragungsprozeduren wie der einfachen und der doppelten Referendumsmethode ergibt. Hierbei wird vorausgesetzt, daß die Szenariobeschreibungen identisch sind [vgl. Holmes / Kramer (1995, S. 122)].[7]

Aus psychologischen Untersuchungen wird gefolgert, individuelle Wahlhandlungen seien weder deskriptiv noch prozedural invariant [Tversky et al. (1988, S. 383)]. Daher wenden sich Psychologen zunehmend von der normativen Theorie rationaler Wahlhandlungen ab und deskriptiven Erklärungsansätzen hin. Daraus abgeleitete deskriptive Modelle stehen in Konkurrenz zur ökonomischen Theorie [Kahneman et al. (1993)].[8] Vertreter deskriptiver Erklärungsansätze bezweifeln, daß es eine sowohl im normativen wie im deskriptiven Sinne konsistente Theorie rationaler Wahlhandlungen geben kann. Der KEM fehle daher eine plausible theoretische Fundierung [s. Tversky / Kahneman (1987, S. 69)]. Viele Ökonomen sind im Unterschied zur psychologischen Auffassung der Meinung, daß Bewertungsrationalität seitens der Befragten durch ein strukturiertes Surveydesign hergestellt werden kann.

Verletzungen der deskriptiven oder prozeduralen Invarianz sind die Ursache für zahlreiche Formen von statistischen Verzerrungen und theoretischen Einwänden gegen die KEM. Daher wird die Überprüfung des Invarianzprinzips im Hinblick

---

[6] Ein Beispiel für eine durch optische Täuschungen hervorgerufene Verletzung der deskriptiven Varianz ist die Müller-Lyer Illusion [Tversky / Kahneman (1987, S. 81 ff.)]. In KEM-Studien kommt hierbei der Überprüfung von Embeddingeffekten zentrale Bedeutung zu (s. zehntes Kapitel).

[7] Zur Überprüfung der Referendumsmethode auf prozedurale Invarianz wird in 8.5.5 auf sogenannte „Ankereffekte“ getestet.

[8] Ein Beispiel für eine der neoklassischen Haushaltstheorie entgegengesetzte deskriptive Erklärung individuellen Verhaltens ist die von Kahnemann und Tversky (1979) begründete "Prospect Theory".

auf die Validität und Reliabilität der Referendumsmethode ein Leitmotiv der Arbeit sein.

2.3 Nutzenmaximierung und Ausgabenminimierung

Die Präferenzen des n-ten Individuums (n = 1, ..., N) seien über den Vektor der w (w = 1, ..., W) Marktgüter x und über einen Vektor von V (v = 1, ..., V) Nichtmarktgütern z, in den Umweltgüter und weitere öffentliche Güter eingehen, definiert.

Auf Basis der Präferenzordnung kann wegen der bekannten Beziehung $Q_1 \succsim Q_2 \Leftrightarrow u^*(Q_1) \geq u^*(Q_2)$ die direkte Nutzenfunktion

(2.1) $$u^* = u^*(x, z, s_n)$$

eines Individuums hergeleitet werden, die die üblichen Eigenschaften besitzt.[9] Bezüglich (2.1) gilt für jedes Element von x:

(2.2) $$\text{(a) } \partial u^*/\partial x_w > 0 \text{ und (b) } \partial^2 u^*/(\partial x_w)^2 < 0 \qquad (w = 1, ..., W)$$

Für die Elemente von z gilt:

(2.3) $$\text{(a) } \partial u^*/\partial z_v \geq 0 \text{ und (b) } \partial^2 u^*/(\partial z_v)^2 \leq 0 \qquad (v = 1, ..., V)$$

Für eine vorgegebene Umweltqualität maximiere das Individuum seinen Nutzen über Marktgüter. Deren konstante Preise seien durch den Vektor p gegeben. Nebenbedingung sei die Budgetbeschränkung. Diese werde ausgedrückt durch sein verfügbares Einkommen ‚y, das es wegen der Nichtsättigungsannahme vollständig für Marktgüter ausgebe.

Umweltqualität stehe ihm kostenlos zur Verfügung. Sie werde symbolisiert durch den Skalar z und ist exogen auf dem Niveau z^k fixiert. Die Situation k = 0 stellt die ursprüngliche Umweltsituation dar und k = 1 die Situation nach Projektdurchführung. Die Umweltqualität stellt hier einen Spezialfall eines rationierten Guts

---

[9] Man vergleiche zu den Eigenschaften der direkten Nutzenfunktion sowie zu den Eigenschaften der im folgenden zu behandelnden indirekten Nutzenfunktion und der Ausgabenfunktion Ahlheim / Rose (1992, S. 255 ff.). $u^*(x, z, s_n)$ sei insbesondere streng monoton zunehmend, streng quasikonkav und stetig in (x, z). Der Vektor s_n der sozioökonomischen Charakteristiken des Individuums werde bis zum fünften Kapitel, wo er explizit modelliert wird, vernachlässigt.

dar [vgl. hierzu Ahlheim (1993)]. Die Durchführung der Optimierung führt zur indirekten Nutzenfunktion $v^*(p, z^k, y)$ eines Individuums mit den üblichen Eigenschaften:[10]

$$(2.4) \qquad v^*(p, z^k, y) = \underset{x}{\mathrm{Max}}[u^*(x, z) \,|\, y = p \cdot x;\ z = z^k], \qquad (k = 0, 1)$$

$\underset{x}{\mathrm{Max}}[\,\cdot\,]$ symbolisiert die Maximierung des Nutzens unter der Nebenbedingung eines begrenzten Budgets und einer fixen Umweltqualität. In Referendumsmodellen kann die indirekte Nutzenfunktion aufgrund der Nichtteilbarkeit der Umwelt nur die beiden Zustände der „Ist"- und der „Soll"-Situation annehmen.

Alternativ führt das individuelle Ausgabenminimierungsproblem zur Ausgabenfunktion $e^*(p, z^k, u^k)$ mit deren bekannten Eigenschaften. Die Ausgabenfunktion gibt diejenigen Minimalausgaben an, die das Individuum bei gegebenem Preisvektor p und fixer Umweltqualität z^k $(k = 0, 1)$ mindestens tätigen muß, um ein gegebenes Nutzenniveau u^k zu realisieren.[11] Das Minimierungsproblem lautet:

$$(2.5) \qquad e^*(p, z^k, u^k) = \underset{x}{\mathrm{Min}}[p \cdot x \,|\, u^k = u^k(x, z);\ z = z^k], \qquad (k = 0, 1)$$

$\underset{x}{\mathrm{Min}}[\,\cdot\,]$ symbolisiert die Minimierung der Ausgaben $(p \cdot x)$ unter den Nebenbedingungen eines vorgegebenen Nutzenniveaus und einer fixen Umweltqualität.

2.4 Wohlfahrtsmessung mit Hicksschen Surplus-Maßen

Da Präferenzen nicht beobachtbar sind, bietet sich die Monetarisierung der individuellen Änderungen im Nutzenniveau durch Surplus-Maße an. Mit Hicksschen Surplus-Maßen werden durch Änderungen in der Umweltqualität ausgelöste Wohlfahrtsänderungen theoretisch exakt bewertet.[12] In Übereinstimmung mit der

---

[10] Die indirekte Nutzenfunktion ist streng monoton zunehmend in y und z^k, monoton abnehmend in p, quasikonvex in (y, p) sowie homogen vom Grade 0 in y und p; y und p seien in Dollareinheiten gemessen.

[11] Die Ausgabenfunktion ist streng monoton zunehmend in u^k, streng monoton abnehmend in z^k, konkav in p und homogen vom Grade 1 in p.

[12] Hanley und Spash (1993, S. 53) weisen darauf hin, daß immer dann, wenn Güter für die Konsumenten nur in diskreten Mengen vorhanden sind, Hickssche Kompensierende und Hickssche Äquivalente Surplus-Maße als Wohlfahrtsmaße verwendet werden sollten.

üblichen Vorgehensweise der angewandten Wohlfahrtstheorie soll angenommen werden, daß die Umweltänderung die einzige Änderung im status quo ist [Carson / Mitchell (1995, S. 161)]; durch die Maßnahme ändern sich die relativen Preise der Marktgüter ebensowenig wie die Einkommen der Konsumenten.[13]

Unter Berücksichtigung der Vollständigkeit der Präferenzordnung (P2) kennt jedes Individuum exakt den Geldbetrag, den es maximal für das Umweltprojekt zu zahlen bereit ist; bzw. es kennt den Geldbetrag, den es mindestens als Kompensation für die Projektdurchführung fordert. Mit Hilfe der Hicksschen Surplus-Maße lassen sich diese Geldbeträge bestimmen.

Äquivalente Surplus-Maße (ES-Maße) gehen vom nachfolgenden Nutzenniveau u^1 und der ursprünglichen Umweltqualität z^0 als Referenz aus. Sie behandeln einen Konsumenten so, als ob er seine maximale Zahlungsbereitschaft (MZB) äußern müßte, um eine nutzenmäßig weniger günstige Situation mit $u^1 < u^0$ zu vermeiden, bzw. als ob er seine minimale Akzeptanzbereitschaft (MAB) nennen müßte, um auf ein nutzenmäßig verbessertes Niveau mit $u^0 < u^1$ zu verzichten. Die zugehörigen Wohlfahrtsmaße werden mit ES_{MZB} bzw. ES_{MAB} bezeichnet.

Kompensierende Surplus-Maße (CS-Maße) gehen umgekehrt vom ursprünglichen Nutzenniveau u^0 und vom nachfolgenden Umwelt-Qualitätsniveau z^1 als Referenz aus. Sie behandeln ein Individuum so, als ob es seine MZB äußern müßte, um eine für ihn nutzenmäßig günstigere Situation mit $u^0 < u^1$ zu erreichen, bzw. als ob es seine MAB nennen müßte, zu der es ein nutzenmäßig verschlechtertes Konsumniveau mit $u^1 < u^0$ zu realisieren bereit ist. Die zugehörigen Wohlfahrtsmaße werden mit CS_{MZB} bzw. mit CS_{MAB} symbolisiert.

Maximale Zahlungsbereitschaften sind gleich dem Kompensierenden Surplus bei wohlfahrtserhöhenden und gleich dem Äquivalenten Surplus bei wohlfahrtsmindernden Maßnahmen. Minimale Akzeptanzbereitschaften liefern Information über den Kompensierenden Surplus bei wohlfahrtsmindernden und über den Äquivalenten Surplus bei wohlfahrtserhöhenden Maßnahmen.

Bei der Interpretation von Surplus-Maßen ist zu beachten, daß die Referenzsituation sich sowohl auf ein bestimmtes Nutzenniveau als auch auf ein bestimmtes Ausgangsniveau der Umweltqualität bezieht. Denn exogene Qualitätsänderungen sind dadurch charakterisiert, daß die Höhe der Umweltqualität vor und nach einer geplanten Projektdurchführung feststeht und sich demnach ex post

---

[13] Für eine umfassende Wohlfahrtsanalyse, in der sich auch die Einkommen und Preise ändern, vgl. Ahlheim (1995).

nicht mehr verändern läßt; Anpassungsreaktionen eines Individuums können nachträglich nur über die Verlagerung des Konsums hin zu Substitutionsgütern erfolgen.[14]

Die Surplus-Maße sind für nutzenerhöhende Projekte ($z^0 < z^1$) in Tabelle 2.1 und für nutzenmindernde Projekte ($z^0 > z^1$) in Tabelle 2.2 sowohl mit Hilfe des Konzepts der Ausgabenfunktion als auch mit Hilfe des Konzepts der indirekten Nutzenfunktion definiert. Bei der Definition von Surplus-Maßen über die Ausgabenfunktion kann berücksichtigt werden, daß sowohl $e^*(p, z^0, u^0) = y^0$ als auch $e^*(p, z^1, u^1) = y^1$ gilt. y^0 ist das Einkommen vor der Maßnahmenrealisierung. y^1 ist das Einkommen, das das Individuum mindestens benötigt, um das Nutzenniveau u^1 bei gegebenen Preisen p und Umweltzustand z^1 zu realisieren. Surplus-Maße sind hier so definiert, daß sie die maximalen Zahlungs- bzw. minimalen Akzeptanzbereitschaften als positive Größen messen.[15]

Wohlfahrts-erhöhende Projekte ($z^0 < z^1$)	**Kompensierender Surplus ($MZB_n = CS_{MZB}$)**	**Äquivalenter Surplus ($MAB_n = ES_{MAB}$)**
Indirekte Nutzen-funktionen	$v^*(p, z^1, y^0 - MZB_n)$ = $v^*(p, z^0, y^0)$	$v^*(p, z^0, y^0 + MAB_n)$ = $v^*(p, z^1, y^0)$
Ausgaben-funktionen	MZB_n = $e^*(p, z^0, u^0) - e^*(p, z^1, u^0)$ = $y^0 - e^*(p, z^1, u^0)$	MAB_n = $e^*(p, z^0, u^1) - e^*(p, z^1, u^1)$ = $e^*(p, z^0, u^1) - y^1$

Tab. 2.1 Surplus-Maße für wohlfahrtserhöhende Projekte

[14] Eine theoretische Analyse der Wohlfahrtsmessung bei Auftreten von Nichtteilbarkeiten wird von Mäler (1974, S. 131 ff.) durchgeführt.

[15] Vgl. für eine graphische Darstellung und Interpretation von Surplus-Maßen Bateman / Turner (1993, S. 136 ff.).

Wohlfahrts-mindernde Projekte ($z^0 > z^1$)	**Kompensierender Surplus ($MAB_n = CS_{MAB}$)**	**Äquivalenter Surplus ($MZB_n = ES_{MZB}$)**
Indirekte Nutzen-funktionen	$v^*(p, z^0, y^0)$ = $v^*(p, z^1, y^0 + MAB_n)$	$v^*(p, z^1, y^0)$ = $v^*(p, z^0, y^0 - MZB_n)$
Ausgaben-funktionen	MAB_n = $e^*(p, z^1, u^0) - e^*(p, z^0, u^0)$ = $e^*(p, z^1, u^0) - y^0$	MZB_n = $e^*(p, z^1, u^1) - e^*(p, z^0, u^1)$ = $y^1 - e^*(p, z^0, u^1)$

Tab. 2.2 Surplus-Maße für wohlfahrtsmindernde Projekte

Die Entscheidung, ob eine Frage nach der Akzeptanz- oder nach der Zahlungsbereitschaft gestellt werden soll, ist sowohl davon abhängig, ob es sich um eine qualitätsverbessernde oder -verschlechternde Maßnahme handelt, sowie davon, ob ex ante oder ex post bewertet wird; drittens ist zu berücksichtigen, wer die Eigentumsrechte an dem zu bewertenden Gut hat [s. Ahlheim (1995, S. 339f.)].

In Referendumsstudien wird aus den Antworten von Fragen nach Zahlungs- bzw. Akzeptanzbereitschaften ein für die Grundgesamtheit repräsentativer (Hicksscher) Äquivalenter bzw. (Hicksscher) Kompensierender Surplus für die hypothetische Umweltänderung mit Hilfe ökonometrischer Modelle geschätzt. Dieser Surplus liefert die gesuchte repräsentative maximale Zahlungs- bzw. die repräsentative minimale Akzeptanzbereitschaft. Der Wert wird schließlich zur gesellschaftlichen Wohlfahrtsänderung aggregiert.

Dem vorgestellten haushaltstheoretischen Modell werden hierzu einige vereinfachende Strukturen auferlegt. Der Vektor der Marktgüter wird zu einem perfekt teilbaren Hicksschen kompositen Gut, x^H, zusammengefaßt. Der die Marktgüterpreise charakterisierende Preisindex, P, wird auf den Wert Eins normiert. Das

Hickssche komposite Gut kann dann als ein Numéraire-Gut aufgefaßt werden.[16] Wegen

$$(2.6) \qquad x^H = y \quad \text{für} \quad P = 1$$

kann die Einkommensvariable im Argument der indirekten Nutzenfunktion in (2.4) in Form des Hicksschen kompositen Guts eingehen.

2.5 Ex ante-Bewertung und Optionswerte

KEM-Studien führen zu ex ante-Bewertungen von Umweltprojekten, wenn die zu bewertenden Zustände zum Zeitpunkt der Befragung (noch) nicht realisiert sind. Im Falle einer ex ante-Bewertung ist der Unsicherheit über das Eintreten des avisierten zukünftigen Zustands Rechnung zu tragen. Traditionellen ex post-Wohlfahrtsmaßen, die Wohlfahrtsänderungen rückwirkend, d. h. vergangenheitsbezogen, messen, müssen nun ex ante-Wohlfahrtsmaße, die geeignet sind, zukünftige Nutzungsmöglichkeiten unter Unsicherheit zu messen, zur Seite gestellt werden. Mitchell / Carson (1989, S. 71) sowie Ahlheim (1994, S. 65 ff.) zeigen, daß der Optionspreis das geeignete ex ante-Wohlfahrtsmaß ist. Dieser setzt sich aus dem erwarteten Kompensierenden Surplus sowie dem Optionswert zusammen. Die oben erläuterten Surplus-Maße messen daher bei ex ante-Bewertungen Optionspreise. Der im einleitenden Kapitel erläuterte Optionswert ist damit technisch als ein Term interpretierbar, um den sich ex post-Wohlfahrtsmaße von ex ante-Wohlfahrtsmaßen unterscheiden [s. Carson (1991, S. 127)].

2.6 MZB versus MAB

Die NOAA-Kommission empfiehlt, generell Fragen nach Zahlungsbereitschaften und nicht nach Akzeptanzbereitschaften zu stellen [Arrow et al. (1993, S. 4603)]. Dieser Empfehlung geht voraus, daß Fragen nach Akzeptanzbereitschaften aufgrund empirischer Erfahrungen als unzuverlässig angesehen werden, da Kompensationsforderungen Zahlungsbereitschaften für vergleichbare Umweltänderungen

---

[16] Diese Vorgehensweise folgt aus der Anwendung des kompositen Guttheorems. Es besagt, daß immer dann, wenn eine Gruppe von Preisen sich parallel ändert, die zugehörige Gütergruppe als einzelnes Gut aufgefaßt werden kann [Deaton / Muellbauer (1980, S. 121)]. Da Umweltgüter, für die keine Preise beobachtbar sind, nicht in den Vektor der Marktgüter eingehen, und da Preiseffekte vernachlässigt werden, führt das Vorgehen hier zu keinen nennenswerten Einschränkungen.

häufig um das drei- bis zwanzigfache übersteigen. Solch hohe Werte würden jedoch unglaubwürdig wirken, weshalb man sich der konservativeren, weil niedrigeren Werte auf Fragen nach den Zahlungsbereitschaften bedienen sollte.

Die Diskussion um die Abweichungen zwischen Zahlungs- und Akzeptanzbereitschaften ist aus dem empirischen Befund heraus motiviert, daß Individuen für ein bestimmtes Gut signifikant weniger zu zahlen bereit sind, als sie umgekehrt für dasselbe Gut fordern, wenn sie es zum Verkauf anbieten [Shogren et al. (1994, S. 255)]. Empirische Evidenz deutet gleichzeitig darauf hin, daß Individuen Wertverluste systematisch höher bewerten als äquivalente Gewinne. Sie werten auch Reduzierungen von Verlusten systematisch höher als entgangene Gewinne [Hanley et al. (1997, S. 395)]. Aus ökonomischer Sicht stellt sich die Frage, ob diese Divergenz irrationales Verhalten der Individuen impliziert, oder nicht.

Hanemann (1991, S. 635) begründet die auftretenden Disparitäten zwischen MZB- und MAB-Maßen theoretisch. Er zeigt mit Hilfe eines Haushaltsproduktionsansatzes, daß die Maße um mehr als einen traditionellen Einkommenseffekt differieren. Die von ihm festgestellte Divergenz hängt ab vom Verhältnis der Einkommenselastizität der Marshallschen Nachfragefunktion für ein betrachtetes Umweltgut zur Allen-Uzawa Substitutionselastizität zwischen dem Umweltgut und dem Hicksschen kompositen Gut. Die Unterschiede zwischen den Maßen werden insbesondere durch Substitutionsmöglichkeiten determiniert. Flores und Carson (1997) verallgemeinern diesen Ansatz. Die Hanemannsche Analyse wird von Ahlheim und Buchholz (1998, S. 17) bestätigt. Die Autoren entkräften damit Zweifel Diamonds (1996a und b) an der Plausibilität der Hanemannschen Ergebnisse.

Hanemann (1991, S. 635) erklärt extrem hohe Disparitäten damit, daß sich die Befragten unbeschränkt fühlen könnten, hohe Kompensationsforderungen zu stellen, da die Kompensationszahlungen ihrem Einkommen hinzugefügt würden. Bei der Angabe einer Zahlungsbereitschaft seien sie jedoch durch die Höhe ihres Einkommens beschränkt. Diese Erklärung ist ökonomisch plausibel, denn aus den Tabellen 2.1 und 2.2 ist ersichtlich, daß minimale Akzeptanzbereitschaften dem Einkommen hinzugefügt, während maximale Zahlungsbereitschaften vom Einkommen abgezogen werden. Zudem erhöht der hypothetische Charakter von KEM-Befragungen die Kompensationsforderungen bis zu 30 % gegenüber realen Akzeptanzbereitschaften, wie Nape et al. (1995) empirisch zeigen.

Aus empirischer Sicht wird die Frage nach den Konsequenzen laut, die es hat, wenn man Fragen nach Akzeptanzbereitschaften vermeidet und sich auf Fragen nach Zahlungsbereitschaften beschränkt. Hierzu muß die Verteilung der Eigentumsrechte an der Umwelt beachtet werden. Besitzen die Befragten ein Eigentumsrecht auf die Umweltqualität des status quo, müssen sie bei qualitätssteigernden Maßnahmen nach maximalen Zahlungsbereitschaften für die Verbesserung gefragt werden und bei qualitätsmindernden Maßnahmen nach minimalen Akzeptanzbereitschaften für die Verschlechterung. Umgekehrt verhält es sich, wenn den Individuen ein Eigentumsrecht auf die Situation nach Projektdurchführung zugesprochen wird: In diesem Fall müssen Fragen nach den maximalen Zahlungsbereitschaften für die Vermeidung der Verschlechterung bei qualitätsmindernden und Fragen nach den minimalen Akzeptanzbereitschaften für den Verzicht auf die Maßnahme bei qualitätserhöhenden Maßnahmen gestellt werden.

Die meisten KEM-Szenarien geben entweder einen Bewertungskontext vor, in dem es um die Wiederherstellung eines ehemals besseren Umweltzustands geht (1. Fall), oder einen Bewertungskontext, in dem die Umweltqualität von einem gegebenen Niveau aus verbessert werden soll (2. Fall). Im ersten Fall darf also nur dann nach der Zahlungsbereitschaft für eine Qualitätsverbesserung gefragt werden, wenn die Befragten lediglich ein Recht auf den neuen, schlechteren Umweltzustand besitzen, also die Schäden hinnehmen müssen. Im zweiten Fall darf nach Zahlungsbereitschaften gefragt werden, wenn die Befragten einen Anspruch auf den status quo mit der schlechteren Umweltqualität haben. In beiden Fällen impliziert eine Frage nach der Zahlungsbereitschaft, daß den Individuen lediglich ein Recht auf die schlechtere Umweltqualität zugestanden wird. Die Individuen selbst besitzen also nach der NOAA-Empfehlung nie ein Recht auf die bessere Umwelt.

Das empfohlene Vorgehen des Panels ist daher nicht unbedenklich. So könnten sich diejenigen Personen, die es ablehnen, nach erlittenen Wertminderungen ihrer als persönliches Eigentum empfundenen Umwelt auch noch Geld für die Wiederherstellung ihres Besitzes zu zahlen, anstatt für ihre Verluste kompensiert zu werden, veranlaßt fühlen, das Szenario zurückzuweisen. Sie geben entweder Proteststimmen ab oder verweigern die Antwort.

Für Umweltgüter kann die Eigentumsfrage jedoch häufig nicht eindeutig geklärt werden [vgl. Ahlheim (1995, S. 339f.)]. So argumentieren Fisher (1996, S. 27f.) und Mitchell / Carson (1989, S. 38 ff.), daß üblicherweise kein Individuum ein Recht darauf besitze, Umweltgüter zu verkaufen, bzw. eine Kompensation für eine geringere Umweltqualität zu fordern. Grund hierfür sei, daß Umweltgüter sich im Allgemeinbesitz befänden. Daher seien die Kosten für Umweltqualität auch von der Allgemeinheit - und damit von allen Individuen zusammen - durch eine Kombination aus Steuern, Gebühren etc. zu tragen. So hänge es von der Höhe dieser Zahlungen ab, welche Umweltqualität gemeinschaftlich realisiert werden könne. Der entscheidende Punkt hierbei ist, daß Individuen für jede beliebige - also auch die geringste - Umweltqualität Geld zahlen müssen. Implizit sprechen die diesen Standpunkt vertretenden Autoren einem Individuum das Recht auf eine höhere als die geringere Umweltqualität eines KEM-Szenarios ab. Dies würde bedeuten, daß der Kompensierende Surplus für jedes beliebige Umweltprojekt das geeignete Bewertungsmaß wäre. Damit wäre auch stets eine Frage nach der Zahlungsbereitschaft zu stellen.

Prinzipiell ist jedoch dem Vorschlag von Ahlheim und Buchholz (1998, S. 18) zu folgen, Fragen nach Zahlungsbereitschaften bei umweltverbessernden und Fragen nach Akzeptanzbereitschaften bei umweltverschlechternden Maßnahmen zu stellen. Es macht aufgrund des hohen Protestpotentials, das zu erwarten ist, wenn Individuen sich in ihren Eigentumsrechten verletzt fühlen, keinen Sinn, eine andere Vorgehensweise zu wählen.

2.7 Essentialität und Budgetbeschränkung

Es wird die Annahme getroffen, daß das Hickssche komposite Gut x^H für einen Konsumenten essentiell ist. Essentialität des Hicksschen kompositen Guts bedeutet ökonomisch, daß keine noch so große Menge des Umweltguts z einen Konsumenten vollständig für den Verlust an Marktgütern entschädigen kann. Ein Individuum kann daher nicht sein gesamtes Einkommen für Umweltgüter aufbrauchen. Marktgüter und Einkommen können nicht vollkommen durch Umweltqualität substituiert werden.

Bezogen auf die Eigenschaften der indirekten Nutzenfunktion bedeutet Essentialität, daß für einen (transponierten) Vektor $[z^0, x^{H0}]^T = [z^0, y^0]^T$ in der Situation 0 vor Projektdurchführung *kein* Subvektor $[z^1, x^{H1}]^T = [z^1, 0]^T$ in der Situation 1 nach Projektdurchführung mit $z^0 < z^1$ existiert, so daß ein befragtes Individuum zwischen beiden Situationen indifferent ist. Daher kann für die indirekte Nutzenfunktion $v^{\#}(z, y)$, in die anstelle des Preisvektors p der Preisindex P = 1 eingeht, nicht gelten [Hanemann / Kanninen (1996, S. 12)]:

(2.7) $$v^{\#}(z^0, y^0) = v^{\#}(z^1, 0)$$

Das Einkommen ist eine zu hoch gegriffene obere Beschränkung für die MZB eines Befragten für Umweltgüter. Diese machen üblicherweise nur einen Teil derjenigen Güter aus, die zu dessen Wohlbefinden beitragen. Man bedenke, daß vom monatlichen Einkommen eines Individuums fixe Ausgaben für Marktgüter wie Nahrungsmittel, Mietzahlungen, Versicherungsprämien etc. abgehen. Ein Individuum muß daher zur Abdeckung seines Mindestkonsums an Marktgütern, x^{min}, $0 \ll x^{min}$, über ein Marktgüterbudget in Höhe von mindestens y^{min},

$0 << y^{min} \leq y$, verfügen. Zur Aufrechterhaltung eines bestimmten Nutzenniveaus u^0 von einem Mindesteinkommen y^{min} an kann kein zusätzliches Einkommen mehr aufgewendet werden, um eine höhere Umweltqualität nachzufragen.

Bezüglich der Ausgabenfunktion $e^{\#}(z, u^0)$, in die anstelle des Preisvektors p der konstante Preisindex, P = 1, eingeht, ist die Eigenschaft der Essentialität des Marktgütervektors äquivalent zur Bedingung [vgl. Larson (1993, S. 379)]:

$$(2.8) \qquad \left. \frac{\partial e^{\#}(z, u^0)}{\partial z} \right|_{y \leq y^{min}} = 0$$

Bei Essentialität von Marktgütern wird ein Individuum bei einem Konsumniveau in Höhe bzw. unterhalb des Mindestkonsums an Marktgütern, x^{min} (= y^{min}), keine zusätzliche Ausgaben mehr für Umweltqualität tätigen.

Gemäß (2.7) und (2.8) kann die MZB eines Konsumenten für eine Umweltverbesserung nicht größer sein als sein variables Einkommen, y^{var}. Dieses steht sowohl für Markt- als auch für Umweltgüter zur Verfügung, so daß gilt:

$$(2.9) \qquad y^{var} = (y - y^{min}) \; (\geq MZB_n).$$

Die Zahlung für die Umweltverbesserung muß ein Individuum aus seinem variablen Einkommen, y^{var}, erbringen.

Eine Frage nach der Zahlungsbereitschaft in der Form: „Wären Sie bereit, $x für die Durchführung des Projekts zu zahlen?“, ist ohne weitere Erläuterungen unpräzise und mißverständlich. Denn durch eine solche Fragestellung wird einem Interviewten nicht mitgeteilt, ob er die geforderte Zahlung aus seinem Budget y^{var} tatsächlich bezahlen müßte, wenn das Projekt durchgeführt würde, oder ob die Zahlung rein hypothetischer Natur ist und demnach nicht wirklich erbracht werden muß. Ahlheim (1998) zeigt, daß sich die maximalen Zahlungsbereitschaften für beide Fälle unterscheiden werden.

Einem Befragten sind die mit seinen Antworten verbundenen Konsequenzen zu verdeutlichen. Mit einer „Ja“-Antwort verpflichtet sich ein Befragter zur potentiellen Zahlung des Geldbetrags für die Umweltverbesserung aus seinem tatsächlich verfügbaren Budget [Mitchell / Carson (1989, S. 51)]. Mit seiner Zustimmung simuliert ein Befragter das Eingehen einer realen Zahlungsverpflichtung

[Cummings et al. (1995, S. 260)]. Das für die Umweltverbesserung zu zahlende Geld muß daher aus y^{var} entnommen werden.[17]

Die NOAA-Kommission fordert, die Befragten an diesen Trade-off zwischen einer verbesserten Umwelt und ein um die Zahlung für die Qualitätsverbesserung gemindertes Budget für andere Güter zu erinnern [Arrow et al. (1993, S. 4613)].[18] Entscheidungsgrundlage einer „Ja"-Antwort sollte daher sowohl der Wunsch eines Befragten nach der Umweltverbesserung als auch die Finanzierbarkeit dieses Wunsches aus seinem verfügbaren Budget sein. Dies setzt seine Zahlungsfähigkeit voraus.

Der *Wunsch nach der Umweltänderung* kommt durch einen positiven Netto-Kompensierenden Surplus CSN, d. h. des Kompensierenden Surplus nach Abzug des von ihm geforderten Betrags b_n, zum Ausdruck:

(2.10) $$CSN = y^0 - e^{\#}(z^1, u^0) - b_n > 0$$

Die *Finanzierbarkeit des Wunsches* ist dann gegeben, wenn der geforderte Geldbetrag b_n das variable Einkommen y^{var}, das ihm nach Abzug seiner Fixkosten für den Lebensunterhalt aus dem laufenden Budget frei zur Verfügung steht, nicht überschreitet:

(2.11) $$b_n \leq y^{var}$$

(2.10) und (2.11) stellen die notwendigen und hinreichenden Bedingungen für eine „Ja"-Antwort dar. Ein Befragter sollte dann und nur dann mit „Ja" auf eine Referendumsfrage antworten, wenn er sowohl willens als auch fähig ist, den geforderten Betrag für die hypothetische Umweltänderung zu zahlen. In dem Fall, der nach Meinung der NOAA-Kommission bei den Befragten für Konfusion sorgen könnte, ist ein Befragter zwar willens, d. h. $CSN > 0$, nicht jedoch in der Lage, für die Umweltänderung zu zahlen, d. h. $b_n > y^{var}$; er sollte mit „Nein" antworten.

---

[17] Die Verbindung zwischen der Frage nach der Zahlungsbereitschaft und der realen Zahlungsverpflichtung muß über die Zahlungsform, z. B. als Steuer oder als Spende an einen Fond, hergestellt werden (s. Kapitel 4).

[18] An anderer Stelle bemängelt sie die mangelnde Umsetzung dieser Forderung: *"(...) relatively few CV surveys have reminded respondents convincingly of the very real economic constraints within which spending decisions must be made"* (S. 4605).

3 Methodik einer Referendumsstudie

In diesem Kapitel werden die Schritte erläutert, die zur Durchführung einer Contingent Valuation-Studie nötig sind. Dabei geht es zunächst um die typischen Durchführungsphasen. In diesem Zusammenhang wird auf die Validität und die Reliabilität einer Studie eingegangen. Anschließend wird die ökonometrische Grundstruktur von Referendumsmodellen hergeleitet. Zunächst wird die einfache Befragung erläutert. Gegenstand der empirischen Studie wird eine Anwendung der doppelt-begrenzten Referendumsmethode sein. Daher wird neben dem einfach-begrenzten auch das doppelt-begrenzte Modell diskutiert. Abschließend wird die wichtige Frage der Erstellung eines Gebotsdesigns für die Referendumsmethode behandelt.

3.1 Phasen einer Referendumsstudie

In der ersten Phase einer Referendumsstudie sind *surveymethodologische Fragen* zu klären. Diese Fragen hängen mit der Wahl der Stichprobe aus der Grundgesamtheit, mit dem Aufbau und der Gestaltung von Umfrageunterlagen, mit der Wahl einer geeigneten Administrierungstechnik und mit der Entscheidung über einen geeigneten Zeitpunkt für die Umfrage zusammen. Bei der Auswahl der Stichprobe kommen nur probabilistische Stichprobenerhebungen in Frage [Arrow et al. (1993, S. 4611)]. Dies sind Stichproben, in denen jedes Mitglied der Grundgesamtheit die gleiche, oder zumindest eine dem Surveyadministrator bekannte Wahrscheinlichkeit besitzt, befragt zu werden [de Vaus (1990, S. 60)].[19] Dies liefert im Idealfall repräsentative Zufallsstichproben, die wie die Grundgesamtheit gegliedert sind, so daß die relativen Häufigkeiten des Auftretens bestimmter Merkmalsausprägungen in der daraus erhaltenen Stichprobe proportional zu den entsprechenden Häufigkeiten in der Grundgesamtheit sind. Statistische Analysen einer repräsentativen Zufallsstichprobe eignen sich zur Charakterisierung der Grundgesamtheit. Mit Hilfe repräsentativer Stichproben läßt sich die ermittelte durchschnittliche maximale Zahlungsbereitschaft als repräsentativ für die gesamte Bevölkerung rechtfertigen.

Des weiteren ist ein anreizkompatibles Szenario zu entwerfen, so daß strategisches Verhalten vermieden wird. Dies wird Thema des nächsten Kapitels sein.

---

[19] Im Unterschied hierzu besitzen in nicht-probabilistischen Stichproben manche Personen eine größere Wahrscheinlichkeit als andere, ausgewählt zu werden.

Die Erstellung des Surveydesigns wird unterstützt durch Vorbefragungen, sogenannten "Pretests", und durch Pilotstudien, in der mit größerem Stichprobenumfang die Hauptbefragung simuliert wird. Es würde den Rahmen der Arbeit sprengen, auf alle Details der ersten Phase einzugehen, weshalb auf umfassendere Darstellungen bei Ahlheim (1995), Bateman / Turner (1993) und Mitchell / Carson (1989) verwiesen wird.

In der zweiten Phase ist nach den Empfehlungen der NOAA-Kommission die Hauptbefragung von einem Meinungsforschungsinstitut als persönliche Umfrage mit Hilfe des Referendumsformats durchführen zu lassen.

Die Daten der Umfrage sind in der dritten Phase ökonometrisch zu analysieren. Hierzu werden im fünften und sechsten Kapitel mit der ökonomischen Theorie konsistente ökonometrische Modelle entwickelt. Wichtigste Aufgabe dieser Phase ist die Ermittlung eines repräsentativen Werts für die durchschnittliche Wohlfahrtsänderung der vom Projekt betroffenen Bevölkerung.

Durchführungsphasen einer Referendumsstudie

1. Phase: Erstellen des Surveydesigns, Pretests und Pilotstudien

2. Phase: Durchführung der Hauptbefragung

3. Phase: Ökonometrische Analyse der Antworten

4. Phase: Aggregation

Alle Phasen: Erfolgskontrollen (Validitäts- und Reliabilitätstests)

Übersicht 3.1

In der vierten Phase ist das Aggregationsproblem einer praktikablen Lösung zuzuführen. Dies beinhaltet, einen Weg zu finden, um aus einem repräsentativen Wert der individuellen Wohlfahrtsänderung die gesellschaftliche Wohlfahrtsänderung abzuleiten.

Die vier typischen Durchführungsphasen einer Referendumsstudie sind in Übersicht 3.1 dargestellt. Erfolgskontrollen sollten die Studien auf allen Phasen begleiten. Der Erfolg spiegelt sich in einer glaubwürdigen Ermittlung der durch das vorgeschlagene Projekt bewirkten Wohlfahrtsänderungen wider. Dies bedeutet, daß man auf allen Stufen an unverzerrten Ergebnissen interessiert ist. Es muß sowohl sichergestellt werden, daß das gemessen wird, was tatsächlich gemessen werden soll. Es ist weiter nachzuweisen, daß die Messung mit hoher Präzision erfolgt. Zentrales Erfolgskriterium ist, die in der Beweislast der NOAA-Kommission geforderten Nachweise zu erbringen (s. erstes Kapitel).

Aussagen sind über die Validität und die Reliabilität der Ergebnisse zu machen. Während die Validität der Ergebnisse erfordert, daß diese keinen systematischen Verzerrungen ausgesetzt sind, fordert umgekehrt der Nachweis der Reliabilität, daß keine unsystematischen Verzerrungen vorliegen.[20] Solche Nachweise können mit Hilfe von Validitäts- und Reliabilitätstests geführt werden. Die Charakteristiken hypothetischer Befragungen erschweren jedoch die Tests bzw. schließen deren Anwendung vollständig aus. Die Schwierigkeiten werden anhand der in der Literatur vorgebrachten Validitäts- und Reliabilitätskriterien erläutert.

Bei der **Validität** der KEM ist zu klären, ob der Einsatz des Instruments „das Konzept“ - den repräsentativen Wert für die maximale Zahlungsbereitschaft – korrekt erfaßt.

Inhaltliche Validierung beruht auf qualitativen und subjektiven Urteilen darüber, mit welcher Genauigkeit die Fragen die verschiedenen inhaltlichen Aspekte des Untersuchungsziels abdecken [Boyle / Desvogues et al. (1993, S. 68)]. Die NOAA-Kommission nimmt die Analysten in die Berichtspflicht, indem sie diese auffordert, im Rahmen des "Reporting" vollständig über das Befragungs- und Erhebungsdesign sowie über dessen Umsetzung zu berichten. Es ist auf die Rücklaufquote sowie auf Stichproben- und Selektionsverzerrungen hinzuweisen. Die Fragebögen, die Datensätze und alle Details der Studie sind der Öffentlichkeit zugänglich zu machen [Arrow et al. (1993, S. 4608 und S. 4611)]. Diese Empfehlungen tragen zur inhaltlichen Validierung der KEM bei [Schuman (1996, S. 77)].

Kriteriumsvalidität erfordert eine Konfrontation der KEM-Ergebnisse mit der Realität anhand objektiver Kriterien [Bateman / Turner (1993, S. 166)]. Objektive Maßstäbe zur Validierung der Ergebnisse kann es jedoch nicht geben, da ja der Grund für ein Survey gerade ist, daß man die wahren maximalen Zahlungsbereitschaften für das projizierte Projekt nicht beobachten kann. Eine Möglichkeit, Kriteriumsvalidität dennoch zu prüfen, besteht darin, die hypothetischen Antworten mit Transaktionen auf simulierten oder realen Märkten zu vergleichen

---

[20] Die Begriffe Reliabilität und Validität haben in verschiedenen wissenschaftlichen Disziplinen wie Psychometrie und Ökonometrie unterschiedliche inhaltliche Bedeutungen. Groves (1989, Kapitel 1) grenzt die Begriffe für die beiden genannten Disziplinen inhaltlich voneinander ab.

[s. z. B. Frykblom (1998)]. Dies gelingt nur in den seltenen Fällen, wenn solche Märkte existieren.

Vorhersagevalidität bezieht sich auf die Eignung einer Befragungsmethode, zukünftige Ereignisse richtig zu prognostizieren [Schuman (1996, S. 78)]. So sollte die Referendumsmethode z. B. in der Lage sein, die Ergebnisse eines realen Referendums zur selben Sache vorwegzunehmen [Arrow et al. (1993, S. 4607); vgl. für näheres auch Kapitel 12]. Vorhersagevalidität ist damit nur ex post überprüfbar.

Konstruktvalidität ist der Oberbegriff für *konvergente* und *theoretische Validität.* Konstruktvalidität bezieht sich allgemein auf die Übereinstimmung der Ergebnisse mit der ökonomischen Theorie, die „das theoretische Konstrukt" bildet [Boyle / Desvogues et al. (1993, S. 68)].

Anhand von Vergleichen der Ergebnisse mit den Resultaten vorangegangener Studien, oder mit den Ergebnissen, die alternative Bewertungsinstrumente für dasselbe theoretische Konstrukt liefern, läßt sich die *Konvergenzvalidität* überprüfen. Hierzu bieten sich auf den ersten Blick Vergleiche mit anderen direkten [s. z. B. Whitehead et al. (1998)] oder indirekten Bewertungsmethoden [s. z. B. Huang et al. (1997)] an. Die Problematik der Überprüfung der konvergenten Validität in dieser Form besteht darin, daß die KEM gerade aus der Unzufriedenheit über die bestehenden indirekten Methoden zur Bewertung von Umweltprojekten heraus entstanden ist, weil deren Validität angezweifelt wird. Auch andere direkte Methoden sind Verzerrungen ausgesetzt, die wiederum deren Validität in Frage stellen. Da die meisten Umweltgüter den Charakter öffentlicher Güter haben, ist auch ein Vergleich mit marktgehandelten Substituten nicht praktikabel. Denn auch diese werden nicht auf realen Märkten gehandelt. Eine konvergente Validierung der Ergebnisse durch Vergleiche mit Resultaten vorangegangener Studien ist zwar wünschenswert, aufgrund der wenigen KEM-Studien jedoch nur selten möglich. Die NOAA-Kommission fordert zwar zur Bereitstellung von Referenzstudien auf [Arrow et al. (1993, S. 4614)], bislang existieren diese jedoch nicht.

Die *theoretische Validität* der KEM wird angezweifelt, wenn es zu systematischen Verzerrungen kommt, die zu Ergebnissen führen, die zur ökonomischen Theorie im Widerspruch stehen. Theoretische Validität läßt sich prüfen, indem die empirischen Ergebnisse auf ihre Übereinstimmung mit Hypothesen, die aus der ökonomischen Theorie abgeleitet sind, getestet werden. Die Bereitstellung von Techniken zur Überprüfung theoretischer Einwände gegen die Referendumsmethode ist ein zentrales Ziel der vorliegenden Arbeit.

Unsystematische Verzerrungen stellen die Referendumsmethode nicht theoretisch in Frage. Es handelt sich vielmehr um verfahrenstechnisch induzierte Verzerrungen, die durch eine Verbesserung des Surveydesigns behoben werden können. Hierbei geht es um die **Reliabilität** der Referendumsmethode. Eine Messung ist in dem Ausmaß reliabel, wie die Ergebnisse der Messung ähnlich sind, wenn sie ähnlich sein *sollten* [Randall / Hoehn (1996, S. 369)]. Reliabilität erfordert darüber hinaus die Unabhängigkeit von für die Messung irrelevanten Umgebungsbedingungen. So sollte es für das Ergebnis beispielsweise unerheblich sein, ob eine Person an einem Sonntag oder an einem Montag befragt wird. Reliabilität einer Messung bezieht sich oft auch auf deren zeitliche Konsistenz (s. hierzu Abschnitt 9.5).

Unsystematische Verzerrungen in KEM-Studien lassen sich überwiegend auf Einflüsse zurückführen, die mit der Befragungsprozedur zusammenhängen. Insbesondere entstehen sie aus Problemen, die mit der Identifikation der Grundgesamtheit, der Ziehung der Stichprobe, der Wahl der Interviewer sowie des Befragungsformats und der Administrierungstechnik zusammenhängen. Umfassende Typologisierungen unsystematischer Verzerrungen nehmen Mitchell / Carson (1989, S. 231 ff.), Carson (1991, S. 136 ff.) sowie Biemer et al. (1991) vor. Bekannt sind Interviewer-Verzerrungen, die aus den sozialen Interaktionen zwischen Befragten und Interviewern entstehen. Generell lassen sich unsystematische Verzerrungen durch ein durchdachtes und sorgfältig umgesetztes Surveydesign minimieren. Ihr Auftreten ist weniger ein Defekt der KEM, sondern ein Zeichen für ein noch nicht ausgereiftes Befragungskonzept.

3.2 Strukturierung der einfachen Referendumsmethode

3.2.1 Grundlegende Befragungsstrukturen

Die einfache Referendumsmethode ist eine Surveytechnik, die eine relativ einfache Befragungsstruktur aufweist. Ein Interviewer fragt die n-te Person danach, ob sie einen bestimmten Geldbetrag b_n für ein wohlfahrtserhöhendes Projekt zu zahlen bereit ist, oder nicht.[21] Die Fragen nach den Zahlungsbereitschaften, die

[21] Die hier abgeleiteten Ergebnisse lassen sich leicht auf wohlfahrtssenkende Projekte übertragen. Hierzu werden allerdings Fragen nach Akzeptanzbereitschaften gestellt. Für näheres hierzu vergleiche Hanemann (1984).

den N Personen der Stichprobe (n = 1, ..., N) gestellt werden, gehen in einem geschlossenen Befragungsformat der Form:

„Wären Sie bereit, b_n für das geplante Umweltprojekt zu zahlen?“

von statten. Bei Verwendung der einfachen Referendumsmethode wird jede Person nach genau einem Gebot befragt. Dabei wird mehreren Personen dasselbe Gebot unterbreitet.

Das Gebotsdesign der einfachen Befragungsversion besteht aus insgesamt K verschiedenen Geboten b_k (k = 1, ..., K), die in K verschiedenen Versionen des Fragebogens spezifiziert sind. Jeder befragten Person ist genau eine dieser K verschiedenen Surveyversionen zuzuordnen. Ein vollständiger Satz an Geboten für die einfach-begrenzte Referendumsmethode umfaßt demnach die Gebotsmenge:

$$(3.1) \qquad \boldsymbol{B}^{ER} = \{b_1, b_2, ..., b_K\}$$

Vom n-ten Befragten wird genau ein Geldbetrag, b_n, aus der Menge aller K Gebote als Gegenleistung für die Verwirklichung der projizierten Umweltänderung angeboten. Diesem stimmt er entweder zu, wenn er das Projekt verwirklicht sehen will, oder er lehnt ihn ab, wenn er auf das Projekt verzichten will. Die Höhe der Zahlungsgebote wird über die Stichprobe variiert.

Die Menge der möglichen Ausgänge einer Befragung, die mit $\boldsymbol{I}^{ER}$ bezeichnet wird, enthält bei Verwirklichung der einfachsten Struktur eines Referendumsformats zwei Elemente: $\boldsymbol{I}^{ER}$ = {„Ja“, „Nein“}. Man erhält aus der Antwort eines Befragten die Information, ob seine maximale Zahlungsbereitschaft (MZB) über oder unter dem ihr angebotenen Geldbetrag liegt. Antwortet eine befragte Person auf den ihr vorgegebenen Geldbetrag wahrheitsgemäß mit „Ja“, ist ihre tatsächliche MZB mindestens so hoch wie der vorgegebene Geldbetrag. b_n stellt im Falle einer „Ja“-Antwort eine untere Grenze für die MZB des n-ten Befragten dar. Im Falle einer „Nein“-Antwort ist das vorgegebene Gebot eine obere Grenze für ihre MZB. Das Gebot wirkt damit wie eine untere bzw. eine obere Grenze für die unbekannte MZB eines Befragten. Es gilt:

$$(3.2) \qquad \text{„Ja“-Antwort} \Leftrightarrow MZB_n \geq b_n \wedge \text{„Nein“-Antwort} \Leftrightarrow MZB_n < b_n$$

Sei I_n ein binärer Indikator, der den Wert 0 annimmt, wenn die n-te befragte Person mit „Ja“ auf die Zahlungsbereitschaftsfrage antwortet, und der den Wert 1 annimmt, wenn sie mit „Nein“ antwortet. Mit Hilfe von I_n gelingt es, eine Verbindung zwischen der qualitativen „Ja“- oder „Nein“-Antwort eines Individuums und dem ihm offerierten Gebot herzustellen.

Für eine „Ja"-Antwort fällt die MZB eines Befragten in folgendes Intervall, und es kann der folgende Bezug zu dem Binärindikator I_n hergestellt werden:

(3.3) $$b_n \leq MZB_n \ (< \infty) \quad \Leftrightarrow \quad I_n = 0$$

Analog läßt sich folgender Zusammenhang zwischen dem Zahlungsbereitschaftsintervall und einer „Nein"-Antwort herstellen:

(3.4) $$(-\infty <)MZB_n < b_n \quad \Leftrightarrow \quad I_n = 1$$

Die Befragungsstruktur der einfachen Referendumsmethode liefert somit zwei mögliche Intervalle für die MZB eines Befragten. Dabei ist zu beachten, daß für eine „Ja"-Antwort keine eindeutige obere und für eine „Nein"-Antwort keine eindeutige untere Intervallgrenze angegeben werden kann. Das sich ergebende Intervall der maximalen Zahlungsbereitschaften im Fall einer „Ja"-Antwort wird mit K_1^{ER} und im Falle einer „Nein-Antwort mit K_2^{ER} bezeichnet; es gilt:

(3.5) $$K_1^{ER} = [b_n, \infty) \text{ oder } K_2^{ER} = (-\infty, b_n)$$

Im Fall einer „Ja"-Antwort („Nein"-Antwort") stellt sich das Problem, *eine* plausible obere (untere) Grenze für die MZB zu finden. Da sich aus der Antwort eines Befragten immer nur eine eindeutige Begrenzung für die MZB ergibt, erfolgt die Namensgebung „einfach-begrenzte" Referendumsmethode für das Befragungsschema.

3.2.2 Ergänzende Befragungsstrukturen

In allen KEM-Studien werden Antworten zu bestimmten Fragen verweigert. Im Unterschied zur Verweigerung der Interviewteilnahme per se werden in diesen Fällen einzelne Fragen nicht bzw. bewußt falsch beantwortet, was zu Verzerrungen der Ergebnisse führt.

Zur Identifizierung inkonsistenten Antwortverhaltens fordert die NOAA-Kommission, den Befragten eine „Weiß nicht"-Option anzubieten. Des weiteren werden Antwortverweigerungen explizit zugelassen. Nach dem Erhalt einer jeden Antwort, also auch nach einer „Ja"- oder „Nein"-Antwort, sind offene Folgefragen zu stellen. Mit diesen ist herauszufinden, aus welchen Motiven heraus geantwortet wurde [Arrow et al. (1993, S. 4609)]. Darüber hinaus wird in modernen Anwendungen der Referendumsmethode versucht, dem Projekt gegenüber indifferente Personen herauszukristallisieren. Diesen Ergänzungen der grundlegenden Befragungsstruktur sind die folgenden Ausführungen gewidmet.

3.2.2.1 „Weiß nicht"-Antworten

In psychologischen Studien sowie in realen Volksabstimmungen wählt ein hoher Anteil der Befragten die „Weiß nicht"-Option, wenn eine solche angeboten wird: *"(...) in national surveys close to a quarter of the population will choose the "don't know" response to most attitude questions if it is explicitly offered"* [Arrow et al. (1993, S. 4606)].[22]

Die Forderung nach Bereitstellung einer „Weiß nicht"-Option hat psychologische Gründe. Bei einer Referendumsbefragung ohne die Bereitstellung einer solchen Option können die in Tabelle 3.1 dargestellten Beziehungen zwischen den inneren Einstellungen der befragten Personen und ihrem Antwortverhalten auftreten.

Problematisch sind die in grau schattierten Feldern widergespiegelten Beziehungen. Hier treten nicht bewältigte innere Diskrepanzen seitens eines Befragten zu Tage. Ist demnach die Einstellung eines Befragten zum betrachteten Projekt positiv, kann dies dennoch zu einer Pseudo-Ablehnung des Projekts führen; die Antworten sind in der Terminologie Gilljams und Granbergs (1993) „falsche Negative". Umgekehrt können negative Einstellungen zu Pseudo-Zustimmungen führen; die Antworten sind „falsche Positive". In beiden Fällen werden die Ergebnisse der Studie durch die Antworten verzerrt.

Wie erwähnt, ist auszuschließen, in einer Umfrage den angestrebten hundertprozentigen Anteil an wahren positiven und wahren negativen Antworten erhalten zu können. Deren Anteil läßt sich jedoch optimieren, wenn die Ursachen ihrer Entstehung identifiziert und beseitigt werden können. In Anlehnung an eine Klassifizierung Wangs (1997, S. 221) lassen sich die Motive derer, die mit „Weiß nicht" antworten, vier Kategorien zuordnen.

In die erste Kategorie fallen Personen, die mit der Befragung und dem Bewertungsszenario unzufrieden sind, was bei diesen zu einer inneren Ablehnung der Beschäftigung mit ihrer MZB für das Projekt führt.

Der zweiten Kategorie werden Personen zugeordnet, die sich strategisch verhalten. Diese versprechen sich Vorteile davon, zunächst die Ergebnisse der Umfrage abzuwarten, ehe sie sich zur Sache äußern.

---

[22] Wang (1997, S. 219) berichtet von KEM-Studien, in denen der Anteil derer, die „Weiß nicht"-Antworten abgeben, bis zu 30 Prozent beträgt.

Weitere beantworten zum dritten die Frage wahrheitsgemäß mit „Weiß nicht". Intensives Nachdenken über ihre MZB hat (noch) nicht zu einem konkreten Wert geführt.

Tabelle 3.1 Einstellungen zum Projektvorschlag und Antwortverhalten		
Die wahre Einstellung der befragten Person ist:	**Die Antwort der befragten Person ist:**	
	„Ja"	**„Nein"**
Zustimmung	**Zustimmung (wahre Positive)**	**Pseudo-Ablehnung (falsche Negative)**
Ablehnung	**Pseudo-Zustimmung (falsche Positive)**	**Ablehnung (wahre Negative)**

Einer vierten Kategorie werden schließlich diejenigen Personen zugeteilt, die gerade indifferent zwischen der Umweltverbesserung und der zu leistenden Zahlung sind. Dieses Verhalten resultiert aus echter Indifferenz zwischen einer „Ja"- und einer „Nein"-Antwort.

Durch das Angebot von „Weiß nicht"-Antworten können kognitive Dissonanzen, die aus psychisch nicht bewältigten Diskrepanzen zwischen der inneren Einstellung eines Probanden zum Bewertungsobjekt und der von ihm verlangten Antwort resultieren, bei Personen, die der dritten Kategorie zuzuordnen sind, abgebaut werden [Heap et al. (1992, S. 298 ff.)]. „Weiß nicht"-Antworten werden von diesen Personen falschen Positiven und falschen Negativen - bzw. einer Antwortverweigerung - strikt vorgezogen. Die beiden letztgenannten Kategorien können daher als wahre „Weiß-nicht"-Stimmen gewertet werden.

Woraus resultieren innere Diskrepanzen bei den Personen der dritten Kategorie? Ein entscheidender Faktor, der die Einstellung eines Befragten zum Projekt beeinflußt, ist die Komplexität der Entscheidungsfindung [Mazotta / Opaluch (1995)]. Komplexe Situationen sind in Referendumsbefragungen dadurch gekennzeichnet, daß sich Individuen vor ihrer Antwort unter Berücksichtigung der geforderten Zahlung zwischen zwei sich wechselseitig ausschließenden Umweltzuständen entscheiden müssen. Durch das unterbreitete Projekt ändern sich darüber hinaus meist mehrere Attribute in der Umwelt, so daß eine Abwägung zwischen allen nutzenerhöhenden und nutzenmindernden Änderungen als komplex angesehen werden muß. In diesem internen Entscheidungsfindungsprozeß sind Individuen in ihren kognitiven Fähigkeiten um so beschränkter, je komplexer diese Zusammenhänge sind.

Die Komplexität der Antwortfindung relativiert das Argument, die Referendumsmethode simuliere einfach zu bewältigende Alltagsentscheidungen. Der Einschätzung Freemans (1993, S. 173), *"that since only a yes or no answer is required, the referendum question format poses a relatively simple decision problem for individuals"*, kann daher nicht beigepflichtet werden. Vielmehr kaschiert die im Referendumsformat angelegte, scheinbar simple „alles-oder-nichts"-Entscheidung in komplexen Situationen zeitaufwendige interne Entscheidungsfindungsprozesse.

Das Angebot einer „Weiß nicht"-Option darf jedoch keineswegs dahingehend mißverstanden werden, in ihrer Haltung unsichere oder zögernde Befragte zu dieser Antwort zu ermutigen. Gilljam und Granberg (1993) raten zu vorsichtigem Umgang, denn zu leicht würden Personen diese "easy out"-Option (S. 350) anderweitigen Anstrengungen, über ihre Antwort nachzudenken, vorziehen. In Abschnitt 9.7 werden ökonometrische Modelle mit „Weiß nicht"-Antworten geschätzt.

3.2.2.2 „Keine Antwort"-Optionen

Nach den Empfehlungen der NOAA-Kommission sollten „keine Antwort"-Optionen explizit eingeräumt werden, wenn ein Befragter eine Frage nicht eindeutig mit „Ja" oder „Nein" beantworten will oder kann [Arrow et al. (1993, S. 4609)]. Mögliche Gründe für eine Antwortverweigerung sind gemäß der NOAA-Empfehlung nach den Ursachen ihrer Entstehung danach zu unterscheiden, ob der Befragte

(a) gerade indifferent zwischen einer „Ja"- und einer „Nein"-Antwort ist,

(b) zum gegenwärtigen Zeitpunkt und mit der vorhandenen Information sich noch nicht in der Lage fühlt, eine Antwort abzugeben,

(c) die Bewertungsmethode per se ablehnt, oder

(d) durch die Befragung gelangweilt ist und dazu neigt, das Interview abzubrechen.

Die Ursachen für die Wahl der „keine Antwort“-Option und der „Weiß nicht“-Option ähneln sich. Während in (a) die Antwort durch die Präferenzordnung eines Befragten motiviert wird, drücken die Ursachen (b) bis (d) Unzufriedenheit eines Befragten mit zumindest eines Teils des Szenarios aus. In (b) stellt die Antwortverweigerung eine zur „Weiß nicht“-Antwort alternative Möglichkeit dar, kognitive Dissonanzen durch die Abgabe falscher negativer oder falscher positiver Antworten zu vermeiden. Es wird letztlich vom Temperament eines Befragten abhängen, ob er mit „Weiß nicht“ antwortet, oder ob er die Antwort verweigert. Ihm sollten jedoch beide Möglichkeiten offenstehen.

In der Empfehlung zur Einführung einer „keine Antwort“-Option wird einerseits das Bemühen der Kommission deutlich, die Vorgehensweise der Referendumsmethode Abstimmungsmechanismen von realen Referenden anzugleichen (s. hierzu auch Kapitel 11).

Andererseits verleitet empirischen Befunden von Ready et al. (1995, S. 195) gemäß diese Option die Befragten dazu, weniger intensiv über ihre MZB nachzudenken. Statt dessen entziehen sie sich frühzeitig durch die Antwortverweigerung dieser Mühe. Damit ist auch „keine Antwort“ eine "easy out"-Option für die Befragten. Die Option der Antwortverweigerung sollte daher erst dann einem Befragten angeboten werden, wenn bereits einige Zeit des Nachdenkens verstrichen ist.

3.2.2.3 Offene Folgefragen

Alle Antworten auf Zahlungsbereitschaftsfragen sind nach den Empfehlungen der NOAA-Kommission durch offene Folgefragen zu ergänzen [Arrow et al. (1993, S. 4613)].

Selbst dann, wenn auf eine Referendumsfrage mit „Ja“ oder „Nein“ geantwortet wurde, sollten weitere Details über die Motivation der Befragten durch offene Nachfragen nach dem Grund der „Ja“- oder „Nein“-Antwort in Erfahrung gebracht werden. Die Antworten auf offene Folgefragen zu „Ja“- und „Nein“-Antworten werden nach folgendem Schema kodiert:

(a) „Das Projekt ist mir das geforderte Geld (nicht) wert“,

(b) „Weiß nicht“,

(c) „andere (z. B. „der Staat“, „die Wirtschaft“ etc.) sollen zahlen“.

Im Idealfall sollte natürlich auf eine „Ja“- oder „Nein“-Antwort deren Bestätigung gemäß Kategorie (a) folgen. Die Verpflichtung auf die explizite Bereitstellung einer „Weiß nicht"-Option in offenen Folgefragen (siehe (b)) ist daher nicht unmittelbar einleuchtend. Es stellt sich dabei zum einen das Problem, wie eine „Ja" oder „Nein"-Antwort zu interpretieren ist, wenn auf die Nachfrage, warum mit „Ja" oder „Nein" votiert wurde, die Antwort „Weiß nicht" ist. Offensichtlich sind diejenigen, die so antworten, nicht in der Lage oder nicht willens, ihre Antwort zu begründen. Zum anderen sollten befragte Personen anstelle oder vor Abgabe einer „Ja" oder „Nein"-Antwort mit „Weiß nicht" antworten und nicht erst dann, wenn sie bereits mit „Ja" oder „Nein" geantwortet haben. Folgeantwort (c) drückt die Unzufriedenheit mit dem Zahlungsformat aus, was zu einer „Nein"-Antwort führt. Dies ist eine Form der Szenario-Zurückweisung.

Die Fälle (b) und (c) sind als Protest zu werten. Antworten von protestierenden Personen sind aus weiteren Untersuchungen auszuschließen. Bei der Auswertung der Daten werden deren Antworten nicht berücksichtigt. Dieses Vorgehen deckt sich mit der NOAA-Empfehlung, extreme Antworten nicht in die Auswertung der Daten einfließen zu lassen. Sie verzerren das Ergebnis [Arrow et al. (1993, S. 4612)].

3.2.3 Indifferenz gegenüber dem Projekt

Ein systematischer Anteil der Befragten wird dem Projekt gegenüber indifferent eingestellt sein. Eine dem Projekt gegenüber indifferente Person zieht weder Nutzen aus der Umweltverbesserung, noch erleidet sie Nutzeneinbußen. Sie wird weder bereit sein, etwas für das Projekt zu zahlen, noch wird sie Kompensationszahlungen fordern. Solche „Nullgebote" sind nicht als Proteststimmen zurückzuweisen. Diese Praxis war in der Vergangenheit zwar bei offenen Befragungen üblich; mit Blick auf reale Märkte sollte jedoch nicht übersehen werden, daß bestimmte Marktgüter von manchen Personen nicht gekauft werden. Es liegt nahe, Präferenzen dieser Form auch für Umweltgüter zuzulassen [Hanemann / Kriström (1995, S. 71)].

Indifferenz gegenüber dem Projekt tritt dann systematisch auf, wenn Personen befragt werden, die weit entfernt von dem Ort leben, an dem das Projekt durchgeführt wird [An / Ayala (1996a, S. 2)]. Haab (1996, S. 3) bezeichnet dem Projekt gegenüber indifferente Personen als *Nichtteilnehmer*. Er grenzt sie von den *Teilnehmern* des Projekts ab, die entweder Nutzengewinne oder -einbußen infolge einer Projektrealisierung erfahren würden.

In jüngsten Referendumsstudien wird zur Identifizierung von Nichtteilnehmern eine Zusatzfrage gestellt. Hierzu bietet sich eine Frage der Form

"Would you, under any circumstances, be prepared to contribute anything towards the described project ?" [s. Hanemann / Kriström (1995, S. 67)]

an. Diese kann entweder zu Beginn der Bewertungsfragen gestellt werden, wie von Haab (1996, S. 21) vorgeschlagen, oder erst nachdem die angebotenen Gebote alle abgelehnt wurden [s. Hanemann / Kriström (1995)]. Ein Referendumsmodell, in dem explizit Daten über Nichtteilnehmer vorliegen, wird als *Fall voller Information* bezeichnet. Ein Modell, in dem Nichtteilnehmer nicht identifiziert werden, ist der *Fall partieller Information* [s. An / Ayala (1996a, S. 6)]. In Abschnitt 9.2 wird gezeigt, wie man aus diesem Datensatz den Anteil an Nichtteilnehmern schätzen kann.

3.2.4 Ausreißer

Ausreißer sind Beobachtungen, die einen verhältnismäßig großen Einfluß auf die Schätzergebnisse ausüben [Kanninen (1995, S. 120)]. Ein Vorteil von Referendumsbefragungen ist, daß der Einfluß von Ausreißern auf die Ergebnisse weitgehend kontrolliert werden kann. Im Unterschied zu offenen Befragungen kann bei einer Befragung mit der Referendumsmethode von den Befragten keine beliebig hohe oder niedrige Bewertung abgegeben werden. Statt dessen kann lediglich dem höchsten in der Befragung *vorgegebenen* Gebot zugestimmt, bzw. das niedrigste *vorgegebene* Gebot abgelehnt werden. Potentielle Ausreißer sind nach oben und unten durch die Höhe der abgefragten Gebote beschränkt.

Ausreißer in Referendumsbefragungen können dennoch auf zwei Arten in Erscheinung treten: Entweder antwortet jemand mit „Nein“ zu einem sehr niedrigen Gebot, zu dem mit einer „Ja“-Antwort zu rechnen ist, oder es antwortet jemand mit „Ja“ zu einem sehr hohen Gebot, zu dem „Nein“-Antworten üblich sind. Da jedoch im allgemeinen „Ja“-Antworten („Nein“-Antworten) in Referendumsbefragungen zum höchsten (niedrigsten) Gebot keineswegs unüblich, sondern sogar erwünscht sind, sind Ausreißer, wenn überhaupt, nur durch offene Folgefragen identifizierbar.

3.3 Befragungsstruktur der doppelten Referendumsmethode

Bei Verwendung der doppelten Referendumsmethode werden Probanden zu zwei Geboten befragt, wobei die Höhe des zweiten Gebots von der Antwort auf das erste Gebot abhängt.

Bei dieser Prozedur werden die N Individuen der Stichprobe ($n = 1, ..., N$) zunächst danach gefragt, ob sie einen vorgegeben Geldbetrag, b_n, zu zahlen bereit sind, oder nicht. Anschließend werden sie nach einem zweiten Geldbetrag, b_n^h, gefragt, der höher liegt als der erste ($b_n^h > b_n$), wenn dem ersten Gebot zugestimmt wurde, und der niedriger liegt als der erste ($b_n^n < b_n$), wenn das erste Gebot abgelehnt wurde. Damit sind vier Antwortsequenzen auf die beiden Fragen nach der Zahlungsbereitschaft möglich: (1) Beide Antworten lauten „Ja"; (2) die erste Antwort ist „Ja", die zweite „Nein"; (3) die erste Antwort ist „Nein" und die zweite „Ja"; (4) beide Antworten sind „Nein". Die Menge der möglichen Ausgänge der doppelten Befragung, die mit $\boldsymbol{I}^{DR}$ bezeichnet sei, enthält vier Elemente: $\boldsymbol{I}^{DR}$ = {(„Ja", „Ja"), („Ja", „Nein"), („Nein", „Ja"), („Nein", „Nein")}.

Mit der doppelten Referendumstechnik erhält man im Vergleich zum einseitigen Befragungsformat mehr Informationen über die maximale Zahlungsbereitschaft (MZB) eines Individuums. Die Befragung über zwei Gebote liefert zwei Beobachtungspunkte für die Größenordnung seiner MZB. Somit wird ein engeres Intervall um die MZB eines Individuums gezogen, als dies für die einfache Referendumsmethode möglich ist.

Die erste Grenze der MZB eines Befragten ist, wie bei der einfachen Befragung, entweder eine untere oder eine obere Grenze, je nachdem ob der Befragte mit „Ja" oder mit „Nein" antwortet. Die zweite Grenze ergibt sich aus der zweiten Antwort. Wird dem ersten Gebot zugestimmt, wird das Gebot erhöht. Wird auch dem erhöhten Gebot, b_n^h, zugestimmt, stellt das zweite Gebot eine untere Grenze für die MZB dar. Bei doppelter Bejahung der Fragen liegt die MZB des n-ten Individuums in folgendem Intervall, wobei für die spätere Aufstellung der Log-Likelihoodfunktion zur Schätzung des Modells im achten Kapitel die Antwortsequenzen mit Hilfe von Indikatorvariablen binär kodiert werden:

(3.6) $$b_n^h \leq MZB_n \; (< \infty) \quad \Rightarrow \quad I_n^{Ja,Ja} = 1; \; 0 \text{ sonst}$$

Wird das zweite Gebot statt dessen abgelehnt, nachdem das erste angenommen wurde, stellt das erste Gebot eine untere und das zweite Gebot eine obere Grenze für die MZB dar:

(3.7) $$b_n \leq MZB_n < b_n^h \quad \Rightarrow \quad I_n^{Ja,Nein} = 1; \; 0 \text{ sonst}$$

Wird das erste Gebot abgelehnt, wird das Folgegebot gesenkt. Wird das im Wert geminderte Gebot, b_n^n, angenommen, nachdem das erste abgelehnt wurde, stellt das erste Gebot eine obere und das zweite Gebot eine untere MZB-Grenze dar:

(3.8) $b_n^n \leq MZB_n < b_n \Rightarrow I_n^{Nein,Ja} = 1;\ 0$ sonst

Lehnt der Befragte auch das zweite Gebot ab, kann das zweite Gebot als eine obere Grenze für die MZB des Befragten angesehen werden:

(3.9) $(-\infty <)MZB_n < b_n^n \Rightarrow I_n^{Nein,Nein} = 1;\ 0$ sonst

Die Befragungsstruktur der doppelten Referendumsmethode liefert vier mögliche Intervalle für die MZB. Damit kann jedem befragten Individuum gemäß seinen beiden Antworten eine von vier Kategorien zugeordnet werden. Dies war bei der einfachen Referendumsmethode nur für zwei Kategorien möglich. Die Kategorien, K_s^{DR} (s = 1, ..., 4), ergeben sich unter Beachtung von (3.6) bis (3.9) zu:

(3.10) $K_1 \equiv [b_n, \infty), K_2 \equiv [b_n, b_n^h), K_3 \equiv [b_n^n, b_n), K_4 \equiv (-\infty, b_n)$

Die Namensgebung doppelt-begrenzte Referendumsmethode ist insofern etwas irreführend, als daß zwei eindeutige Grenzen für die MZB eines Befragten nur dann unmittelbar angegeben werden können, wenn die erste Antwort „Ja“ und die zweite Antwort „Nein“ lautet, oder umgekehrt. Werden die Fragen nach den Zahlungsbereitschaften hingegen zweimal bejaht oder zweimal verneint sind - wie bei der einfachen Referendumsmethode - realistische obere bzw. untere MZB-Grenzen vom Betrachter zu bestimmen.

In Abbildung 3.1 ist die grundlegende Befragungsstruktur der doppelten Referendumsmethode unter Berücksichtigung aller von der NOAA-Kommission empfohlenen Erweiterungen dargestellt. Überall dort, wo die Konsequenzen mit „$?“ gekennzeichnet sind, hängen die Folgerungen über die wahre MZB von der Antwort auf offene Folgefragen ab.

3.4 Gebotsdesigns

Bei der Erstellung eines Gebotsdesigns handelt sich um ein Optimierungsproblem, das die Qualität der Ergebnisse entscheidend beeinflußt. Im Kontext der einfachen Referendumsmethode ist die Menge $\boldsymbol{B}^{ER}$ in (3.1) festzulegen.

Befragungsstruktur der doppelten Referendumsmethode

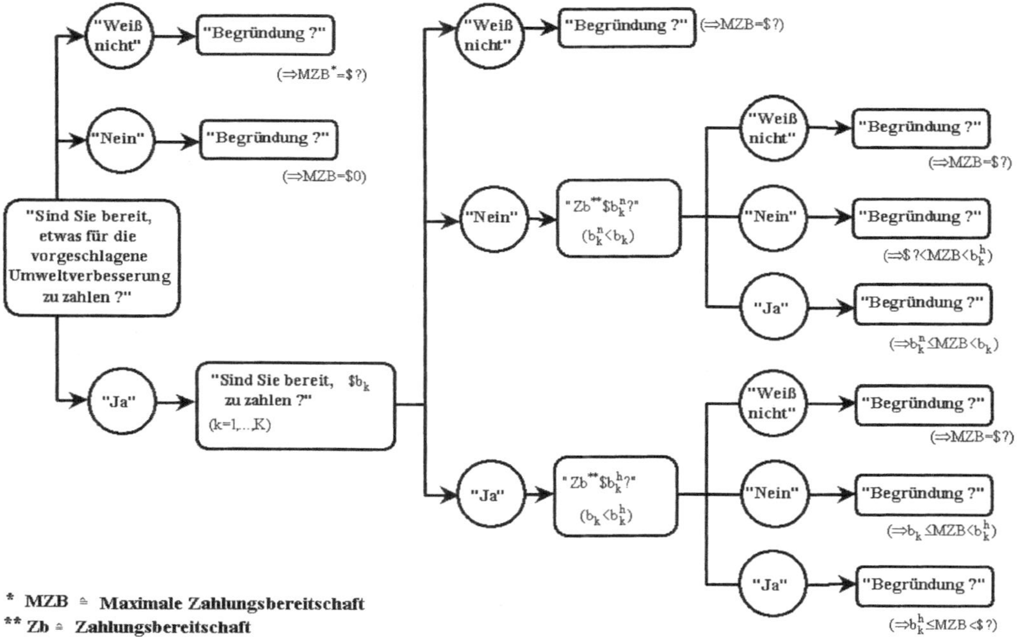

* **MZB ≙ Maximale Zahlungsbereitschaft**
** **Zb ≙ Zahlungsbereitschaft**

Abb. 3.1

Es sind Entscheidungen darüber zu treffen,

1. welche Höhe N der Stichprobenumfang besitzen soll,
2. welches Intervall $[b_1, b_K]$ die Gebote abdecken sollen,
3. wie viele Gebote präsentiert werden sollen,
4. in welchen Abständen zwei aufeinanderfolgende Gebote b_k und b_{k+1} jeweils angeordnet werden sollen,
5. und wie der Stichprobenumfang N auf die verschiedenen Gebote aufzuteilen ist, so daß gilt: $N = \sum_k n_k$, wobei die n_k $(k = 1, ..., K)$ die den einzelnen Geboten zugewiesenen Anteile am Stichprobenumfang symbolisieren.

Die Verwendung der doppelten Referendumsmethode ist mit dem zusätzlichen Aufwand verbunden, die Höhen für die zweiten Gebote, den Bereich, den diese abdecken sollen und die Anordnung der zweiten Gebote innerhalb des abgesteckten Bereichs festzulegen. Ein kompletter Satz an Geboten für die doppelte Referendumsmethode $\boldsymbol{B}^{DR}$ ist:

$$\text{(3.11)} \qquad \boldsymbol{B}^{DR} = \{b_1, ..., b_K, b_1^h ... b_K^h, b_1^n, ..., b_K^n\}$$

Die Verwendung der doppelten Referendumsmethode besitzt gegenüber der einfachen Variante den entscheidenden Vorteil, daß durch eine Erhöhung bzw. Senkung des Gebots aus der ersten Frage ein wenig informatives Gebotsdesign für die erste Fragerunde nachträglich korrigiert werden kann. Kanninen (1995, S. 118f.) spricht von der "second chance", die die doppelte Referendumsmethode bietet.

Für einen festen Stichprobenumfang sind die Gebote so zu setzen, daß die größtmögliche Menge an Informationen über die Verteilung der maximalen Zahlungsbereitschaften gewonnen wird. Dieses Optimierungsproblem simultan und mit einem Verfahren zu lösen, ist noch *nicht* gelungen [Cooper (1993)]. Bei der Aufstellung eines Gebotsdesigns ist daher zwischen theoretischem Anspruch und Pragmatismus abzuwägen.

In der Literatur sind theoretisch optimale Gebotsdesigns für einfache und doppelte Referendumsmodelle nach statistischen Effizienzkriterien abgeleitet worden. Die Effizienzkriterien zielen darauf ab, entweder die asymptotische Varianz der Parameterschätzer, bzw. die asymptotische Varianz eines Schätzers für die repräsentative maximale Zahlungsbereitschaft oder die Intervallbreite von Konfidenzintervallen um die Wohlfahrtsmaße zu minimieren [s. Kanninnen (1993b);

Alberini (1995a und b); Cooper (1993)]. Dabei hängt es vom zugrundegelegten Optimalitätskriterium ab, welche Gebotsverteilung resultiert.

Die Abhängigkeit des Gebotsdesigns von der Wahl des Optimalitätskriteriums erklärt, warum es für ein und dieselbe Anwendung der Referendumsmethode immer wieder zu völlig unterschiedlichen Empfehlungen hinsichtlich der Anzahl und der Verteilung der Gebote kommt. So empfiehlt Kanninen (1993b) für ein einfaches Referendumsmodell eine Gebotsstruktur, die aus nicht mehr als zwei Geboten besteht, während Cooper (1993) für dasselbe Modell ein Design präsentiert, welches extrem viele Gebote (> 10) enthält. Die Gebotsdesigns hängen jedoch alle von den unbekannten Parametern der Verteilung der maximalen Zahlungsbereitschaften ab. Wüßte man jedoch über diese Verteilung und deren Parameter Bescheid, bräuchte man keine Befragung mehr durchzuführen. Die Unkenntnis dieser Parameter macht die theoretisch optimalen Gebotsdesigns weitgehend untauglich für die Praxis [Boyle et al. (1998, S. 49)].

Häufig wird angestrebt, durch eine große Anzahl und Bandbreite der Gebote sicherzugehen, nach Zahlungsbereitschaften in der Nähe der gesuchten repräsentativen MZB zu fragen. Des weiteren wird empfohlen, die Gebote an den extremen Enden der empirischen Verteilung der maximalen Zahlungsbereitschaften so zu setzen, daß zum niedrigsten Gebot eine hundertprozentige Zustimmung erfolgt, während das höchste Gebot zu 100 Prozent abgelehnt wird [Bateman / Turner (1993, S. 162)]. Diesen Ratschlägen kann nicht uneingeschränkt zugestimmt werden.

Kanninen (1995) gibt keine Empfehlungen hinsichtlich der Anzahl der zu verwendenden Gebote. Während statistisch effiziente Designs nach bestimmten Optimalitätskriterien für einfache bzw. doppelte Referendumsmodelle häufig mit zwei bzw. vier um den Mittelwert oder den Median der empirischen Verteilung der maximalen Zahlungsbereitschaften gelegenen Geboten auskommen, ist diese Vorgehensweise aus praktischen Gründen nicht zu empfehlen. So sind für die Durchführung von Validitätstests sowie im Hinblick auf die Anwendung nichtparametrischer Schätzverfahren, auf deren Durchführung nicht verzichtet werden sollte, mehrere Gebote von entscheidendem Vorteil.

Der Erfolg einer Referendumsbefragung ist wesentlich enger verknüpft mit der absoluten Höhe als mit der Anzahl der Gebote. Konkret wird mit der Relation der Lage der unbekannten Verteilung der maximalen Zahlungsbereitschaften zu den durch das Gebotsdesign gegebenen Intervallen der maximalen Zahlungsbereitschaften der Informationsgehalt der Antworten festgelegt.

Dieser Sachverhalt läßt sich am Beispiel der doppelten Referendumsmethode veranschaulichen. Befragt man viele Personen zu relativ hohen Geboten, verliert man Informationen. Man erhält sehr viele doppelt ablehnende Antworten, aus denen wenige Informationen über die zentralen Lageparameter der Verteilung der maximalen Zahlungsbereitschaften erhältlich sind. Befragt man zu viele Personen nach relativ niedrigen Geboten, erhält man umgekehrt einen sehr hohen Anteil an wenig informativen doppelten „Ja"-Antworten. Durch eine hundertprozentige Ablehnung oder Zustimmung zu einem Gebot ist für die Ermittlung der empirischen Verteilung der maximalen Zahlungsbereitschaften wenig an Informationen gewonnen. Dieses Antwortverhalten kann zu vielen theoretischen Verteilungen korrespondieren [Hanemann / Kriström (1995, S. 67)].

Plaziert man Gebote an Perzentilen, die an den extremen Enden der empirischen Verteilung der MZB liegen, sind diese wenig informativ, da sie den Stichprobenumfang zur Schätzung der Verteilung unnötig vergrößern. So müßten zu einem Gebot am 0,05-Perzentil (0,95-Perzentil) der Verteilung durchschnittlich 100 Personen befragt werden, um fünf ablehnende (zustimmende) Antworten zu erhalten. Bei dieser Vorgehensweise zur Konstruktion eines Gebotsdesigns werden Projektgelder verschwendet [Alberini (1995b, S. 84)].

Umgekehrt weist Kanninen (1995) nach, daß die meisten Informationen über den repräsentativen Wert der MZB aus Geboten aus der Mitte der empirischen Verteilung der maximalen Zahlungsbereitschaften gewonnen werden. Sie empfiehlt als Faustregel für die einfache Referendumsmethode Gebote zwischen dem 15ten und dem 85ten Perzentil der empirischen Verteilungsfunktion der MZB zu setzen. Für die doppelte Referendumsmethode sind die Gebote innerhalb des 10ten und des 90ten Perzentils zu plazieren.

Die Autorin weist auf einen großen Stichprobenumfang als das beste Mittel zur Vermeidung gesbotsdesigninduzierter Verzerrungen. Für die Höhe des Stichprobenumfangs empfiehlt die NOAA-Kommission daher bei einfacher Befragung mindestens 1.000 verwendbare Befragungen durchzuführen [Arrow et al. (1993, S. 4611)].[23] Aus statistischen Gründen liegt der notwendige Stichprobenumfang bei der doppelten Befragung geringfügig niedriger [Hanemann et al. (1991)].

Entscheidungsregeln beruhen auf aus Pretests gewonnen a priori-Informationen über die empirische Verteilung der maximalen Zahlungsbereitschaften, die im Rahmen offener Pretestbefragungen geschätzt wird. Dies erfordert jedoch relativ

---

[23] Im Unterschied hierzu kommen offene Methoden bereits mit etwa 600 verwendbaren Befragungen aus [s. Mitchell / Carson (1989, S. 229)].

große Pretest-Stichproben (ca. jeweils 100 Befragungen in mindestens drei Pretests [Hanemann / Kanninen (1996)]).

Praktische Verfahren zur Erstellung von Gebotsdesigns greifen zunehmend auf sequentielle Designs zurück [Bjornstad et al. (1997); Kanninen (1993b); Hanemann / Kriström (1995); Nyquist (1992)]. Die Gebote werden aus mehreren Pretestphasen und Pilotstudien erstellt, die der Hauptbefragung vorausgehen. Das optimale Gebotsdesign des jeweils vorangegangenen Pretests wird im Lichte neuer Informationen quasi „upgedatet", wobei die Informationen vorangegangener Phasen berücksichtigt werden.

In der Praxis verwendet man heuristische Entscheidungsregeln. Creel (1997) verwendet die empirische Verteilungsfunktion der maximalen Zahlungsbereitschaften, um mit der Methode der komplementären Zufallszahlen die Gebotsniveaus zu bestimmen. Gebote für die einfache Referendumsmethode ergeben sich nach folgendem Schema, das mit einem einfachen Tabellenkalkulationsprogramm umsetzbar ist:

1. Bei gegebenem Stichprobenumfang in Höhe von N, wobei N gerade ist, werden N/2 Zufallszahlen p_n (n = 1, ..., N/2) mit einem Zufallsgenerator, wie er als Standardsoftware von Statistikprogrammen zur Verfügung steht, erzeugt, die auf dem Intervall [0, 1] gleichverteilt sind.
2. Die zweite Hälfte der N Zahlen (q_n) werden aus den p_n's durch

   $$q_n = (1 - p_n), \quad (n = 1, ..., N/2)$$

   berechnet. Es stehen dann N Zahlen zur Verfügung, wovon N/2 zufällig gezogene p_n's und weitere N/2 aus diesen berechnete q_n's sind.
3. Den Zufallszahlen $\{p_1, ..., p_{N/2}, (1 - p_1), ..., (1 - p_{N/2})\}$ werden anschließend die zugehörigen Perzentile der bekannten empirischen Verteilung der maximalen Zahlungsbereitschaften zugeordnet, so daß die Gebotsniveaus ermittelt werden können. Die Gebote sind dann symmetrisch um den Median der empirischen Verteilung der maximalen Zahlungsbereitschaften verteilt.
4. Anschließend werden die Gebote den einzelnen Fragebögen zugeordnet.

Die Anzahl der Gebote ist jedoch kleiner als der Stichprobenumfang. Referendumsbefragungen kommen im allgemeinen mit vier Geboten aus, die zwischen dem zehnten und dem neunzigsten Perzentil der empirischen Verteilung der maximalen Zahlungsbereitschaften plaziert werden. Das Gebotsdesign der empirischen Studie dieser Arbeit wird in Abschnitt 7.2 diskutiert.

4 Strategieanfälligkeit der Referendumsmethode

Zur Beurteilung eines Befragungsformats eignen sich der erforderliche Erhebungs- und Befragungsaufwand, die Komplexität der Auswertung der Datensätze, die Einfachheit der Beantwortung der Zahlungsbereitschaftsfrage(n) sowie dessen Strategieanfälligkeit.

Hinsichtlich der ersten beiden Kriterien schneidet die Referendumsmethode im Vergleich zu offenen Befragungsformaten schlecht ab: Die Anzahl der notwendigen Befragungen ist beim Referendumsformat etwa dreimal so hoch und die statistisch-ökonometrische Analyse der Antworten ist i. a. anspruchsvoller.

Umgekehrt verhält es sich mit den beiden letztgenannten Kriterien: Die durch das Referendumsformat vorgegebene „alles-oder-nichts"-Entscheidung ähnelt dem alltäglichen Kaufverhalten im Supermarkt, wo man vor der Wahl steht, ein Produkt zu kaufen, oder es im Regal stehenzulassen. Als entscheidender Vorzug des Referendumformats gegenüber anderen Formaten wird jedoch dessen Anreizkompatibilität gesehen.[24]

Strategisches Verhalten ist für ein Individuum immer dann vorteilhaft, wenn es erwartet, durch Unter- oder Übertreibung seiner wahren maximalen Zahlungsbereitschaft (MZB) seinen Nutzen zu steigern. Das offene Befragungsformat fördert strategisches Verhalten der Antwortenden. Als Indiz für die Strategieanfälligkeit der offenen Befragungsmethoden wird das sogenannte „Trittbrettfahrer-Phänomen" herangezogen. Verhält sich ein Individuum als „Trittbrettfahrer", untertreibt es bewußt seine wahre MZB für ein Projekt, um möglichst günstig in den Genuß der Umweltverbesserung zu kommen. Dabei spekuliert ein Trittbrettfahrer auf hinreichend hohe Zahlungsbereitschaften bei anderen Befragten, so daß das Projekt durchgeführt werden kann. Trittbrettfahrer-Verhalten führt dazu, daß die repräsentative MZB für das Umweltprojekt unterschätzt wird. Green et al. (1998) zeigen jedoch, daß die offene Befragungsmethode in modernen Umfragen mit Surveydesigns, wie sie im folgenden diskutiert werden, weniger strategieanfällig ist, als bisher angenommen.

---

[24] Mitchell und Carson (1989, S. 127-170) widmen sich gleich in zwei Kapiteln ihres Standardwerks der Analyse strategischer Verzerrungen, was die herausragende Bedeutung dieser Thematik unterstreicht.

Der Beitrag von Hoehn und Randall (1987) zeigt, daß unter „realistischen Bedingungen", auf die noch einzugehen ist, in Referendumsbefragungen kein Anreiz zu strategischem Verhalten besteht. Meist wird in Publikationen einfach auf dieses Ergebnis verwiesen und die Anreizkompatibilität der Referendumsmethode fortan unterstellt [z. B. Hadker et al. (1997, S. 114)]. Diese Vorgehensweise ist bedenklich, denn viele praktische Anwendungen der Referendumsmethode erfüllen nicht die Voraussetzungen, an die der Nachweis von Hoehn und Randall geknüpft ist.

Die ökonomische Anreizkompatibilität der Referendumsmethode wurde seit dem Beitrag Hoehn und Randalls zwar konzeptionell nicht erschüttert, doch erhärten empirische Beobachtungen bestehende Zweifel. So erwartet das NOAA-Panel eine dem Trittbrettfahrerverhalten gerade entgegengesetzte Strategie, ein Überbieten der wahren MZB [Arrow et al. (1993, S. 4606)]. Loomis et al. (1997), Cummings et al. (1995) sowie Cummings und Taylor (1998) finden empirische Indizien für strategisches Verhalten.

Strategisch verzerrte Ergebnisse würden das Vertrauen in die Referendumsmethode nachhaltig erschüttern. Abschnitt 4.1 ist den Voraussetzungen an ein anreizkompatibles Surveydesign gewidmet. Hoehn und Randall unterstellen in ihrer Argumentation eine an die Antwort gekoppelte Zahlungsregel und die Verwendung nur eines Gebots. In 4.2 wird der Argumentationsstrang der Autoren mit einem leicht variierten Modell rekapituliert. Ihr Beweis der Anreizkompatibilität der Referendumsmethode[25] wird auf den Fall mehrerer Gebote erweitert. In Abschnitt 4.3 wird eine von der Antwort entkoppelte Zahlungsregel unterstellt. Mit dem in Abschnitt 4.2 entwickelten Instrumentarium wird die Referendumsmethode für diesen Fall auf Anreizkompatibilität geprüft. Es werden Bedingungen abgeleitet, unter denen die Referendumsmethode anreizkompatibel ist. Abschnitt 4.4 zeigt Fälle, in denen die Referendumsmethode nicht anreizkompatibel ist.

4.1 Voraussetzungen an die Anreizkompatibilität

Zur Herstellung ökonomischer Anreizkompatibilität muß das Projektszenario realistisch sein. Hoehn und Randall (1987, S. 228) identifizieren drei Kernelemente eines realistischen Szenarios: (1) Die Beschreibung und Erläuterung der Umweltänderung, (2) die Implementierungsregel und (3) die Zahlungsregel.

---

[25] Siehe Seite 244 f.: "Proof of Model 5".

4.1.1 Beschreibung und Erläuterung der Umweltänderung

Im Hinblick auf die Vermittlung des zu bewertenden Projekts müssen den Befragten neben den Umweltwirkungen auch die mit dem Projekt verbunden Änderungen im sozialen und ökonomischen Umfeld erläutert werden. Es muß sichergestellt sein, daß mit der Durchführung des Projekts nicht gegen ethische und religiöse Grundsätze verstoßen wird. Bei der Vermittlung der Umweltänderung ist darauf zu achten, daß die Befragten ihr keine künstliche Wichtigkeit zuweisen, die allein auf der Tatsache beruht, daß sie hierzu interviewt werden. Daher fordert das NOAA-Panel Hinweise auf vorhandene Substitutionsgüter, die direkt in die Bewertungsfrage eingehen. Im Abschlußbericht einer Untersuchung ist der Nachweis zu führen, daß das Szenario von den Befragten verstanden und inhaltlich akzeptiert wurde [s. Arrow et al. (1993, S. 4612)].

4.1.2 Die Implementierungsregel

Mit der Implementierungsregel werden die Bedingungen festgelegt, zu denen das Projekt durchgeführt wird. Eine Entscheidung zugunsten des Projekts kann zum einen durch eine *Mehrheitsentscheidung* der ausgewählten Stichprobe herbeigeführt werden. Umgekehrt kann dann, wenn eine solche Mehrheit nicht zustande kommt, den Befragten gesagt werden, daß das Projekt nicht realisiert wird. Zum anderen kann den Befragten suggeriert werden, daß das Projekt dann durchgeführt wird, wenn die Gewinner des Projekts imstande sind, die Verlierer zu kompensieren. Dies würde eine Entscheidungsregel nach dem „*Kaldor-Hicks-Kriterium*“ implizieren (s. elftes Kapitel). Dieses Kriterium ist allerdings nicht anreizkompatibel, da durch das Projekt begünstigte Individuen Anreize erhalten, sich durch Untertreiben ihrer MZB zu den Verlierern zu zählen, um so Kompensationszahlungen zu empfangen.

4.1.3 Die Zahlungsregel

Mit der Zahlungsregel werden (i) die Bedingungen festgelegt, zu denen potentiell eine Zahlung erfolgt. Weitere Komponenten der Zahlungsregel sind (ii) das Zahlungsinstrument sowie (iii) der Zeitpunkt und die Häufigkeit der Zahlung. (iv) In diesem Zusammenhang ist darzulegen, von wem und in welchem Umfang das Projekt zu finanzieren sein wird. Dies macht die Unterbreitung eines Finanzierungsplans notwendig.

In die erste Komponente der Zahlungsregel, d. h. in die Konditionen, zu denen eine Zahlung erfolgt, geht die Relation zwischen der persönlichen Antwort auf eine Frage nach der Zahlungsbereitschaft und der tatsächlichen Zahlung bei Projektannahme ein [McFadden (1995, S. 19)]. Diese Relation zwischen einem Gebot und der zu leistenden Zahlung ergibt sich entweder daraus, daß genau der Betrag zu zahlen ist, dem ein befragtes Individuum maximal zugestimmt hat, oder aber daraus, daß der Betrag politisch festgelegt wird. Dies macht die Unterscheidung zwischen einer an die individuelle Antwort gekoppelten Zahlungsregel und einer von der Antwort entkoppelten Zahlungsregel notwendig.

In die Wahl eines Zahlungsinstruments für die Zahlungsregel fließt als zweite Komponente die Zahlungsform ein. Die von der NOAA-Kommission empfohlene Zahlungsform ist die Zahlung höherer Steuern [Arrow et al. (1993, S. 4612)]. In der Praxis üblich sind aber auch die Erhebung von Nutzungsgebühren und Zahlungen von Spenden an einen Fond sowie Kombinationen aus mehreren dieser Zahlungsformen.

Dabei ist zu beachten, daß Zahlungsformen, die in der Bevölkerung mit Ressentiments besetzt sind, die Zahlungsbereitschaften tendenziell nach unten verzerren, während bei Zahlungsformen, die in der Bevölkerung positiv besetzt sind, eine Verzerrung nach oben festzustellen sein wird [Bateman et al. (1995, S. 169)]. So haben zwar Steuern einerseits den Vorteil, daß ihnen im allgemeinen niemand entgehen kann, wenn Steuervergehen entsprechend hart geahndet werden. Andererseits bestehen in vielen Gesellschaften Vorbehalte gegen Steuern [Römer (1993, S. 181)]. Die Erhebung von Nutzungsgebühren besitzt den Nachteil, daß eine potentielle Zahlung mit einer direkten Nutzung des Guts verbunden ist und daher Nichtgebrauchswerte nicht erfaßt werden. Wegen der offensichtlichen Anreize, sich bei freiwilligen Spenden strategisch zu verhalten, ist diese Zahlungsform nicht empfehlenswert [s. Brown et al. (1996)].

Die Befragten sollten drittens in die Lage versetzt werden, die zeitliche Distanz zwischen dem Zeitpunkt einer Zustimmung zur Zahlung eines bestimmten Betrags und dem tatsächlichen Zahlungszeitpunkt in ihr Bewertungskalkül mit einfließen zu lassen. Ebenso sollten sie über die Häufigkeit der Zahlungen informiert werden, so daß sie beispielsweise zwischen einer Einmalzahlung und mehrmaligen Zahlungen differenzieren können.

Mit der Unterbreitung eines Finanzierungsplans wird schließlich eine Entscheidung über die Lastenverteilung im Falle einer Projektdurchführung gefällt. Ein Finanzierungsplan ist daher mit Verteilungswirkungen verbunden und enthält normative Elemente. Eine von den Befragten als ungerecht empfundene Lastenverteilung kann zur Zurückweisung des gesamten Szenarios führen [Arrow et al. (1993, S. 4606)].

4.2 Die Argumentation von Hoehn und Randall

Hoehn und Randall (1987, S. 237) legen ihrem Beweis der Anreizkompatibilität der einfachen Referendumsmethode implizit folgende vier Annahmen zugrunde:

Annahme 1: Ein befragtes Individuum ist der Überzeugung, daß seine Antwort zu finanziellen Konsequenzen führen kann, die es letztlich selbst trägt. Ausgegangen wird von einer an die Antwort gekoppelten Zahlungsregel. □

Ausgegangen wird von einem Gebotsdesign, $\boldsymbol{B}^{ER}$, mit insgesamt K Geboten gemäß (3.1). Eine an die Antwort gekoppelte Zahlungsregel ist dadurch charakterisiert, daß die Höhe der individuell zu leistenden Zahlung abhängig von der Antwort auf den offerierten Geldbetrag, $b_n \in \boldsymbol{B}^{ER}$, ist. Einen Spezialfall dieser Zahlungsregel erhält man für $K = 1$; in diesem Fall, den Hoehn und Randall unterstellen, wird jeder Proband zu ein und demselben Gebot befragt.

Die gekoppelte Zahlungsregel ist abhängig von den erwarteten Projektkosten C und der Antwort eines Individuums, symbolisiert durch $r \in$ {„Ja“, „Nein“}, auf das ihm unterbreitete Gebot. Die Antwort ist eine Funktion des unterbreiteten Gebots: $r(b_n)$. Die *gekoppelte Zahlungsregel* läßt sich als Funktion, h, dieser Argumente wie folgt schreiben:

$$(4.1) \qquad h[C, r(b_n)] = b_n$$

Die gekoppelte Zahlungsregel besagt, daß ein Individuum, je nachdem, nach welchem Betrag b_n es befragt wird, es mit einer Zahlung in Höhe von genau b_n bei Projektdurchführung rechnen muß. Dieser zu leistende Geldbetrag ist in der Studie von Hoehn und Randall unabhängig davon, ob das Individuum zustimmt, oder ob es die Zahlung ablehnt.

Annahme 2: Das befragte Individuum glaubt, daß die Wahrscheinlichkeit für die Projektdurchsetzung von einer Mehrheitsentscheidung der Stichprobe abhängt. □

Die befragten Personen werden demgemäß darauf hingewiesen, daß „mit Hilfe mathematischer und statistischer Formeln“ aus den Antworten zu den abgefragten Zahlungsbereitschaftsbeträgen abgeleitet wird, ob die Mehrheit der Stichprobe dem Projekt zustimmen würde.

Annahme 3: Das Individuum ist davon überzeugt, daß die Wahrscheinlichkeit für die Projektdurchführung durch seine Antwort beeinflußt werden kann. □

Die dritte Annahme impliziert, daß ein befragtes Individuum davon ausgeht, daß seine Stimme ausschlaggebend für die Annahme oder Ablehnung des Projekts sein kann. Daher ist es für alle Individuen rational, an der Befragung teilzunehmen.

Die Anreizkompatibilität der Referendumsmethode hängt aufgrund der Annahmen 2 und 3 davon ab, daß ein Individuum glaubt, daß es zu einer knappen Mehrheitsentscheidung kommen wird. Somit ist seine Stimme für die Projektdurchführung ausschlaggebend. Denn rechnet es von vornherein mit einer Mehrheit zugunsten des Projekts, weiß es, daß es unabhängig von seiner Antwort das vorgegebene Gebot zahlen muß. Hält es hingegen ein Mehrheitsvotum zugunsten des Projekts für unrealistisch, wird es nicht mit einer persönlichen Zahlung rechnen. In beiden genannten Fällen wäre die Referendumsmethode nicht anreizkompatibel.

Annahme 4: Die Antwort eines Individuums wird determiniert durch den erwarteten Netto-Benefit aus dem Projekt.

Dieses Antwortverhalten impliziert, daß ein Individuum mit „Ja“ antwortet, wenn es seinen erwarteten Netto-Nutzengewinn maximiert. Es antwortet mit „Nein“, wenn es seine erwarteten Netto-Nutzenverluste minimiert.

Ausgegangen wird von einer Umweltverbesserung, $z^0 < z^1$. Die Anreizkompatibilität der Referendumsmethode ist gezeigt, wenn für alle Individuen $(n = 1, ..., N)$ gilt:

(4.2) $MZB_n \geq b_n \Leftrightarrow$ „Ja“-Antwort $\wedge$ $MZB_n < b_n \Leftrightarrow$ „Nein“-Antwort

Handelt es sich um eine ex ante-Bewertung eines Umweltprojekts, läßt sich die Unsicherheit eines Individuums im Hinblick auf das Eintreten der beiden möglichen zukünftigen Zustände mit Hilfe der Erwartungsnutzentheorie modellieren.[26] Dabei wird angenommen, daß das Individuum im Moment der Befragung nicht mit Sicherheit sagen kann, ob die verbesserte Umweltqualität z^1 zu den ihm unterbreiteten Kosten, b_n, realisiert, oder ob der status quo z^0 beibehalten wird.

Da ex ante zwei sich gegenseitig ausschließende Zustände mit unterschiedlichen finanziellen Konsequenzen verbunden werden müssen, sieht sich ein befragtes Individuum durch seine Antwort einem finanziellen Risiko ausgesetzt.

---

[26] Vergleiche zur Erwartungsnutzentheorie z. B. Marggraf / Streb (1997, S. 129 ff.).

Das Individuum ist jedoch in der Lage, den beiden möglichen Umweltzuständen subjektive Eintrittswahrscheinlichkeiten zuzuordnen. Unter bestimmten theoretischen Voraussetzungen, die hier erfüllt sind, kann dann der erwartete Nutzen des zukünftig möglichen Zustands mit Hilfe des Konzepts der Erwartungsnutzenfunktion berechnet werden.[27]

Nach den Regeln der Erwartungsnutzentheorie läßt sich die erwartete Auszahlung eines Individuums ex ante als mathematischer Erwartungswert der Einzelauszahlungen zu den beiden sich gegenseitig ausschließenden Ereignissen „Annahme des Projekts" und „Ablehnung des Projekts" in Abhängigkeit von einer persönlichen Zustimmung oder Ablehnung berechnen.

Zur Modellierung dieser Situation wird das Hickssche komposite Gut gemäß Abschnitt 2.7 als Numéraire aufgefaßt. Mit y^0 wird das Einkommen des Individuums in der Situation vor der Maßnahmenrealisierung symbolisiert. Die Ausgabenfunktion werde hier allgemein durch $\tilde{e}(z^k, u^k)$ $(k = 0, 1)$ dargestellt. Der Kompensierende Surplus, CS_{MZB}, aus dieser Verbesserung ergibt sich für das Individuum gemäß Tabelle 2.1 aus:

$$(4.3) \qquad MZB_n \equiv CS_{MZB} = y^0 - \tilde{e}(z^1, u^0)$$

Der erwartete Nettobenefit ergibt sich allgemein für ein Individuum aus der Summe der mit der Eintrittswahrscheinlichkeit des Projekts, π_n^P, bzw. mit der Eintrittswahrscheinlichkeit einer Projektablehnung, π_n^{KP}, gewichteten Netto-Kompensierenden Surplusse aus den beiden möglichen Umweltzuständen. Dabei ist: $0 \leq \pi_n^P \leq 1$ und $\pi_n^{KP} = (1 - \pi_n^P)$. Sei mit CSN^P der Netto-Kompensierende Surplus (CSN) im Falle einer Projektdurchführung und mit CSN^{KP} der CSN im Falle einer Projektablehnung bezeichnet. Der erwartete Nettobenefit, E[CSN], bestimmt sich daraus zu:

$$(4.4) \qquad E[CSN] = \pi_n^P \cdot CSN^P + \pi_n^{KP} \cdot CSN^{KP}$$

Welche Auszahlungen das Individuum erwartet, hängt davon ab, ob es dem Projekt selbst zustimmt, oder ob es das Projekt ablehnt. Zur Berechnung von E[CSN] ist daher eine Unterscheidung vorzunehmen für den Fall, daß das Individuum selbst dem Projekt zustimmt, und für den Fall, daß es das Projekt ablehnt.

---

[27] Zu den Annahmen, die man benötigt, um aus den Präferenzen der Individuen eine Erwartungsnutzenfunktion ableiten zu können, vgl. Marggraf / Streb (1997, S. 128 ff.).

1. Fall: Das Individuum stimmt dem Projekt zu („Ja"-Antwort)

Angenommen, der Befragte stimmt dem Projekt zu. Dann setzt sich seine erwartete Nettoauszahlung EA^0 aus dem Erwartungswert der Auszahlung dafür zusammen, daß das Projekt angenommen wird, und dem Erwartungswert der Auszahlung dafür, daß das Projekt - trotz seiner Zustimmung - abgelehnt wird.

Das Individuum ordne dem Ereignis, daß das Projekt zu Kosten in Höhe von b_n durchgeführt wird, die subjektive Wahrscheinlichkeit $Pr\{b_n, 0\}$, $0 \leq Pr\{b_n, 0\} \leq 1$, zu. Das Ereignis, daß das Projekt trotz seiner Zustimmung nicht durchgeführt wird, werde mit der Eintrittswahrscheinlichkeit $(1 - Pr\{b_n, 0\})$ verbunden.

Die erwartete Nettoauszahlung bei Projektdurchführung ergibt sich als Differenz aus dem durch das Projekt realisierten Kompensierenden Surplus, der durch (4.3) gegeben ist, und dem Projektkostenbeitrag b_n:

$$(4.5) \qquad CSN^P = y^0 - \tilde{e}(z^1, u^0) - b_n = MZB_n - b_n$$

Wichtig ist, daß in CSN^P die Umsetzung der unterbreiteten Zahlungsregel, $h[C, r(b_n)]$, wegen (4.1) via b_n eingeht.

Wird das Projekt hingegen trotz seiner Zustimmung abgelehnt, ist der Netto-Kompensierende Surplus natürlich gleich Null:

$$(4.6) \qquad CSN^{KP} = y^0 - \tilde{e}(z^0, u^0) = 0.$$

In (4.4) läßt sich π_n^P durch $Pr\{b_n, 0\}$ und π_n^{KP} durch $(1 - Pr\{b_n, 0\})$ ersetzen. Die erwartete Nettoauszahlung im Falle einer Projektzustimmung, EA^0, berechnet sich aus (4.4) unter Berücksichtigung von (4.5) und (4.6) zu:

$$(4.7) \qquad EA^0 = Pr\{b_n, 0\} \cdot (MZB_n - b_n)$$

2. Fall: Das Individuum lehnt das Projekt ab („Nein"-Antwort)

Im Falle einer Ablehnung des Projekts führt dies zu einer erwarteten Nettoauszahlung in Höhe von EA^1 für das Individuum.

Zu unterscheiden ist hier der Fall, daß das Projekt trotz der Ablehnung der Forderung b_n durch das Individuum von der Mehrheit angenommen wird, von dem Fall, daß das Projekt mehrheitlich abgelehnt wird.

Hierzu wird der Netto-Kompensierende Surplus bei Projektdurchführung aus (4.3) mit der subjektiven Wahrscheinlichkeit für eine Projektdurchführung, $Pr\{b_n, 1\}$, $0 \leq Pr\{b_n, 1\} \leq 1$, in (4.4) gewichtet. $Pr\{b_n, 1\}$ ist damit gleich der subjektiven Wahrscheinlichkeit des Individuums darüber, daß eine Mehrheit der Stichprobe dem Projekt trotz seiner ablehnenden Haltung zustimmt.[28]

Ersetzt man in (4.4) π_n^P durch $Pr\{b_n, 1\}$ und π_n^{KP} durch $(1 - Pr\{b_n, 1\})$ und beachtet, daß das Individuum den Betrag b_n auch dann zahlen muß, wenn es das Projekt selbst ablehnt, aber das Projekt dennoch durchgeführt wird, ergibt sich aus (4.4) folgende erwartete Nettoauszahlung EA^1:

(4.8) $$EA^1 = Pr\{b_n, 1\} \cdot (MZB_n - b_n)$$

Die Wahrscheinlichkeit einer Projektannahme ist dann höher, wenn das Individuum dem Projekt selbst zustimmt, als wenn es das Projekt ablehnt. Schließlich steht zur Verwirklichung eines Mehrheitsvotums eine Stimme mehr zur Verfügung, wenn das Individuum dem Projekt zustimmt, als wenn es das Projekt ablehnt. Daher gilt:

(4.9) $$Pr\{b_n, 0\} > Pr\{b_n, 1\}$$

Der Nachweis der Anreizkompatibilität der Referendumsmethode durch Hoehn und Randall (1987) beruht nun auf dem Vergleich der erwarteten Auszahlungen EA^0 und EA^1 in (4.7) und (4.8) unter Berücksichtigung von (4.9). Es folgt:[29]

(4.10) (a) $MZB_n \geq b_n \Rightarrow EA^0 \geq EA^1 \Rightarrow$ „Ja"-Antwort

(b) $MZB_n < b_n \Rightarrow EA^0 < EA^1 \Rightarrow$ „Nein"-Antwort

Gemäß (4.10a) maximiert das Individuum durch seine Zustimmung seine erwartete Auszahlung; in (4.10b) minimiert es durch seine „Nein"-Antwort die erwarteten Verluste. Daraus folgt direkt die Erfüllung der Bedingung der Anreizkompatibilität der Referendumsmethode gemäß (4.2): Die Referendumsmethode ist in

---

[28] Analog wird natürlich auch der Netto-Kompensierende Surplus bei Projektablehnung, CSN^{KP}, mit der subjektiven Wahrscheinlichkeit für eine Projektablehnung, $\pi_n^{KP} = (1 - Pr\{b_n, 1\})$, gewichtet. CSN^{KP} ist wegen (4.6) jedoch wieder gleich Null.

[29] Hoehn und Randall argumentieren mit Hilfe indirekter Nutzenfunktionen, während hier Ausgabenfunktionen verwendet werden. Des weiteren führen die Autoren den Nachweis für den Spezialfall nur eines einzigen Gebots, während hier der allgemeinere Fall eines beliebigen Designs mit K Geboten betrachtet wird.

Verbindung mit einer gekoppelten Zahlungsregel *zu jedem beliebigen Gebotsdesign* unter den Annahmen 1 bis 4 theoretisch anreizkompatibel.[30]

Ein Individuum hat jedoch allen Anlaß an der praktischen Umsetzung der Implementierungsregel einer gekoppelten Zahlungsregel zu zweifeln, wenn - wie üblich - mehrere Gebote zur Befragung verwendet werden und, wie Hoehn und Randall annehmen, jede Person zu „individuell parametrischen Kosten“ veranlagt werden soll. So bleibt ungeklärt, zu welchen Zahlungen befragte Individuen veranlagt werden sollen, wenn das Projekt tatsächlich durchgeführt würde. Schließlich ist davon auszugehen, daß aus datenschutzrechtlichen Gründen eine Befragung anonym abgehalten wird. Individuen besitzen jedoch in einer möglichen Nachbefragung zu einem Zeitpunkt, zu dem sie bereits wissen, daß das Projekt angenommen wird, keine Anreize, ihre in der Umfrage genannte Zahlungsbereitschaft in derselben Höhe noch einmal zu wiederholen. Denn sie wissen, daß ihre in der Hauptbefragung abgegebene Antwort nicht mehr nachvollziehbar ist. Statt dessen erhalten die Individuen Anreize, ihre MZB zu untertreiben. Es stellt sich natürlich auch die Frage, zu welchem Geldbetrag diejenigen Individuen der Grundgesamtheit veranlagt werden sollen, die nicht befragt wurden. Bei diesen Personen versagt der Kopplungsmechanismus der Zahlungsregel.

Des weiteren ist bei Umsetzung einer gekoppelten Zahlungsregel mit mehreren Geboten der vom einzelnen für die Projektumsetzung zu zahlende Geldbetrag unabhängig von der Leistung, die ihm durch das Projekt erbracht wird. Dies wirft ein Gerechtigkeitsproblem auf. Den Beteiligten wird nicht vermittelbar sein, warum die einen mehr und die anderen weniger für dieselbe Leistung zahlen sollen. Whittington (1996) sieht daher in der Applikation einer gekoppelten Zahlungsregel ein Element, das zur Konfusion beiträgt: *"(...) giving different respondents different prices may spread confusion and misinformation about real costs of addressing a problem of great public concern."* Er ist ferner der Auffassung, daß es sich - insbesondere auf dem Lande - nicht vermeiden lasse, daß die Bevölkerung die Befragung diskutiere. Das Surveydesign lasse sich vor der Bevölkerung nicht verheimlichen.

Wegen der erläuterten Implementierungsprobleme ist eine gekoppelte Zahlungsregel nicht anreizkompatibel. In der Literatur wird daher die Bedeutung entkoppelter Zahlungsregeln hervorgehoben [z. B. Green et al. (1998)].

---

[30] Daß die Referendumsmethode für jedes beliebige Gebotsdesign - und nicht nur zu einem Gebotsdesign mit nur einem einzigen Gebot - anreizkompatibel ist, wurde bislang wegen der in diesem Punkt ungenauen Untersuchung von Hoehn und Randall von manchen Autoren angezweifelt [z. B. von Brown et al. (1996, S. 161)].

4.3 Anreizkompatibilität bei entkoppelter Zahlung

Annahme 1 wird in folgende Annahme 1^* geändert:

Annahme 1^*: Das Individuum ist der Überzeugung, daß seine Antwort zu finanziellen Konsequenzen führen kann, die es letztlich selbst trägt. Ausgegangen wird von einer entkoppelten Zahlungsregel. □

Eine entkoppelte Zahlungsregel ist dadurch charakterisiert, daß die individuell zu leistende Zahlung für das Projekt unabhängig von den K offerierten Zahlungsbereitschaftsbeträgen, b_k ($k = 1, ..., K$), ist. Bei entkoppeltem Zahlungsmechanismus zahlt die n-te Person ($n = 1, ..., N^*$) im Falle einer Projektrealisierung nicht den ihr in der Befragung offerierten Geldbetrag b_n - sofern sie überhaupt befragt wurde - sondern den exogenen Betrag $\bar{c}$. $\bar{c}$ wiederum hängt von den erwarteten Gesamtkosten, C, des Projekts ab.

Ein Individuum hat nun unabhängig sowohl von der Höhe des ihm offerierten Gebots, b_n, als auch unabhängig von seiner Antwort, $r(b_n)$, im Falle einer Projektdurchführung keine anderen Zahlung zu leisten, als alle anderen Individuen auch. (4.1) verändert sich daher zu:

(4.11) $$h[C, r(b_n)] = \bar{c} \; (:= \text{konstant})$$

Die entkoppelte Zahlungsregel, h, setzt die von den Initiatoren des Projekts erwarteten Gesamtkosten der Maßnahmenrealisierung und die Antwort auf das unterbreitete Gebot in Bezug zu dem von jeder Person in gleicher Höhe zu zahlenden Geldbetrag, $\bar{c}$, der fällig würde, wenn das Projekt tatsächlich durchgeführt würde.

Dem Ereignis, daß das Projekt zu Kosten in Höhe von $\bar{c}$ durchgeführt wird, ordnet das Individuum die subjektive Wahrscheinlichkeit $Pr\{\bar{c}, 0\}$, $0 \leq Pr\{\bar{c}, 0\} \leq 1$, zu. Das Ereignis, daß das Projekt trotz seiner Zustimmung nicht durchgeführt wird, wird mit der Eintrittswahrscheinlichkeit $(1 - Pr\{\bar{c}, 0\})$ gewichtet.

Die Argumentation verläuft völlig analog zum Fall einer entkoppelten Zahlungsregel. Dabei wird in (4.4) π_n^P durch $Pr\{\bar{c}, 0\}$ und π_n^{KP} durch $(1 - Pr\{\bar{c}, 0\})$ ersetzt. Im Falle einer Projektzustimmung durch das Individuum berechnet sich die erwartete Nettoauszahlung, EA^{0*}, unter Berücksichtigung von $CSN^P = (MZB_n - \bar{c})$ und $CSN^{KP} = 0$ aus (4.4) zu:

(4.12) $$EA^{0*} = Pr\{\bar{c}, 0\} \cdot (MZB_n - \bar{c})$$

Sei nun andernfalls $Pr\{\bar{c}, 1\}$ die Eintrittswahrscheinlichkeit für das Projekt bei Ablehnung des Projekts durch das Individuum. Die erwartete Nettoauszahlung im Falle einer Projektablehnung, EA^{1*}, ergibt sich analog zu:

$$(4.13) \qquad EA^{1*} = Pr\{\bar{c}, 1\} \cdot (MZB_n - \bar{c})$$

In CSN^P (und in CSN^{KP}) geht die Umsetzung der unterbreiteten Zahlungsregel, $h[C, r(b_n)]$, wegen (4.11) via $\bar{c}$ ein. In den Formeln für die erwarteten Auszahlungen, (4.12) und (4.13), treten die abgefragten Gebote nicht als Argumente auf.

Es gilt natürlich analog zu (4.9):

$$(4.14) \qquad Pr\{\bar{c}, 0\} > Pr\{\bar{c}, 1\}.$$

Der anreizkompatible Fall folgt, wenn $\bar{c}$ und b_n übereinstimmen ($\bar{c} = b_n$). Dann ergibt ein Vergleich der erwarteten Auszahlungen EA^{0*} und EA^{1*} in (4.12) und (4.13):

$$(4.15) \qquad \text{(a) } MZB_n \geq b_n = \bar{c} \Rightarrow EA^{0*} \geq EA^{1*} \Rightarrow \text{„Ja"-Antwort,}$$

$$\text{(b) } MZB_n < b_n = \bar{c} \Rightarrow EA^{0*} < EA^{1*} \Rightarrow \text{„Nein"-Antwort}$$

Damit ist die notwendige Bedingung für die Anreizkompatibilität gemäß (4.2) erfüllt.

Es ist jedoch bei einer entkoppelten Zahlungsregel unwahrscheinlich, daß ein Individuum genau nach dem Betrag gefragt wird, den es im Falle einer Projektdurchführung auch bezahlen müßte. Daher sind realistischeren Fälle zu betrachten, für die $b_n \neq \bar{c}$ gilt. Dies liefert nicht anreizkompatible Fälle. Denn im Falle $b_n \neq \bar{c}$ wird aus der formalen Argumentation in (4.12) und (4.13) deutlich, daß ein Individuum seiner Antwort nicht das abgefragte Gebot b_n zugrunde legt, sondern den von ihm im Falle einer Projektdurchführung zu leistenden Geldbetrag $\bar{c}$.

In (4.16) sind die sechs strategisch optimalen Antworten im Sinne einer Maximierung des Nettobenefits gemäß (4.12) und (4.13) aufgeführt. In den Fällen (e) und (f) führt die Antwort zu einer strategischen Verzerrung des Untersuchungsergebnisses:

$$(4.16) \qquad \text{(a) } MZB_n > b_n > \bar{c} \quad \Rightarrow \quad EA^{0*} > EA^{1*} \Rightarrow \text{„Ja"-Antwort}$$

$$\text{(b) } MZB_n > \bar{c} > b_n \quad \Rightarrow \quad EA^{0*} > EA^{1*} \Rightarrow \text{„Ja"-Antwort}$$

(c) $b_n > \bar{c} > MZB_n \Rightarrow EA^{1*} > EA^{0*} \Rightarrow$ „Nein"-Antwort

(d) $\bar{c} > b_n > MZB_n \Rightarrow EA^{1*} > EA^{0*} \Rightarrow$ „Nein"-Antwort

(e) $b_n > MZB_n > \bar{c} \Rightarrow EA^{0*} > EA^{1*} \Rightarrow$ „Ja"-Antwort

(f) $\bar{c} > MZB_n > b_n \Rightarrow EA^{1*} > EA^{0*} \Rightarrow$ „Nein"-Antwort

Im Fall (e) versucht das Individuum durch seine Zustimmung zum Gebot b_n die Wahrscheinlichkeit für die Durchführung des Projekts zu erhöhen, obwohl seine MZB geringer ist als b_n. Sein Verhalten ist dennoch rational, da seine MZB über dem im Falle einer Projektdurchführung tatsächlich zu zahlenden Betrag $\bar{c}$ liegt. Somit ist seine erwartete Auszahlung EA^{0*} im Falle einer „Ja"-Antwort höher als im Falle einer „Nein"-Antwort mit EA^{1*}. Der Befragte maximiert mit seiner Zustimmung seine erwartete Nettoauszahlung.

Im Fall (f) ist es hingegen für das Individuum rational, das Projekt abzulehnen, obwohl seine MZB über dem Gebot b_n liegt. Da es jedoch eine Zahlung in Höhe von $\bar{c}$ erwartet, die über seiner MZB liegt, stellt sich das Individuum besser, wenn es beabsichtigt, durch eine „Nein"-Antwort die Wahrscheinlichkeit für eine Projektdurchführung zu mindern. Denn in diesem Fall ist EA^{1*} größer als EA^{0*}. Somit werden die erwarteten Verluste aus dem Projekt durch eine „Nein"-Antwort minimiert. Aus den Fällen (e) und (f) folgt die Verletzung der Bedingung der Anreizkompatibilität gemäß (4.2).

Anreizkompatibilität bei entkoppelter Zahlung ließe sich herstellen, wenn den Befragten deutlich gemacht werden könnte, daß die endgültigen Projektkosten C noch nicht feststünden: Daher könne auch für den individuell zu tragenden Anteil an den Gesamtkosten noch kein konkreter Betrag genannt werden. Statt dessen könne nur ein Intervall angegeben werden, aus dem sich die individuell zu tragenden Projektkosten ergäben, sobald man diese genau kenne.

Teilt man den Individuen z. B. mit, daß Expertenschätzungen davon ausgehen, die pro Kopf zu tragenden Kosten für die durchzuführenden Maßnahmen lägen zwischen $\bar{c}^u$ und $\bar{c}^o$ ($\bar{c}^u < \bar{c}^o$), sollten die Befragten nach dem Prinzip des unzureichenden Grundes [Rüger (1996, S. 38)] davon ausgehen, daß jede dieser Projektkosten gleichwahrscheinlich ist. Damit ist $b_n = \bar{c}$, $\forall\, b_n \in [\bar{c}^u, \bar{c}^o]$. Dies bedeutet, daß für die Befragten jeder mögliche Projektkostenbetrag aus dem genannten Intervall gleichermaßen in Frage kommt.

Solange nur Gebote $b_n \in [\bar{c}^u, \bar{c}^o]$ abgefragt werden, legen die Befragten gemäß (4.15) ihrer Antwort keinen anderen als den abgefragten Betrag zugrunde; die

Referendumsmethode ist anreizkompatibel. Für alle Gebote $b_n < \bar{c}^u$ und $b_n > \bar{c}^o$ ist die Referendumsmethode gemäß (4.16) nicht anreizkompatibel. Für ein anreizkompatibles Gebotsdesigns sollten daher nur Gebote aus dem Intervall $[\bar{c}^u, \bar{c}^o]$ abgefragt werden. Extrem niedrige und extrem hohe Gebote, für die $b_n \notin [\bar{c}^u, \bar{c}^o]$, sind zu vermeiden.

Fragen, die die Anreizkompatibilität des Gebotsdesigns der Referendumsmethode betreffen, finden zu wenig Beachtung in der Literatur. Fälschlicherweise wird die Aufstellung des Gebotsdesigns der Referendumsmethode fast ausschließlich unter dem in Abschnitt 3.4 erläuterten Aspekt der statistischen Effizienz betrachtet.

4.6 Weitere Bemerkungen zur Anreizkompatibilität

Bisher wurden lediglich *realistische* Szenarien analysiert. Es wurde nachgewiesen, daß sowohl bei gekoppelter wie auch bei entkoppelter Zahlungsregel Fälle auftreten können, die nicht anreizkompatibel sind.

Weitaus problematischer sind Referendumsbefragungen, wenn die Szenarien rein *hypothetischer* Natur sind, wie dies häufig der Fall ist [z. B. bei Jakobsson / Dragun (1996, s. S. 140)]. Die erwarteten Auszahlungen sind gleich Null, so daß der hypothetische Kontext überhaupt keine ökonomischen Anreize liefert; also weder liefert er Anreize, die MZB zu übertreiben, noch Anreize, die MZB zu untertreiben [Harrison / Kriström (1995, S. 48)]: Ein hypothetisches Szenario führt zu einer „hypothetischen Verzerrung". Sie entspricht der Differenz zwischen dem repräsentativen Wert der MZB einer hypothetischen Umfrage und dem unter realen Bedingungen zu erwartenden Wert. Hypothetische Verzerrungen sind empirischen Erfahrungen gemäß hochsignifikant [s. Cummings / Taylor (1998)]. Empirische Erfahrung zeigt weiter, daß manche Personen einzelne Aspekte eines Szenarios anders beurteilen, als ihnen erklärt wird: *"For example, they (...) may believe that it is feasible to provide the good for less money than is being asked"* [Brown et al. (1996, S. 400)]. Veränderte Szenarien führen jedoch zu anderen Auszahlungen und damit zu anderen Zahlungsbereitschaften, als dies von den Initiatoren einer Studie erwünscht ist.

Dieses Kapitel zeigt, daß der Untersuchung strategischen Verhaltens in Zukunft weit mehr Beachtung geschenkt werden sollte, als dies in jüngster Vergangenheit geschehen ist.

5 Ökonometrische Spezifikation von Referendumsmodellen

In diesem Kapitel wird die ökonometrische Struktur verschiedener Referendumsmodelle erläutert. Hierzu ist zunächst eine eingehende Beschäftigung mit der Grundstruktur des Zufallsnutzenmodells angezeigt. Ein von Hanemann (1984) entwickelte Discrete Choice (DC)-Modell fußt auf den Grundlagen der neoklassischen Haushaltstheorie.

In Abschnitt 5.2 wird das „additive" und in Abschnitt 5.3 das „multiplikative Nutzendifferenzenmodell" hergeleitet. Beide DC-Modelle lassen sich aus haushaltstheoretischen Spezifikationen ableiten; mit ihnen verbinden sich jedoch unterschiedliche ökonometrische Strukturen. So ist das additive Nutzendifferenzenmodell mit anderen Verteilungen kompatibel als das multiplikative. Im vierten Abschnitt dieses Kapitels werden die wichtigsten Ergebnisse tabellarisch dargestellt.

Im siebten Kapitel dieser Arbeit wird gezeigt, daß parametrische Referendumsmodelle nicht immer dazu geeignet sind, einen repräsentativen Wert für die maximale Zahlungsbereitschaft (MZB) zu bestimmen. Daher wird in Abschnitt 5.5 ein nichtparametrischer Schätzer entwickelt, der im neunten Kapitel verwendet wird.

5.1 Die Grundstruktur des Zufallsnutzenmodells

Hanemann (1984) formuliert ein Zufallsnutzenmodell zur konsistenten Modellierung des Antwortverhaltens eines Befragten. McFaddens (1974) Zufallsnutzentheorie liefert die verhaltenstheoretische Grundlage für das binäre DC-Modell, auf Basis dessen die Antworten eines Befragten zu den erklärenden Variablen des Modells in Bezug gesetzt werden. Entscheidend für das Verständnis dieser Modelle ist, daß zwischen der Sicht des Individuums und der des Analysten unterschieden wird.

5.1.1 Die Sicht des Befragten

Das n-te Individuum ($n = 1, ..., N$) der Stichprobe werde in der Notation des zweiten Kapitels durch einen Vektor seiner sozioökonomischen Charakteristiken s_n und durch seine direkte Nutzenfunktion der Form $u^{\#} = u^{\#}(x^H, z, s_n)$ mit den üblichen Eigenschaften beschrieben, wobei x^H das Hickssche komposite Gut symbolisiert und z die Umweltqualität. Die indirekte Nutzenfunktion des Individuums, $v^{\#}(y, z^k, s_n)$, bestimmt sich aus dem Optimierungsproblem:

(5.1) $$v^{\#}(y, z^k, s_n) \equiv \underset{x^H}{\text{Max}}\, [u^{\#}(x^H, z, s_n) \mid y = x \; ; \; z = z^k], \quad (k = 0, 1)$$

Das Individuum werde mit einem wohlfahrtserhöhenden Projekt konfrontiert, so daß $z^1 > z^0$. Sein Nutzen nimmt nach Durchführung des Projekts und bei gleichzeitiger Zahlung von b_n das Niveau $v^{\#}(z^1, y - b_n, s_n)$ an. Andernfalls ist bei Verzicht auf das Projekt sein maximal realisierbares Nutzenniveau das des status quo mit $v^{\#}(z^0, y, s_n)$. Es wird dann und nur dann dem Projekt zustimmen und den unterbreiteten Betrag b_n zu zahlen bereit sein, wenn sich durch diese Entscheidung sein Nutzenniveau gegenüber der Ausgangssituation mindestens verbessert; ansonsten wird es das Projekt ablehnen. Das bedeutet:

(5.2a) $$v^{\#}(z^1, y - b_n, s_n) \geq v^{\#}(z^0, y, s_n) \Leftrightarrow \text{„Ja"-Antwort,}$$

bzw.

(5.2b) $$v^{\#}(z^1, y - b_n, s_n) < v^{\#}(z^0, y, s_n) \Leftrightarrow \text{„Nein"-Antwort.}$$

Aus Sicht des Befragten ist die oben beschriebene Entscheidungssituation deterministisch, da über seine Präferenzen keine Unsicherheit vorliegt.

5.1.2 Die Sicht des Betrachters

Ein Betrachter ist über die Präferenzen der Befragten nur unvollkommen informiert. Er kann daher Aussagen über das Nutzenniveau eines Individuums nur unter Unsicherheit treffen. Da die Antwort auf eine Frage nach der Zahlungsbereitschaft für den Betrachter unsicher ist, kann jede einzelne Befragung als ein Zufallsexperiment gesehen werden. Der Ausgang eines Experiments unter Unsicherheit ist eine Zufallsvariable [Greene (1993, S. 53)]. Für den Beobachter ist somit auch die indirekte Nutzenfunktion eines Befragten eine Zufallsvariable.

Die Annahme einer stochastischen indirekten Nutzenfunktion impliziert, daß das Antwortverhalten der Befragten selbst dann nicht fehlerfrei meßbar ist, wenn alle erklärenden Variablen aus Sicht des Betrachters berücksichtigt werden. Nach McFadden (1974, S. 108 ff.) können die in der Umfrage beobachteten Antworten durch eine repräsentative Nutzenfunktion jedoch ansatzweise erklärt werden. Mit ihrer Hilfe lassen sich die unbekannten individuellen Nutzenfunktionen so approximieren, daß ein repräsentativer Teil des Nutzens deterministisch ist. Die repräsentative indirekte Nutzenfunktion sei im folgenden mit $v(z, \bar{y}, \bar{s})$ symbolisiert. Man beachte, daß $\bar{y}$ sich hier auf einen repräsentativen Wert für das Einkommen und $\bar{s}$ sich auf die repräsentativen sozioökonomischen Charakteristiken aller betroffenen Individuen bezieht.

Das Hanemannsche Zufallsnutzenmodell wird in der additiven und in der multiplikativen Form spezifiziert.

5.2 Das additive Nutzendifferenzenmodell

5.2.1 Elemente des additiven Modells

Die indirekte Nutzenfunktion des additiven Nutzendifferenzmodells, $v^{\circ}[z^k, \bar{y}, \bar{s}, \varepsilon_k^{\circ}(s_n)]$, setzt sich additiv separabel aus der vom Betrachter spezifizierten repräsentativen indirekten Nutzenfunktion, $v(z^k, \bar{y}, \bar{s})$, und einer stochastischen Komponente, $\varepsilon_k^{\circ}(s_n)$, zusammen. Die Ausprägung der stochastischen Komponente ist dem Betrachter unbekannt und hängt von den sozioökonomischen Charakteristiken, s_n, des n-ten Befragten ab:

$$(5.3) \qquad v^{\circ}[z^k, \bar{y}, \bar{s}, \varepsilon_k^{\circ}(s_n)] = v(z^k, \bar{y}, \bar{s}) + \varepsilon_k^{\circ}(s_n),$$

($k = 0, 1$; $n = 1, ..., N$). Die stochastischen Terme des Nutzens in der Ausgangssituation, $\varepsilon_0^{\circ}(s_n)$, bzw. in der Situation nach Projektdurchführung, $\varepsilon_1^{\circ}(s_n)$, hängen von den durch die repräsentative indirekte Nutzenfunktion nicht erfaßten sozioökonomischen Charakteristiken der Befragten ab. Sie seien unabhängig und identisch verteilt mit Erwartungswert Null und unbekannter, konstanter Varianz. Der Betrachter rechnet also nicht damit, systematische Fehler zu begehen.

Ein befragtes Individuum ist aus Sicht des Betrachters (nicht) bereit, für die Qualitätsverbesserung den Betrag b_n zahlen, wenn dessen Nutzenniveau nach Projektdurchführung

(5.4) $$v^{\circ}[z^1, \bar{y} - b_n, \bar{s}, \varepsilon_1^{\circ}(s_n)] = v(z^1, \bar{y} - b_n, \bar{s}) + \varepsilon_1^{\circ}(s_n)$$

größer (geringer) ist als dessen Nutzenniveau vor Projektdurchführung mit

(5.5) $$v^{\circ}[z^0, \bar{y}, \bar{s}, \varepsilon_0^{\circ}(s_n)] = v(z^0, \bar{y}, \bar{s}) + \varepsilon_0^{\circ}(s_n).$$

Die repräsentativen Nutzenkomponenten sind als die vom Betrachter erwarteten Nutzenniveaus in der betroffenen Bevölkerung für die Umweltzustände interpretierbar.

Ein befragtes Individuum antwortet wie folgt (mit $\varepsilon_0 \equiv \varepsilon_0^{\circ}(s_n)$ und $\varepsilon_1 \equiv \varepsilon_1^{\circ}(s_n)$):

(5.6a) $$v(z^1, \bar{y} - b_n, \bar{s}) + \varepsilon_1 \geq v(z^0, \bar{y}, \bar{s}) + \varepsilon_0 \quad \Leftrightarrow \text{„Ja“-Antwort,}$$

bzw.

(5.6b) $$v(z^1, \bar{y} - b_n, \bar{s}) + \varepsilon_1 < v(z^0, \bar{y}, \bar{s}) + \varepsilon_0 \quad \Leftrightarrow \text{„Nein“-Antwort.}$$

Schreibt man in (5.6a) und (5.6b) die repräsentativen Nutzenterme auf die linke und die stochastischen Terme auf die rechte Seite der Ungleichheitszeichen, ergibt sich:

(5.7a) $$v(z^1, \bar{y} - b_n, \bar{s}) - v(z^0, \bar{y}, \bar{s}) \geq \varepsilon_0 - \varepsilon_1 \quad \Leftrightarrow \text{„Ja“-Antwort,}$$

bzw.

(5.7b) $$v(z^1, \bar{y} - b_n, \bar{s}) - v(z^0, \bar{y}, \bar{s}) < \varepsilon_0 - \varepsilon_1 \quad \Leftrightarrow \text{„Nein“-Antwort.}$$

Die linken Seiten des Ungleichheitszeichens kennzeichnen die repräsentativen Nutzendifferenzen, $\Delta v \equiv [v(z^1, \bar{y} - b_n, \bar{s}) - v(z^0, \bar{y}, \bar{s})]$, und die rechten die stochastischen Nutzendifferenzen, $\varepsilon \equiv (\varepsilon_0 - \varepsilon_1)$. Beobachtet werden nicht die *absoluten* Nutzenniveaus der befragten Individuen vor und nach einer möglichen Durchführung des angebotenen Projekts, sondern die durch das Projekt bewirkten *relativen* Veränderungen in Form von Nutzendifferenzen.[31]

[31] Hanemann (1985b, S. 9f.) zeigt, daß das Nutzendifferenzenmodell in Einklang mit den Erfordernissen der ordinalen Nutzentheorie steht.

5.2.2 Antwortwahrscheinlichkeiten

Die Antwortwahrscheinlichkeiten müssen in einem Intervall zwischen Null und Eins liegen, und es muß $(\pi_n^{Ja} + \pi_n^{Nein}) = 1$ gelten, wobei mit π_n^{Ja} die Wahrscheinlichkeit für eine „Ja“-Antwort und mit π_n^{Nein} die Wahrscheinlichkeit für eine „Nein“-Antwort bezeichnet wird. Zur Bestimmung der Antwortwahrscheinlichkeiten wird der Wertebereich der ordinalen Nutzenfunktion durch eine streng monoton zunehmende Transformation auf das Intervall [0, 1] eingeschränkt. Da die Antwortwahrscheinlichkeiten aus dieser streng monotonen Transformation hervorgehen, sind auch sie konsistent mit der ordinalen Nutzentheorie [Maier / Weiss (1989, S. 107)].

(5.7a) läßt sich so in eine Wahrscheinlichkeitsaussage für eine Zustimmung zum Gebot b_n transformieren, mit:

(5.8) $$\pi_n^{Ja} = \Pr\{\varepsilon_0 - \varepsilon_1 \leq v(z^1, \bar{y} - b_n, \bar{s}) - v(z^0, \bar{y}, \bar{s})\}$$

π_n^{Ja} ist die Wahrscheinlichkeit, daß eine zufällig angesprochene Person auf ein Gebot b_n mit „Ja“ antwortet. Dieser Sachverhalt läßt sich mit Hilfe der in 5.2.1 eingeführten Notation in Kurzschreibweise darstellen:

(5.9) $$\pi_n^{Ja} = \Pr\{\varepsilon \leq \Delta v\}$$

Die rechte Seite von (5.9) ist als Verteilung der repräsentativen Nutzendifferenzen Δv interpretierbar. Sei mit $F_\varepsilon(\Delta v)$ die zugehörige Verteilungsfunktion in Abhängigkeit von Δv bezeichnet. Die Wahrscheinlichkeit, daß ein zufällig befragtes Individuum mit „Ja“ bzw. mit „Nein“ antwortet, ist:

(5.10a) $$\pi_n^{Ja} = \Pr\{\varepsilon \leq \Delta v\} = F_\varepsilon(\Delta v),$$

bzw.

(5.10b) $$\pi_n^{Nein} = \Pr\{\varepsilon > \Delta v\} = 1 - F_\varepsilon(\Delta v).$$

5.2.3 Wohlfahrtsmessung mit dem Nutzendifferenzenmodell

Die maximale Zahlungsbereitschaft (MZB) eines Individuums ist durch seinen Kompensierenden Surplus gegeben. Im deterministischen Kontext des Individuums ist dieser in Tabelle 2.1 definiert. Aus Sicht des Betrachters ist die MZB des n-ten Befragten wegen der Unbestimmtheit des Nutzens jedoch eine Zufallsvariable. Die Definition des Kompensierenden Surplus ergibt sich für das additive Nutzendifferenzenmodell gemäß (5.7a) und (5.7b) gerade an der Stelle, an der das Individuum indifferent ist zwischen einer „Ja“- und einer „Nein“-Antwort:

(5.11) $$v(z^1, \bar{y} - MZB_n, \bar{s}) + \varepsilon_1 = v(z^0, \bar{y}, \bar{s}) + \varepsilon_0$$

Es stellt sich die Frage, ob es möglich ist, die Verteilung der Nutzendifferenzen gemäß (5.10a) in eine ökonomisch intuitivere Verteilung der maximalen Zahlungsbereitschaften zu überführen. Zu berücksichtigen ist, daß der Wahrscheinlichkeit, eine „Ja“-Antwort zum Gebot b_n zu beobachten, der Ausdruck

(5.12) $$\pi_n^{Ja} = Pr\{v(z^1, \bar{y} - b_n, \bar{s}) + \varepsilon_1 \geq v(z^0, \bar{y}, \bar{s}) + \varepsilon_0\}$$

zugrundeliegt. Somit folgt unter Beachtung von (5.11):

(5.13) $$\pi_n^{Ja} = Pr\{v(z^1, \bar{y} - b_n, \bar{s}) + \varepsilon_1 \geq v(z^1, \bar{y} - MZB_n, \bar{s}) + \varepsilon_1\}.$$

Wegen der Monotonie der indirekten Nutzenfunktion in $\bar{y}$ muß zur Erfüllung der Ungleichheitsbedingung (5.12) gelten:

(5.14) $$\bar{y} - b_n \geq \bar{y} - MZB_n \Rightarrow b_n \leq MZB_n$$

Einsetzen von (5.14) in (5.13) liefert die gesuchte Beziehung zwischen dem einem Befragten offerierten Gebot und der Wahrscheinlichkeit, daß dieser mit „Ja“ antwortet:

(5.15) $$\pi_n^{Ja} = Pr\{b_n \leq MZB_n\}$$

Ein Betrachter ordnet gemäß (5.15) dem Ereignis, daß die maximale Zahlungsbereitschaft eines Individuums mindestens so hoch ist wie das vorgegebene Gebot, die Wahrscheinlichkeit π_n^{Ja} zu.

Schreibt man die Verteilung der maximalen Zahlungsbereitschaften in der Form $Pr\{MZB_n < b_n\} \equiv G_{MZB}(b^*)$, erhält man für die Wahrscheinlichkeit einer „Ja“-Antwort den Ausdruck:

(5.16a) $$\pi_n^{Ja} = 1 - G_{MZB}(b^*)$$

und für eine „Nein“-Antwort folgt:

(5.16b) $$\pi_n^{Nein} = G_{MZB}(b^*)$$

Mit b^* wird ausgedrückt, daß die Verteilungsfunktion $G_{MZB}(b^*)$ von der maximalen Zahlungsbereitschaft und damit vom Kompensierenden Surplus abhängt.[32]

Ein Vergleich von (5.16a) und (5.16b) mit (5.10a) und (5.10b) zeigt, daß die Wahrscheinlichkeit, von einem zufällig angesprochenen Individuum eine „Ja"- oder „Nein"-Antwort zu erhalten, sowohl als eine Verteilung der Nutzendifferenzen als auch als eine Verteilung der maximalen Zahlungsbereitschaften dargestellt werden kann:

$$(5.17a) \qquad \pi_n^{Ja} = F_\varepsilon(\Delta v) = 1 - G_{MZB}(b^*)$$

bzw.

$$(5.17b) \qquad \pi_n^{Nein} = 1 - F_\varepsilon(\Delta v) = G_{MZB}(b^*).$$

Jede Entscheidung, die in Form eines Nutzendifferenzenmodells spezifiziert ist, impliziert eine bestimmte Verteilung der maximalen Zahlungsbereitschaften, die mit $G_{MZB}(b^*)$ bezeichnet ist, und umgekehrt.[33]

Mit Hilfe geeigneter Annahmen über die Verteilung von ε sowie der Spezifizierung einer funktionalen Form für die Nutzendifferenzen Δv kann das Referendumsmodell *parametrisiert* werden. Zur Bestimmung der Wahrscheinlichkeiten für die Zustimmung und für die Ablehnung zu einzelnen Geboten muß für eine parametrische Analyse sowohl eine ökonomisch konsistente Form für die repräsentative Nutzendifferenz Δv spezifiziert als auch eine Verteilung für die Zufallsvariable $\varepsilon \equiv (\varepsilon_0 - \varepsilon_1)$ gefunden werden.

5.2.4 Spezifikation der repräsentativen Komponenten

Sei mit

$$(5.18) \qquad v(z^0, \bar{y}, \bar{s}, \varepsilon_0) = \alpha_0(\bar{s}) + \beta \cdot \bar{y} + \varepsilon_0, \quad \text{mit } \alpha_0(\bar{s}), \beta > 0$$

---

[32] b^* kann dabei auch als Prohibitivpreis aufgefaßt werden, von dem an der Konsument auf den Konsum der erhöhten Umweltqualität z^1 verzichtet. Vgl. zum Prohibitivpreiskonzept Stephan und Ahlheim (1996, S. 155).

[33] Gemäß Tabelle 2.1 ist das Nutzendifferenzenmodell auch als Ausgabendifferenzenmodell spezifizierbar, welches direkt zur maximalen Zahlungsbereitschaft eines Befragten führt. Für eine ökonometrische Spezifizierung des Ausgabendifferenzenmodells s. Cameron (1988).

das repräsentative Nutzenniveau des Ist-Zustands aus Sicht des Betrachters spezifiziert und das repräsentative Nutzenniveau nach Projektdurchführung mit

(5.19) $$v(z^1, \bar{y} - b_n, \bar{s}, \varepsilon_1) = \alpha_1(\bar{s}) + \beta \cdot (\bar{y} - b_n) + \varepsilon_1, \text{ mit } \alpha_1(\bar{s}), \beta > 0.$$

$\alpha_0(\bar{s})$ bzw. $\alpha_1(\bar{s})$ hängen von den auf die Situationen vor bzw. nach Durchführung des Projekts bezogenen repräsentativen sozioökonomischen Charakteristiken der Individuen ab.

Aus (5.18) und (5.19) ergibt sich als funktionale Form für die repräsentative Nutzendifferenz, $\Delta v(b_n)$, der Ausdruck:

$$\Delta v(b_n) = v(z^1, \bar{y} - b_n, \bar{s}) - v(z^0, \bar{y}, \bar{s})$$

$$= \alpha_1(\bar{s}) - \alpha_0(\bar{s}) + \beta \cdot (\bar{y} - b_n) - \beta \cdot \bar{y}$$

(5.20) $$\Rightarrow \quad \Delta v(b_n) = \alpha - \beta \cdot b_n,$$

wobei die Notation $\alpha \equiv [\alpha_1(\bar{s}) - \alpha_0(\bar{s})]$ eingeführt wird. Die konstanten Terme $\alpha_1(\bar{s})$ und $\alpha_0(\bar{s})$ müssen unterschiedlich sein, damit $\alpha \neq 0$ ist. (5.20) ist die *lineare additive Nutzendifferenz.*[34]

Der Kompensierende Surplus wird an der Stelle $b^* = CS_{MZB}(z^0, z^1, \bar{y}, \bar{s}, \varepsilon)$ berechnet, an der ein Befragter indifferent zwischen einer „Ja"- und einer „Nein"-Antwort ist. Wegen des Zusammenhangs

(5.21) $$\Delta v(b^*) = \varepsilon$$

ergibt sich unter Beachtung von (5.20) das lineare Nutzendifferenzenmodell:

(5.22) $$\varepsilon = \beta \cdot b^* - \alpha$$

Der erwartete Kompensierende Surplus berechnet sich aus (5.22) unter Berücksichtigung von $E(\varepsilon) = 0$ zu:

(5.23) $$E(b^*) = \alpha/\beta$$

---

[34] Linearität in den Parametern wirft keine theoretischen Konsistenzprobleme auf, da die Variablenspezifikationen selbst nichtlinear sein können [vgl. Ben-Akiva / Lerman (1985, S. 62f.)].

5.2.5 Spezifikation der stochastischen Komponenten

Das Antwortverhalten ist auf dem durch die Antwortwahrscheinlichkeiten vorgegebenen Wertebereich im [0, 1]-Intervall abzubilden. Hierzu sind Verteilungsfunktionen für die Zufallsvariable ε zu finden, die auf einem zulässigen Intervall der maximalen Zahlungsbereitschaften definiert sind.

McFadden (1974, S. 111) bemerkt, daß monoton zunehmende Transformationen der stochastischen Nutzenfunktion (5.3) wegen der Ordinalität des Nutzens zwar nicht das Ergebnis der Nutzenmaximierung oder die Antwortwahrscheinlichkeiten verändern, wohl aber die Verteilung des Zufallsterms beeinflussen können. Daher ist bei der Wahl einer Wahrscheinlichkeitsverteilung für $\varepsilon \equiv (\varepsilon_0 - \varepsilon_1)$ auf deren Einklang mit den Erfordernissen der ökonomischen Theorie zu achten. Wie dies geschehen kann, wird im folgenden diskutiert.

5.2.5.1 Das binäre Logit-Referendumsmodell

Das binäre Logit-Referendumsmodell ist die in der Literatur bis heute bei weitem häufigst angewandte Modellvariante [z. B. Whitehead et al. (1998)]. Sie läßt sich aus folgender Überlegung herleiten: Sind die beiden Zufallsvariablen ε_0 und ε_1 unabhängig und identisch (ϕ_0, κ) und (ϕ_1, κ) Gumbel-verteilt[35] mit Lageparametern ϕ_0 und ϕ_1 und gemeinsamen Skalierungsparameter κ, ist die Differenz dieser beiden Zufallsvariablen, $\varepsilon \equiv (\varepsilon_0 - \varepsilon_1)$, bekanntlich logistisch $\Lambda(\phi^*, \kappa)$-verteilt mit Lageparameter $\phi^* \equiv (\phi_1 - \phi_0)$ und Skalierungsparameter $\kappa > 0$.[36]

Die logistische Verteilungsfunktion $\Lambda(c)$ lautet allgemein [Ronning (1991, S. 214)]:

$$(5.24) \qquad \Pr(\varepsilon \leq c) = \Lambda(c) = \{1 + \exp[-(c - \phi^*)/\kappa]\}^{-1},$$

wobei $-\infty < c < \infty$ und $\kappa > 0$. Die symmetrische Verteilung besitzt einen Mittelwert und einen Median in Höhe von ϕ^* sowie eine Varianz in Höhe von $(\kappa^2 \cdot \pi^2/3)$.

---

[35] Vgl. für eine Darstellung der Gumbel-Verteilung in Discrete Choice-Modellen Ben Akiva / Lerman (1985, S. 104 ff.).

[36] Einen Beweis für den Zusammenhang zwischen Gumbel-verteilten Zufallsvariablen und dem Logit-Modell liefert meines Wissens erstmals McFadden (1974, S. 111). Alternative Beweise finden sich bei Maier / Weiss (1989, S. 136 ff.) und Ronning (1991, S. 74 ff.).

Solange die Varianzen der Nutzendifferenzen für alle Individuen konstant und identisch sind, ist der absolute Wert der Nutzendifferenz uninteressant, da ein ordinales Nutzenmaß impliziert, daß die Skalierung des Nutzens willkürlich sein kann [Mazzotta / Opaluch (1995, S. 503f.)]. Durch eine beliebige Wahl des Skalierungsparameters κ ändern sich nicht die Antwortwahrscheinlichkeiten [Maier / Weiss (1989, S. 108)]. Üblicherweise wird κ auf den Wert 1 normiert [Ben Akiva / Lerman (1985, S. 71)]. Die Varianz der logistischen Verteilung ist dann $\pi^2/3$.

Ist ε standardlogistischverteilt mit $E(\varepsilon) = \phi^* = 0$ und $\kappa = 1$, so folgt die Verteilung der Nutzendifferenzen $F_\varepsilon(\Delta v)$ einer Standardlogistikverteilung, und es resultiert das binäre Logit-Referendumsmodell. Die Wahrscheinlichkeit einer „Ja"-Antwort berechnet sich daraus in Abhängigkeit von $\Delta v \equiv \Delta v(b^*)$ zu [Freeman (1993, S. 189)]:

$$(5.25a) \qquad \pi_n^{Ja} = F_\varepsilon(\Delta v) = 1 - G_{MZB}(b^*) = \frac{e^{\Delta v}}{1 + e^{\Delta v}} = \frac{1}{1 + e^{-\Delta v}}$$

$F_\varepsilon(\Delta v)$ kann als Survivalfunktion der Verteilung der maximalen Zahlungsbereitschaften interpretiert werden.[37] Ihr Funktionswert gibt zu beliebigen Geboten die Wahrscheinlichkeit dafür an, daß ein repräsentatives Individuum gerade noch mit „Ja" antwortet. Da mit größer werdenden Geboten die Wahrscheinlichkeiten für „Ja"-Antworten sinken, sind Survivalfunktionen als fallende Nachfragefunktionen für das Umweltprojekt bei steigenden Preisen interpretierbar. Entsprechend ergibt sich die Wahrscheinlichkeit einer ablehnenden Antwort zu:

$$(5.25b) \qquad \pi_n^{Nein} = 1 - F_\varepsilon(\Delta v) = G_{MZB}(b^*) = (1 + e^{\Delta v})^{-1}$$

Für das lineare Nutzendifferenzenmodell (5.22) folgt die Verteilung der maximalen Zahlungsbereitschaften, $G_{MZB}(b^*)$, dann ebenfalls einer logistischen Verteilung gemäß (5.25a und b) in der Parametrisierung $\alpha = \phi^*/\kappa$ und $\beta = 1/\kappa$:

$$(5.26a) \qquad \pi_n^{Ja} = [1 + \exp(-\alpha + \beta \cdot b^*)]^{-1}$$

und

$$(5.26b) \qquad \pi_n^{Nein} = [1 + \exp(\alpha - \beta \cdot b^*)]^{-1}, \quad \text{mit } \beta > 0.$$

---

[37] Solche Verteilungen werden vorwiegend in der Ereignisanalyse eingesetzt. Siehe hierzu ausführlich Blossfeld et al. (1986).

Erwartungswert $E(b^*)$ und Median $M(b^*)$ des linearen logistischverteilten Nutzendifferenzenmodells ergeben sich zu:

$$(5.27)\qquad E(b^*) = M(b^*) = \alpha/\beta$$

5.2.5.2 Das binäre Probit-Referendumsmodell

Bowker und Stoll (1988, S. 375) nehmen an, daß die Zufallsvariablen ε_0 und ε_1 approximativ normalverteilt sind. Ist die Verteilung der Zufallsvariable ε standardnormalverteilt mit $E(\varepsilon) = \mu$ und konstanter Varianz $V(\varepsilon) = \sigma^2$, $\varepsilon \sim N(\mu, \sigma^2)$, lautet das Probit-Modell:[38]

$$(5.28)\qquad F(c) = \Phi\left(\frac{c - \mu}{\sigma}\right), \qquad \sigma > 0,\ -\infty < c < \infty,$$

wobei Φ die Verteilungsfunktion der Standardnormalverteilung symbolisiert.

Die Eigenschaft der Normalverteilung einer Zufallsvariablen bleibt unter linearen Transformationen erhalten. Daher ist auch die Differenz zweier normalverteilter Zufallsvariablen ε_0 und ε_1 wieder normalverteilt [Maddala (1992, S. 17f.)]. Sind ε_0 und ε_1 daher normal mit Erwartungswert Null, identischer Varianz $\sigma_0^2 = \sigma_1^2 = 0{,}5$ und Kovarianz $\sigma_{01} = 0$, ist die Zufallsvariable $\varepsilon \equiv (\varepsilon_0 - \varepsilon_1)$ standardnormalverteilt mit Erwartungswert Null und Varianz $\sigma^2 = \sigma_0^2 + \sigma_1^2 - 2\sigma_{01} = 1$ [Hanemann / Kanninen (1996, S. 8)].[39] Der Zusammenhang zwischen dem binären Probit-Modell und der Spezifizierung des Nutzendifferenzenmodells wird aus der Parametrisierung des linearen Nutzendifferenzenmodells in Form von $\beta = 1/\sigma$ und $\alpha = \mu/\sigma$ deutlich.

Aus der Verwendung des linearen Nutzendifferenzenmodells (5.22) in Verbindung mit der Normalverteilung ergibt sich sie Beziehung:

$$(5.29a)\qquad \pi_n^{Ja} = F_\varepsilon(\Delta v) = 1 - G_{MZB}(b^*) = \Phi(\alpha - \beta \cdot b^*)$$

Aufgrund der Symmetrie der Standardnormalverteilung gilt:

---

[38] Für eine Darstellung des binären Probit-Modells siehe Ronning (1991, S. 44 ff.).

[39] Die Skalierung der Normalverteilung ist hier im Sinne der ordinalen Nutzentheorie wieder irrelevant für die Bestimmung der Antwortwahrscheinlichkeiten. Somit kann σ^2 auf den Wert 1 normiert werden [Ben-Akiva / Lerman (1985, S. 69)].

(5.29b) $\pi_n^{Nein} = 1 - F_\varepsilon(\Delta v) = G_{MZB}(b^*) = \Phi(-\alpha + \beta \cdot b^*)$

Diese Parametrisierung führt zu folgendem Erwartungswert, $E(b^*)$, und Median, $M(b^*)$, der Verteilung:

(5.30) $E(b^*) = M(b^*) = \alpha/\beta$

Die logistische Verteilung ähnelt der Normalverteilung, ist an den Enden jedoch etwas „dicker“. Für einen ausführlichen, auch graphischen Vergleich der beiden Verteilungen, siehe Greene (1993, S. 640).

5.3 Das multiplikative Nutzendifferenzenmodell

Das multiplikative Nutzendifferenzenmodell besitzt gegenüber dem additiven Nutzendifferenzenmodell den Vorteil, daß darin keine Verteilungen für ε_0 und ε_1 spezifiziert werden müssen, aus deren Differenz sich die Verteilung von ε und damit die Verteilung der maximalen Zahlungsbereitschaften erst ergibt. Die Suche nach geeigneten Verteilungen für ε vereinfacht sich damit wesentlich. Das multiplikative Modell ist kompatibel mit einer reichhaltigeren Auswahl an möglichen Verteilungen als das additive Modell.[40]

5.3.1 Spezifikation der repräsentativen Nutzendifferenz

Zur Ableitung des multiplikativen Modells im Sinne von Hanemann und Kanninen (1996, S. 10) wird folgendes nutzentheoretisches Modell unterstellt:

(5.31) $v^+(z^0, \overline{y}, \overline{s}) = \overline{y}$

und

(5.32) $v^+(z^1, \overline{y}, \overline{s}, \varepsilon^*) = \overline{y} + \exp[\,(\alpha(\overline{s}) + \varepsilon^*)/\beta\,]$,

wobei $v^+(z^0, \overline{y}, \overline{s})$ bzw. $v^+(z^1, \overline{y}, \overline{s}, \varepsilon^*)$ die indirekten Nutzenfunktionen aus Sicht des Betrachters in den Situationen vor bzw. nach Durchführung des Pro-

---

[40] Das multiplikative Modell wurde erstmals von Hanemann und Kanninen (1996, S. 10f.) explizit abgeleitet, weshalb bis zu diesem Zeitpunkt in der Literatur zur Referendumsmethode Verteilungsannahmen, die nicht mit der additiven Modellstruktur in Einklang standen, fälschlicherweise als inkompatibel mit der Haushaltstheorie stigmatisiert wurden.

jekts symbolisieren. In $\alpha(\bar{s})$ werden Einflüsse von Projektattributen und sozioökonomischen Charakteristiken der Individuen erfaßt. Diese variieren über Ist- und Soll-Zustand. Der Betrachter rechnet mit einer „Ja“-Antwort, wenn gilt:

$$v^{+}(z^{1}, \bar{y} - b_{n}, \bar{s}, \varepsilon^{*}) \geq v^{+}(z^{0}, \bar{y}, \bar{s})$$

$$\Rightarrow \quad \bar{y} - b_{n} + \exp[\,(\alpha(\bar{s}) + \varepsilon^{*})/\beta\,] + \rho(\bar{s}) \geq \bar{y}$$

(5.33) $$\Rightarrow \quad b_{n} \leq e^{\alpha(\bar{s})/\beta} \cdot e^{\varepsilon^{*}/\beta}$$

Mit $\alpha = \alpha(\bar{s})$ und $\upsilon \equiv \exp(\varepsilon^{*}/\beta)$ läßt sich (5.33) wie folgt schreiben:

(5.34) $$b_{n} \leq e^{\alpha/\beta} \cdot \upsilon$$

Die Bedingungen für eine „Nein“-Antwort lassen sich analog ableiten. Der Zufallsterm υ tritt nichtlinear in das Referendumsmodell ein, was die Namengebung „multiplikatives Nutzendifferenzenmodell“ rechtfertigt.

Zur Wohlfahrtsmessung wird der Betrag b^{*} herangezogen, an dem der repräsentative Befragte gerade indifferent zwischen einer „Ja“- und einer „Nein“-Antwort ist. Aus den Spezifikationen (5.33) und (5.34) ergeben sich nach Logarithmierung folgende Beziehungen zwischen ε^{*} und υ einerseits und b^{*} andererseits:

(5.35) $$\varepsilon^{*} = \beta \cdot \ln(b^{*}) - \alpha$$

bzw.

(5.36) $$\ln(\upsilon) = \beta \cdot \ln(b^{*}) - \alpha.$$

Die stochastischen Komponenten ε^{*} und $\ln(\upsilon)$ hängen im multiplikativen Modell von den logarithmierten maximalen Zahlungsbereitschaften ab. Diesem Aspekt des Nutzendifferenzenmodells ist bei der Auswahl geeigneter Verteilungen für ε^{*} und bei der Parameterinterpretation Rechnung zu tragen. Erwartungswertbildung in (5.36) liefert einen erwarteten Kompensierenden Surplus in Höhe von:

(5.37) $$E(b^{*}) = \exp(\alpha/\beta)$$

Im folgenden werden Verteilungen diskutiert, die mit der multiplikativen Nutzendifferenzenstruktur kompatibel sind. Dabei ist der Zusammenhang zwischen den Zufallsvariablen ε^{*} und υ wichtig.

Der Zusammenhang stellt sich aus (5.35) und (5.36) her zu:

(5.38) $\varepsilon^* = \ln(\upsilon)$

5.3.2 Spezifikation der stochastischen Komponenten

Die hier vorgestellten, mit dem multiplikativen Nutzendifferenzenmodell konsistenten Verteilungen sind insbesondere von der Ereignisanalyse her bekannt; ihre Eigenschaften bedürfen hier keiner ausführlichen Diskussion.[41] Die Verteilungen werden im folgenden in Parametrisierungen überführt, die mit dem multiplikativen Nutzendifferenzenmodell konsistent sind. Damit ist die Fundierung der Verteilungsannahmen in der neoklassischen Haushaltstheorie gesichert.

5.3.2.1 Das Loglogitmodell

Ist ε logistisch verteilt, sind ν und damit die maximalen Zahlungsbereitschaften loglogistisch verteilt.

Zwischen der logistischen Verteilung und der loglogistischen Verteilung besteht folgender Zusammenhang: Wenn $\ln(b^*)$ eine logistische Verteilung besitzt, sind die maximalen Zahlungsbereitschaften loglogistisch verteilt. Es resultiert das Loglogitmodell der Referendumsmethode [Duffield / Patterson (1991, S. 280)]. Die loglogistische Verteilungsfunktion lautet allgemein:[42]

(5.39) $$F(c) = \frac{1}{1 + e^{-\gamma}\, c^{-\delta}}, \qquad c \geq 0,\ \delta > 0$$

Die loglogistische Verteilung (5.39) wird im multiplikativen Referendumsmodell in der Form $\alpha = -\gamma$, $\upsilon = \exp[\ln(b^*)]$ und $\delta = \beta$ parametrisiert. Folgt demnach ε^* einer standardlogistischen Verteilung, erhält man für die Wahrscheinlichkeit einer „Ja“-Antwort den Ausdruck:[43]

---

[41] Der Leser sei auf die Erörterungen dieser Verteilungen bei Blossfeld et al. (1986), Lee (1992, Chapter 6) sowie auf Johnson et al. (1995) verwiesen.

[42] Vergleiche zur loglogistischen Verteilung Johnson et al. (1995, S. 151f.).

[43] Auf die Darstellung der Verteilung der Nutzendifferenzen wird im folgenden verzichtet.

(5.40a) $$\pi_n^{Ja} = 1 - G_{MZB}(b^*) = \frac{1}{1+e^{[-\alpha + \beta \cdot \ln(b^*)]}},$$

sowie für die Wahrscheinlichkeit einer „Nein"-Antwort den Ausdruck

(5.40b) $$\pi_n^{Nein} = G_{MZB}(b^*) = \frac{1}{1+e^{[\alpha - \beta \cdot \ln(b^*)]}}$$

Dabei geht β - im Unterschied zur logistischen Verteilung - nicht mehr als ein Skalierungs- sondern als ein Gestaltsparameter in die Verteilung ein.

Auf Basis dieser Parametrisierung ist der Erwartungswert [vgl. Patterson / Duffield (1991, S. 280)]:

(5.41) $$E(b^*) = \begin{cases} e^{(\alpha/\beta)} \cdot \Gamma[1 + (1/\beta)] \cdot \Gamma[1 - (1/\beta)] & \text{für } \beta > 1 \\ \infty & \text{für } \beta \leq 1 \end{cases}$$

Der Median der Verteilung ergibt sich zu:

(5.42) $$M(b^*) = \exp(\alpha/\beta)$$

5.3.2.2 Das Logprobitmodell

Ist ε^* standardnormalverteilt, sind ν und damit die maximalen Zahlungsbereitschaften lognormalverteilt [s. Ronning (1991, S. 213)]. Umgekehrt ist dann der natürliche Logarithmus der maximalen Zahlungsbereitschaften normalverteilt.

Die Lognormalverteilung wird symbolisiert durch:

(5.43) $$F(c) = \Phi\left(\frac{\ln(c) - \mu^*}{\sigma^*}\right), \qquad 0 < c < \infty,$$

wobei $\sigma^* > 0$ im Unterschied zur Normalverteilung kein Skalierungs-, sondern ein Gestaltsparameter ist. $\mu^* \in (-\infty, \infty)$ ist hier der Skalierungsparameter.

Die Lognormalverteilung besitzt einen Erwartungswert in Höhe von $E(c) = \exp(\mu^* + (\sigma^*)^2/2)$; der Median ist $M(c) = \exp(\mu^*)$.

Für die Parametrisierung $\beta = 1/\sigma^*$ und $\alpha = \mu^*/\sigma^*$ lautet das Logprobitmodell:

(5.44a) $\pi_n^{Ja} = 1 - G_{MZB}(b^*) = \Phi[\alpha - \beta \cdot \ln(b^*)]$

und

(5.44b) $\pi_n^{Nein} = G_{MZB}(b^*) = \Phi[-\alpha + \beta \cdot \ln(b^*)]$.

Der Erwartungswert der Verteilung ist in dieser Parametrisierung:

(5.45) $E(b^*) = \exp(\alpha/\beta) \cdot e^{1/(2 \cdot \beta)}$

und der Median:

(5.46) $M(b^*) = \exp(\alpha/\beta)$

5.3.2.3 Das Weibull-Modell

υ und damit die maximalen Zahlungsbereitschaften sind Weibull-verteilt, wenn ε^* Standard-Gumbel-verteilt ist. Die daraus resultierende Variante des Referendumsmodells wird daher als Weibull-Modell bezeichnet. Die von Johnson et al. (1995, S. 1 ff.) ausführlich beschriebene Gumbel-Verteilung einer Zufallsvariablen besitzt die auf der gesamten reellen Zahlenachse definierte Verteilungsfunktion [Ronning (1991, S. 215)][44]

(5.47) $F(c) = \exp\{ -\exp[-(c - \phi)/\kappa] \}, \ \kappa > 0, -\infty < c < \infty,$

wobei κ der Skalierungsparameter und ϕ der Lageparameter der Verteilung ist. Die Standard-Gumbel-Verteilung resultiert für $\phi = 0$ und $\kappa = 1$.

Folgt ε einer durch $\phi = \alpha/\beta$ und $\kappa = 1/\beta$ parametrisierten Standard-Gumbel-Verteilung, gilt:

(5.48a) $\pi_n^{Ja} = 1 - G_{MZB}(b^*) = 1 - \exp\{ -\exp(\alpha - \beta \cdot \ln(b^*)\}$

und

(5.48b) $\pi_n^{Nein} = G_{MZB}(b^*) = \exp\{ -\exp(\alpha - \beta \cdot \ln(b^*)\}$.

---

[44] Vgl. für weiterführende Diskussionen der Gumbel-Verteilung Ben-Akiva / Lerman (1985, S. 104 ff.) sowie Maier / Weiss (1989, S. 73 und S. 153f.).

Je nachdem, welchen Wert der Gestaltsparameter β annimmt, ist die Verteilung entweder linksschief, rechtsschief, oder symmetrisch.

(5.48b) ist äquivalent zur Survivalfunktion einer Weibull-Verteilung: Die Verteilungsfunktion einer Weibull-Verteilung ist durch den Ausdruck[45]

(5.49) $$F(c) = 1 - \exp[(-\lambda \cdot c)^{\gamma}], \qquad \gamma, \lambda > 0,\ 0 < c < \infty$$

gegeben, wobei λ der Skalierungsparameter und γ der Gestaltsparameter der zweiparametrischen Verteilung ist.[46] Berücksichtigt man die Parametrisierung $\lambda = \exp(-\alpha/\beta)$ und $\gamma = -\beta$ in (5.49), so folgt, daß (5.48b) gerade die Survivalfunktion einer Weibull-verteilten Zufallsvariable ist, während (5.48a) eine Weibull-Verteilungsfunktion repräsentiert. Somit sind die maximalen Zahlungsbereitschaften Weibull-verteilt, wenn ε standard-Gumbel-verteilt ist.

Der Erwartungswert der so parametrisierten Weibull-Verteilung ist:

(5.50) $$E(b^*) = \begin{cases} e^{(\alpha/\beta)}\, \Gamma[1 - (1/\beta)] & \text{für } \beta > 1 \\ \infty & \text{für } \beta \leq 1 \end{cases}$$

Der Median bestimmt sich zu:

(5.51) $$M(b^*) = e^{(\alpha/\beta)}\, [\ln(2)]^{-1/\beta}$$

5.4 Tabellarischer Überblick

Tabelle 5.1 gibt einen zusammenfassenden Überblick über die in diesem Kapitel spezifizierten Referendumsmodelle. Mit Pr{„Ja"} (Pr{„Nein"}) wird die Wahrscheinlichkeit für eine „Ja"-(„Nein"-)Antwort bezeichnet.

---

45 Für eine ausführliche Diskussion der Weibull-Verteilung s. Johnson et al. (1994, Chapter 21).

46 Die Weibull-Verteilung ist - im Unterschied zur Gumbel-Verteilung - eine nichtnegative Verteilung. Der Erwartungswert der Weibull-Verteilung ist $E(c) = \frac{\Gamma[1 + (1/\gamma)]}{\lambda}$ und das p-te Perzentil bestimmt sich zu $Perz(c) = \frac{[\ln(p-1)]^{1/\gamma}}{\lambda}$.

In Tabelle 5.2 sind die wichtigsten zentralen Lagemaße für die in dieser Arbeit verwendeten Verteilungen additiver und multiplikativer Referendumsmodelle zusammengefaßt.

Tabelle 5.1 Überblick über parametrische Referendumsmodelle

Verteilung von ε bzw. ε^*	**Pr{„Ja"} = $1 - G_{MZB}(b^*)$**	**Pr{„Nein"} = $G_{MZB}(b^*)$**
I Additive Modelle:		
(a) logistisch	$\frac{1}{1 + e^{(-\alpha + \beta \cdot b^*)}}$	$\frac{1}{1 + e^{(\alpha - \beta \cdot b^*)}}$
(b) normal	$\Phi(\alpha - \beta \cdot b^*)$	$\Phi(-\alpha + \beta \cdot b^*)$
II Multiplikative Modelle:		
(c) standard-logistisch	$\frac{1}{1 + e^{[-\alpha + \beta \cdot \ln(b^*)]}}$	$\frac{1}{1 + e^{[\alpha - \beta \cdot \ln(b^*)]}}$
(d) standard-normal	$\Phi[\alpha - \beta \cdot \ln(b^*)]$	$\Phi[-\alpha + \beta \cdot \ln(b^*)]$
(e) standard-Gumbel	$1 - \exp\{-\exp[\alpha - \beta \cdot \ln(b^*)]\}$	$\exp\{-\exp[\alpha - \beta \cdot \ln(b^*)]\}$

In der Literatur werden weitere funktionale Formen für die repräsentativen Nutzendifferenzen als die additiven und multiplikativen Versionen spezifiziert.[47]

Empirische Evidenz [z. B. Creel (1997)] deutet jedoch darauf hin, daß deren Wahl nicht von entscheidender Bedeutung für die Bestimmung repräsentativer maximaler Zahlungsbereitschaften ist, solange die Modellstruktur ökonomischen Anforderungen hinreichend genügt.

---

[47] Vgl. z. B. die Verallgemeinerung der linearen Spezifikation der Nutzendifferenz durch McFadden und Leonard (1993) mit Hilfe einer „Box-Cox"-Transformation des Einkommens.

Tabelle 5.2	Zentrale Lagemaße verschiedener Verteilungen in der Parametrisierung des Referendumsmodells	
Verteilung von ε bzw. ε*	**Erwartungswert**	**Median**
I Additive Modelle:		
(a) logistisch	α/β	α/β
(b) normal	α/β	α/β
II Multiplikative Modelle:		
(c) standard-logistisch	$\begin{cases} e^{(\alpha/\beta)} \cdot \Gamma[1+(1/\beta)] \cdot \Gamma[1-(1/\beta)] & \text{für } \beta > 1 \\ \infty & \text{für } \beta \leq 1 \end{cases}$	$\exp(\alpha/\beta)$
(d) standard-normal	$\exp(\alpha/\beta) \cdot e^{1/(2\cdot\beta)}$	$\exp(\alpha/\beta)$
(e) standard-Gumbel	$\begin{cases} e^{(\alpha/\beta)}\, \Gamma[1-(1/\beta)] & \text{für } \beta > 1 \\ \infty & \text{für } \beta \leq 1 \end{cases}$	$e^{(\alpha/\beta)}\,[\ln(2)]$

Häufig stehen Verteilungsannahmen im Zentrum des Interesses [z. B. Haab / McConnell (1998)]. Verteilungsannahmen nehmen dabei Einfluß auf die theoretische Konsistenz des Nutzendifferenzenmodells.

Zur Vermeidung solcher Abhängigkeiten wird im nächsten Abschnitt eine verteilungsfreie Schätzmethode vorgestellt.

5.5 Der nichtparametrische Turnbull-Schätzer

Semi- und nichtparametrische Ansätze kommen mit weniger strengen Voraussetzungen an die Verteilung von ε und an die funktionalen Formen von Δv aus, als die parametrischen Ansätze. In *semiparametrischen Ansätzen* wird entweder nur

ε oder nur Δv parametrisiert [An (1997); Creel / Loomis (1997); Li (1996)], *nichtparametrische Ansätze* verzichten gänzlich auf Parametrisierungen [s. An / Ayala (1996b)].

Ein nichtparametrisches Verfahren ist ein Schätzer der empirischen Verteilungsfunktion der maximalen Zahlungsbereitschaften nach Turnbull (1976). Dieser wird von Haab und McConnell (1997) auf einen Referendumsdatensatz angewandt. An deren Ausführungen ist die folgende Darstellung des Schätzers eng angelehnt. Hierzu wird zunächst die Verteilungsfunktion der maximalen Zahlungsbereitschaften ermittelt. Anschließend werden zentrale Maße dieser Verteilung für deren Verwendung zur Wohlfahrtsmessung und für Reliabilitätstests abgeleitet.

Die „Ja"- oder „Nein"-Antwort eines Befragten zu einem Gebot liefert, wie im zweiten Kapitel dargestellt, eine untere oder eine obere Grenze für die wahre MZB eines Befragten. Aus einer einfachen Referendumsbefragung erhält man daher nur Aussagen darüber, ob die MZB eines Befragten über oder unter dem geforderten Gebot liegt. Referendumsdatensätze bestehen somit aus intervallzensierten Daten. Dies sind Beobachtungen, für deren wahren Wert nur ein Intervall angegeben werden kann.

An den K Geboten werden demnach die relativen Häufigkeiten von „Ja"- und „Nein"-Antworten beobachtet. Aus der relativen Häufigkeit von „Nein"-Antworten zum k-ten Gebot ($k = 0, 1, ..., K$) wird die untere Grenze der empirischen Verteilungsfunktion der maximalen Zahlungsbereitschaften, F_k, definiert gemäß:

(5.52) $$F_k = \Pr\{MZB_n \leq b_k\}, \qquad k = 1, ..., K+1, \text{ mit } F_{K+1} = 1$$

Die relative Häufigkeit an „Ja"-Antworten definiert obere Grenzen gemäß:

(5.53) $$1 - F_k = \Pr\{MZB_n > b_k\}, \qquad k = 0, 1, ..., K$$

Es ist $b_k > b_p$ für $k > p$. Da die Befragten nur zu den Geboten b_k ($k = 1, ..., K$) gefragt werden, ist für b_{K+1} eine obere Schranke und für b_0 eine untere Schranke der maximalen Zahlungsbereitschaften exogen festzulegen. Es sei $b_0 = 0$ und $b_{K+1} = \infty$.

Die Wahrscheinlichkeit dafür, daß die MZB einer befragten Person im Intervall $(b_{k-1}, b_k]$ liegt, sei mit π_k bezeichnet, so daß

(5.54) $$\pi_k = \Pr\{b_{k-1} < MZB_n \leq b_k\}$$

für k = 1, ..., K+1. Diese Wahrscheinlichkeiten werden nun dazu benutzt, um einen Schätzer für die empirische Verteilungsfunktion der maximalen Zahlungsbereitschaften zu entwickeln.

Der Zusammenhang zwischen F_k und π_k ergibt sich nach den Eigenschaften einer Verteilungsfunktion [s. allgemein Maier / Weiss (1989, S. 65 ff.)] zu:

(5.55) $$\pi_k = F_k - F_{k-1}, \qquad k = 1, ..., K+1, \text{ mit } F_0 \equiv 0 \text{ und } F_{K+1} = \infty$$

Das Turnbull-Modell kann geschätzt werden, indem entweder die F_k's oder die π_k's als Parameter behandelt werden.

Werden im <u>ersten Fall</u> die F_k's als Parameter aufgefaßt, ist die Log-Likelihoodfunktion, LL

(5.56) $$LL(F; n^{Nein}, n^{Ja}) = \sum_{k=1}^{K} [n_k^{Nein} \cdot \ln(F_k) + n_k^{Ja} \cdot \ln(1 - F_k)],$$

wobei n_k^{Ja} (n_k^{Nein}) die Anzahl derer angibt, die auf das k-te Gebot mit „Ja" („Nein") antworten. $(1 - F_K) = \pi_{K+1}$ gibt die Wahrscheinlichkeit dafür an, daß die MZB eines Befragten größer ist als das höchste endliche Gebot. F symbolisiert den Vektor der F_k's, n^{Nein} (n^{Ja}) ist der Vektor der „Nein"- („Ja"-)Antworten zu den einzelnen Geboten.

Werden im <u>zweiten Fall</u> die π_k's als Parameter behandelt, läßt sich die Log-Likelihoodfunktion schreiben als:

(5.57) $$LL(\pi; n^{Nein}, n^{Ja}) = \sum_{k=1}^{K} [n_k^{Nein} \cdot \ln(\sum_{q=1}^{k} \pi_q) + n_k^{Ja} \cdot \ln(1 - \sum_{q=1}^{k} \pi_q)]$$

π symbolisiert den Vektor der π_k's. Die Log-Likelihoodfunktion wird nach den π_k's maximiert. Die π_k's (k = 1, ..., K) sind darüber hinaus positiv und summieren sich zu Eins. Des weiteren muß die Verteilungsfunktion einen monoton steigenden Verlauf annehmen. Dies entspricht dem bekannten nichtlinearen Kuhn-Tucker Optimierungsproblem mit Nebenbedingungen [Turnbull (1976)].

Die Bedingungen erster Ordnung für ein unbeschränktes Maximum der Log-Likelihoodfunktion (5.57) lauten allgemein [Haab / McConnell (1997, S. 255)]:

$$(5.58)\ (a)\ \frac{\partial LL}{\partial \pi_q} = \sum_{k=q}^{K} \left(\frac{n_k^{Nein}}{\sum_{p=1}^{k} \pi_p} - \frac{n_k^{Ja}}{1 - \sum_{p=1}^{k} \pi_p} \right) \leq 0, \qquad (b)\ \pi_q \geq 0,$$

$$(c)\ \pi_q \cdot \frac{\partial LL}{\partial \pi_q} = 0$$

Durch die Maximierung der Log-Likelihoodfunktion wird sichergestellt, daß $\boldsymbol{\pi_1 > 0}$ in (5.58b), solange $n_1^{Nein} \neq 0$. Damit ist die Bedingung erster Ordnung für π_1 immer mit Gleichheit erfüllt, solange mindestens eine befragte Person zum Gebot b_1 mit „Nein" antwortet. Ist darüber hinaus $\pi_2 \neq 0$ gilt, gilt wegen (5.58a):

$$(5.59) \qquad \frac{\partial LL}{\partial \pi_1} - \frac{\partial LL}{\partial \pi_2} = \frac{n_1^{Nein}}{\pi_1} - \frac{n_1^{Ja}}{1 - \pi_1} = 0$$

Nach Auflösen von (5.59) nach π_1, ergibt sich π_1 als Verhältnis der „Nein"-Antworten zum ersten Gebot zur Summe aller Antworten zum ersten Gebot:

$$(5.60) \qquad \pi_1 = \frac{n_1^{Nein}}{n_1^{Nein} + n_1^{Ja}}$$

Damit ist π_1 ein Schätzer für F_1. Ist außerdem $\pi_3 > 0$, ergibt such aus der Subtraktion von $\partial L/\partial\pi_3$ und $\partial L/\partial\pi_2$:

$$(5.61) \qquad \pi_2 = \frac{n_2^{Nein}}{n_2^{Nein} + n_2^{Ja}} - \pi_1$$

π_2 ist demnach genau dann positiv, wenn die Bedingung

$$(5.62) \qquad \frac{n_2^{Nein}}{n_2^{Nein} + n_2^{Ja}} > \frac{n_1^{Nein}}{n_1^{Nein} + n_1^{Ja}}$$

erfüllt ist. Ist gemäß (5.62) der Anteil derjenigen, die mit „Nein" zum Gebot b_2 antworten, größer als der Anteil derjenigen, die mit „Nein" zum Gebot b_1 antworten, ist die Wahrscheinlichkeit, daß die MZB eines Individuums in das Intervall $(b_1, b_2]$ fällt, positiv und gleich der Differenz dieser beiden Anteile.

Allgemein kann ein Schätzer für π_k somit einfach als Differenz von F_k und F_{k-1} geschrieben werden, wobei

(5.63) $$F_k = [n_k^{Nein} / (n_k^{Nein} + n_k^{Ja})], \qquad \text{für alle } k = 1, ..., K.$$

Die Gültigkeit von (5.62) beruht darauf, daß der Anteil an „Nein"-Antworten zum höheren Gebot b_2 größer ist als der Anteil der „Nein"-Antworten zum niedrigeren Gebot b_1. Angenommen, diese ökonomische Konsistenzbedingung sei nicht erfüllt, statt dessen trete folgende Inkonsistenz auf:

(5.64) $$n_1^{Nein} /(n_1^{Nein} + n_1^{Ja}) > n_2^{Nein} /(n_2^{Nein} + n_2^{Ja})$$

Dies führt dazu, daß der ML-Schätzer für π_2 negativ wird. Ist die Nichtnegativitätsbedingung (5.58b) erfüllt, ist $\pi_2 = 0$ eine Randlösung des Optimierungsproblems: $\partial LL/\partial\pi_2$ wird irrelevant. Für $\pi_3 \neq 0$ subtrahiert man nun $\partial LL/\partial\pi_3$ von $\partial LL/\partial\pi_1$ unter Berücksichtigung von $\pi_2 = 0$. Somit gilt:

(5.65) $$\frac{\partial LL}{\partial\pi_1} - \frac{\partial LL}{\partial\pi_3} = \frac{n_1^{Nein} + n_2^{Nein}}{\pi_1} - \frac{n_1^{Ja} + n_2^{Ja}}{1 - \pi_1} = 0$$

Auflösen nach π_1 liefert:

(5.66) $$\pi_1 = \frac{n_1^{Nein} + n_2^{Nein}}{n_1^{Nein} + n_2^{Nein} + n_1^{Ja} + n_2^{Ja}}$$

Eine bindende Nichtnegativitätsbedingung für π_k führt zur Lösung des Kuhn-Tucker Optimierungsproblems, indem die k-te und die (k-1)-te Zelle miteinander kombiniert wird. π_k kann in diesen Fällen geschätzt werden als:

(5.67) $$\pi_k = \frac{n_k^{Nein} + n_{k-1}^{Nein}}{n_k^{Nein} + n_{k-1}^{Nein} + n_k^{Ja} + n_{k-1}^{Ja}} - \sum_{p=1}^{k-2} \pi_p$$

Ist π_k danach noch immer negativ, werden solange aneinandergrenzende Zellen gepoolt, bis die Nichtnegativitätsbedingung schließlich erfüllt ist, so daß $\pi_k > 0$ gilt. Ist π_k positiv, wird anschließend π_{k+1} berechnet, bis schließlich alle π_k's als positive Größen identifiziert sind. Zur Berechnung der π_k's existiert folgender Algorithmus:

1. Berechne $F_k = n_k^{Nein} /(n_k^{Nein} + n_k^{Ja})$ für alle $k = 1, ..., K$.

2. Beginnend mit $k = 1$, vergleiche F_k und F_{k+1}.
3. Wenn $F_{k+1} > F_k$ für alle k, gehe zu 5; andernfalls gehe zu 4.
4. Wenn $F_{k+1} \leq F_k$, poole die Zellen k und (k + 1) zu einer Kategorie der maximalen Zahlungsbereitschaften $(b_k, b_{k+2}]$. Wenn dann immer noch gilt: $F_{k+2} \leq F_k$, poole solange weitere Zellen zu einer Kategorie, bis die „≤"-Beziehung nicht mehr gilt.
5. Sind alle Zellen so gepoolt, daß sie eine monoton steigende Verteilungsfunktion der maximalen Zahlungsbereitschaften gewährleisten, gehe zu 6.
6. Berechne die Dichtefunktion der maximalen Zahlungsbereitschaften aus den Differenzen der Intervallgrenzen der Treppenfunktion der Verteilungsfunktion der maximalen Zahlungsbereitschaften.

Zur Bestimmung der **Varianz-Kovarianzmatrix** wird die Log-Likelihoodfunktion in (5.57) als Funktion von F_k gemäß (5.56) formuliert. Die Zellen seien so gepoolt, daß sie eine monoton zunehmende empirische Verteilungsfunktion garantieren. Die Bedingungen erster Ordnung bezüglich F_k lauten dann:

$$(5.68) \qquad \frac{\partial LL}{\partial F_k} = \frac{n_k^{Nein}}{F_k} - \frac{n_k^{Ja}}{1 - F_k}$$

Die Hesse-Matrix der Log-Likelihoodfunktion ist eine Diagonalmatrix mit den Ausdrücken

$$(5.69) \qquad \frac{\partial^2 LL}{(\partial F_k)^2} = - \frac{n_k^{Nein}}{F_k^2} - \frac{n_k^{Ja}}{(1 - F_k)^2}$$

auf der Hauptdiagonalen. Die Kovarianzen der F_k's sind Null. Die Varianzen der F_k bestimmen sich aus der Inversion der mit (-1) multiplizierten Hesse-Matrix der Log-Likelihoodfunktion:[48]

$$(5.70) \qquad V(F_k) = \left(- \frac{\partial^2 LL}{(\partial F_k)^2} \right)^{-1} = \frac{F_k \, (1 - F_k)}{n_k^{Nein} + n_k^{Ja}}$$

[48] Dies resultiert aus dem bekannten Zusammenhang zwischen der Hesse-Matrix der Log-Likelihoodfunktion und der Varianz-Kovarianzmatrix (s. Ronning (1991, S. 17f.)).

Die **Varianzen der π_k's** lassen sich wegen des oben postulierten Zusammenhangs zwischen der Verteilungsfunktion der maximalen Zahlungsbereitschaften, repräsentiert durch die F_k's, und deren Dichtefunktion, repräsentiert durch die π_k's, ebenso leicht bestimmen zu:

$$(5.71) \qquad V(\pi_k) = V(F_k) + V(F_{k+1}) = \frac{F_k\ (1 - F_k)}{n_k^{Nein} + n_k^{Ja}} + \frac{F_{k-1}\ (1 - F_{k-1})}{n_{k-1}^{Nein} + n_{k-1}^{Ja}}$$

Der nichtparametrische Turnbull-Schätzer erlegt der Verteilung der maximalen Zahlungsbereitschaften minimale Annahmen auf. Dies spiegelt sich auch in den **Berechnungen des Mittelwerts** der Verteilung der maximalen Zahlungsbereitschaften wider. Dieser läßt sich nach folgender Formel allgemein berechnen:

$$(5.72) \qquad E[MZB_n] = \int_0^{K+1} b_k \ dF(b_k) = \sum_{k=1}^{K+1} \int_{b_k}^{b_{k+1}} b_k \ dF(b_k)$$

Zur Berechnung des auf die unteren Intervallgrenzen bezogenen Mittelwerts ("Lower Bound Mean" (LBM)) werden die Schätzer für die Anteile der Verteilung der maximalen Zahlungsbereitschaften bezüglich jeder Kategorie der maximalen Zahlungsbereitschaften genutzt, um jeweils die unteren Intervallgrenzen zu gewichten. Es gilt:

$$(5.73) \qquad \begin{aligned} LBM = {} & 0 \cdot Pr\{0 \leq MZB_n < b_1\} \\ & + b_1 \cdot Pr\{b_1 \leq MZB_n < b_2\} + \ldots \\ & + b_K \cdot Pr\{b_K \leq MZB_n < b_{K+1}\} = \sum_{k=1}^{K+1} b_{k-1}\ \pi_k , \end{aligned}$$

wobei $\pi_{K+1} = (1 - F_K)$ und $b_0 = 0$. Der unbekannte Mittelwert wird hier von unten durch den Mittelwert, der auf die unteren Intervallgrenzen bezogen ist, abgeschätzt. Im neunten Kapitel wird gezeigt, wie sich der LBM aus einer Tabelle, in der die Häufigkeiten der „Ja"- und „Nein"-Antworten zu den einzelnen Surveyversionen aufgeführt sind, berechnen läßt.[49]

---

[49] Analog berechnet sich der auf die oberen Intervallgrenzen bezogene Turnbull-Mittelwert UBM ("Upper Bound Mean") aus: $UBM = \sum_{k=1}^{K+1} b_k\ \pi_k$. Dabei stellt sich jedoch das Pro-

Die **Varianz des LBM** lautet unter Berücksichtigung von (5.71):

$$(5.74) \qquad V(LBM) = V(\sum_{k=1}^{K+1} b_{k-1}\, \pi_k)$$

$$= \sum_{k=1}^{K+1} b_{k-1}^2 \,[V(F_k) + V(F_{k-1})] - 2\sum_{k=1}^{K} b_k\, b_{k-1}\, V(F_k)$$

Bei Kenntnis des LBM und dessen Varianz lassen sich Konfidenzintervalle um den LBM bestimmen und Hypothesen über den LBM testen. Der geschätzte LBM ist asymptotisch normalverteilt, da er eine Linearkombination aus den Bernoulli-verteilten π_k's ist, die ihrerseits asymptotisch normalverteilt sind [Haab / McConnell (1997, S. 259)]. Ein **approximatives 100 · (1 - α) %-Konfidenzintervall für den LBM** ergibt sich aus

$$(5.75) \qquad LBM \pm z_{\alpha/2} \cdot V(LBM)^{1/2},$$

wobei $z_{\alpha/2}$ das 100 · (1 - α/2)-Perzentil der Standardnormalverteilung ist.

---

blem, daß keine sinnvolle Obergrenze für b_{K+1} gefunden werden kann; sie muß vom Betrachter willkürlich exogen festgelegt werden. Des weiteren fordert die NOAA-Kommission die Festlegung auf einen konservativen Schätzer der repräsentativen MZB, so daß hier nur der LBM diskutiert wird.

6 Angewandte Wohlfahrtsmessung

6.1 Einleitung

Den ökonometrischen Referendumsmodellen des vorangegangenen Kapitels werden nun Restriktionen auferlegt, so daß die zu schätzenden Modelle konsistent mit der ökonomischen Theorie sind. Theoretische Restriktionen erfordern eine Anpassung der Modelle an die Projektwirkungen.

Es ist erfolgsentscheidend, zu wissen, wie der Nutzen der Individuen durch das Projekt beeinflußt wird. Drei Fälle sind zu unterscheiden:

Fall 1: Der Nutzen ausnahmslos aller Individuen wird erhöht. Dies ist der Anwendungsfall, bei dem es nur Gewinner gibt.

Fall 2: Der Nutzen einiger Individuen wird durch das Projekt erhöht, den Projektwirkungen sind die anderen Individuen jedoch indifferent gegenüber eingestellt.

Fall 3: Das Projekt verursacht sowohl Gewinner, dem Projekt gegenüber indifferente Personen als auch Verlierer.

Im dritten Kapitel wurde gezeigt, daß bei Verwendung der Referendumsmethode eine untere Schranke der maximalen Zahlungsbereitschaften ($-\infty$) und eine obere Schranke ($+\infty$) ist. Je nachdem, welcher der drei Fälle eintritt, sind den Referendumsmodellen zusätzlich ökonomische Restriktionen aufzuerlegen. Diese betreffen die oberen und unteren Grenzen der individuellen maximalen Zahlungsbereitschaften.

Gemäß den Tabellen 2.1 und 2.2 wird einerseits die minimale Akzeptanzbereitschaft (MAB) zum Einkommen addiert. Dies bedeutet, daß eine maximale Zahlungsbereitschaft (MZB) in Höhe von ($-\infty$), was einer unendlich hohen Kompensationsforderung entspricht, nicht unrealistisch sein muß, wenn für ein Individuum existentielle Güter wie das eigene Leben auf dem Spiel stehen.

Andererseits wird die MZB eines Individuums vom Einkommen subtrahiert. Die MZB kann damit nicht unendlich hoch sein, sondern ist durch die Höhe des Einkommens begrenzt. In Abschnitt 2.4 wurde die Essentialität des Marktgütervektors gefordert. Daraus folgte gemäß Formel (2.9), daß die MZB eines Individuums höchstens so hoch sein kann wie das variable Einkommen, y^{var}, das einem Befragten nach Abzug seines Mindesteinkommens für den Kauf von Marktgütern, y^{min}, von seinem gesamten Einkommen, y, noch frei zur Verfügung steht. y^{var} ist demnach eine sinnvolle obere Grenze für die MZB.

In Verbindung mit den Überlegungen zur unteren Schranke ergibt sich demnach als a-priori Restriktion für die MZB eines Individuums:

$$(6.1) \qquad -\infty < MZB_n \leq y^{var}$$

Welche unteren Grenzen für die maximalen Zahlungsbereitschaften beachtet werden müssen, hängt von den Projekteffekten ab. Von Fall zu Fall muß neu untersucht werden, welcher der drei genannten Fälle vorliegt.

In den nächsten beiden Abschnitten wird gezeigt, wie die genannten Fälle auf die ökonometrische Spezifikation der Referendumsmodelle wirken. Hierzu wird in 6.2 zunächst der Einfluß der oberen Grenze der maximalen Zahlungsbereitschaften auf die Gestalt der Verteilungsfunktion untersucht; anschließend werden in 6.3 die Implikationen, die sich aus unteren Grenzen ergeben, aufgezeigt.

In Abschnitt 6.4 wird untersucht, wie die unteren und oberen Grenzen in die Schätzung von Referendumsmodellen und in die Wohlfahrtsmessung Eingang finden können. Es existiert keine eindeutige Operationalisierung. Eine Unterscheidung zwischen einer „Schätzphase" und einer „Berechnungsphase" ist jedoch sinnvoll. Während der Schätzphase ist ein ökonometrisches Modell zu formulieren, mit dessen Hilfe die Parameter einer Funktion der Verteilung der maximalen Zahlungsbereitschaften statistisch geschätzt werden können. Die Berechnungsphase hingegen dient der Evaluierung der Wohlfahrtsmaße und damit der Bestimmung eines repräsentativen Werts der maximalen Zahlungsbereitschaften.

6.2 Modellierung der oberen Grenze

Formal kann für die obere Grenze der MZB eines Individuums das variable Einkommen vorgegeben werden:

$$(6.2) \qquad MZB_n \leq y^{var} \quad (< y)$$

Verknüpft man die Restriktion (6.2) mit der Wahrscheinlichkeit, das ein Individuum mit „Ja“ antwortet, gilt:

(6.3) $$\Pr\{\text{„Ja“} \mid b^* > y^{var}\} = 0$$

Dies beschränkt die Verteilungsfunktion der maximalen Zahlungsbereitschaften, $G_{MZB}(b^*)$, wie folgt:

(6.4) $$\lim_{b^* \to y^{var}} G_{MZB}(b^*) = 1, \text{ mit } y^{var} < y$$

6.3 Modellierung der unteren Grenze

Zur formalen Bestimmung einer realistischen unteren Grenze für die MZB eines Individuums sind die in 6.1 genannten drei Fälle zu unterscheiden.

6.3.1 Der Fall rein nutzensteigernder Projekte

Im Fall eines rein nutzenerhöhenden Projekts sind alle Individuen Teilnehmer des Projekts. Für das betrachtete Individuum gilt dann:

(6.5) $$v^{\#}(z^1, y, s_n) > v^{\#}(z^0, y, s_n)$$

Dies impliziert, daß der Kompensierende Surplus für alle Individuen größer als Null ist und damit auch deren MZB, so daß gilt:

(6.6) $$MZB_n > 0 \qquad \text{für alle } n = 1, ..., N$$

Die Wahrscheinlichkeit dafür, daß eine zufällig angesprochene Person auf die Frage, ob sie einen positiven Betrag für das in Aussicht gestellte Projekt zu zahlen bereit wäre, mit „Ja“ antwortet, sollte gleich Eins sein. Ein Nullgebot ist in diesem Fall eine untere Grenze für die maximalen Zahlungsbereitschaften der Individuen. Das Referendumsmodell ist daher bezüglich der Eigenschaften der Verteilungsfunktion der maximalen Zahlungsbereitschaften, $G_{MZB}(b^*)$, so spezifizieren, daß gilt:

(6.7) $$\Pr\{\text{„Ja“} \mid b^* = 0\} = 1 - G_{MZB}(0) = 1$$

Maximale Zahlungsbereitschaften in Höhe von Null treten nicht systematisch auf, sondern ihrem Auftreten wird wegen der Stetigkeit der Verteilungsfunktion eine Wahrscheinlichkeit in Höhe von Null zugeordnet.

Bezüglich $G_{MZB}(b^*)$ gilt daher:

(6.8) $$\lim_{b^* \to 0} G_{MZB}(b^*) = 0 .$$

Ein systematischer Anteil an Nullgeboten wird als Protest interpretiert [Hanemann / Kriström (1995, S. 71)].

6.3.2 Indifferenz gegenüber Umweltverbesserungen

Im zweiten Fall wird zusätzlich angenommen, daß diejenigen Individuen, die die Umweltänderung nicht präferieren, diese einfach ignorieren können und demnach Nichtteilnehmer des Projekts sind (s. Unterabschnitt 3.2.3). Die Umfrage identifiziert sowohl Teilnehmer als auch Nichtteilnehmer des Projekts, so daß bezüglich der Projektwirkungen gilt:

(6.9) $$v^{\#}(z^1, y, s_n) > v^{\#}(z^0, y, s_n) \text{ oder } v^{\#}(z^1, y, s_n) = v^{\#}(z^0, y, s_n)$$

Die maximalen Zahlungsbereitschaften der Teilnehmer sind streng positiv, während die Nichtteilnehmer nicht bereit sein werden, Geld zu bezahlen. Das bedeutet:

(6.10) $$MZB_n > 0 \text{ oder } MZB_n = 0$$

Steht ein Individuum dem Projekt indifferent gegenüber, hat die Höhe des Gebots keine Bedeutung für ihn, da er stets mit „Nein" auf alle Gebote antworten wird. Mit Hilfe einer Indikatorvariablen

(6.11) $$\varpi = \begin{cases} 1 & \text{für einen Teilnehmer des Projekts} \\ 0 & \text{für einen Nichtteilnehmer des Projekts,} \end{cases}$$

läßt sich das Antwortverhalten formal beschreiben. Übersteigt der monetarisierte Nutzengewinn aus dem Umweltprojekt das geforderte Gebot, wird ein Befragter mit „Ja" antworten. Er kann jedoch aus zwei Gründen heraus mit „Nein" antworten: Zum einen dann, wenn er Teilnehmer des Projekts ist und sein monetarisierter Nutzengewinn unter dem geforderten Geldbetrag b_n liegt. Zum anderen dann, wenn er Nichtteilnehmer ist und demnach keinen Nutzen aus dem Projekt zieht. Somit gilt:

(6.12a) $$\text{Antwort} = \text{„Ja"}, \text{ wenn } v^{\#}(z^1, y - b_n, s_n) \geq v^{\#}(z^0, y, s_n) \wedge \varpi = 1$$

sowie:

$$\text{(6.12b)} \qquad \text{Antwort} = \text{„Nein"}, \text{ wenn} \begin{cases} v^*(z^1, y - b_n, s_n) < v^*(z^0, y) \wedge \varpi = 1 \\ \\ \varpi = 0 \end{cases}$$

Ein systematischer Anteil an Indifferenz gegenüber dem Projekt ist äquivalent dazu, daß an der Stelle $b^* = 0$ ein diskreter Anteil, γ, der Wahrscheinlichkeitsmasse konzentriert ist. Daher ist die marginale Wahrscheinlichkeit dafür, daß eine beliebig angesprochene Person zum Gebot $b_n = 0$ mit „Ja" antwortet, durch

$$\text{(6.13)} \qquad \Pr\{\text{„Ja"} \mid b^* = 0\} = \gamma, \qquad 0 < \gamma < 1$$

gegeben. Die Verteilung der maximalen Zahlungsbereitschaften besitzt an der Stelle Null einen "Spike" [Hanemann / Kriström (1995, S. 71)].

Für Nichtteilnehmer ist die Wahrscheinlichkeit, zur Forderung von $b_n = 0$ mit „Ja" zu antworten, gleich Eins:

$$\text{(6.14)} \qquad \Pr\{\text{„Ja"} \mid b^* = 0 \wedge \varpi = 0\} = 1$$

Umgekehrt bewerten die $100 \cdot (1 - \gamma)$ % Teilnehmer das Projekt positiv, so daß für diese Personen auch der Kompensierende Surplus streng positiv ist. Für sie gilt:

$$\text{(6.15)} \qquad \Pr\{\text{„Ja"} \mid b^* > 0 \wedge \varpi = 1\} = 1 - G^+_{MZB}(b^*),$$

wobei $G^+_{MZB}(b^*)$ eine auf dem Intervall $(0, y^{var}]$ definierte Teilfunktion der Verteilungsfunktion der maximalen Zahlungsbereitschaften ist. Die Unstetigkeitsstelle in der Verteilung entsteht an der Stelle $b^* = 0$.

An und Ayala (1996a) spezifizieren zur ökonometrischen Modellierung dieses Antwortverhaltens eine „gemischte Verteilung", die an der Stelle Null einen Spike hat. Die Bezeichnung „gemischte Verteilung" resultiert daraus, daß der eine Teil der Wahrscheinlichkeitsmasse stetig zwischen 0 und y^{var} verteilt ist. Für Werte $0 < b^* \leq y^{var}$ ist der auf diesem Intervall definierte Teil der Verteilungsfunktion der maximalen Zahlungsbereitschaften, $G^+_{MZB}(b^*)$, stetig. Der diskrete Teil der Wahrscheinlichkeitsmasse, γ, ist am Spike konzentriert.

$G^{+}_{MZB}(b^{*})$ symbolisiert damit die Verteilung der maximalen Zahlungsbereitschaften unter der Voraussetzung, daß die Personen Teilnehmer des Projekts sind:

$$(6.16) \qquad \Pr\{\text{„Nein"} \mid \varpi = 1\} = G^{+}_{MZB}(b^{*})$$

Die Wahrscheinlichkeit einer „Nein"-Antwort zu einem positiven Gebot setzt sich aus zwei Termen zusammen: Erstens aus der Wahrscheinlichkeit γ, daß eine befragte Person Nichtteilnehmer des Projekts ist, die multipliziert wird mit der bedingten Wahrscheinlichkeit einer „Nein"-Antwort, die wegen (6.14) gleich 1 ist. Und zweitens aus der Wahrscheinlichkeit für eine „Nein"-Antwort unter der Voraussetzung, daß eine befragte Person Teilnehmer des Projekts ist. Das vollständig spezifizierte Modell mit Verteilungsfunktion $G_{MZB}(b^{*})$ lautet:

$$(6.17) \qquad G_{MZB}(b^{*}) = \begin{cases} 0 & \text{für } b^{*} < 0 \\ \gamma & \text{für } b^{*} = 0 \\ \gamma + (1-\gamma) \cdot G^{+}_{MZB}(b^{*}) & \text{für } 0 < b^{*} \leq y^{var} \end{cases}$$

Die Verteilungsfunktion der maximalen Zahlungsbereitschaften kann nicht absolut stetig sein, da sie diskrete Masse an der Stelle $b^{*} = 0$ besitzt.

6.3.3 Projekte mit Gewinnern, Indifferenten und Verlierern

Im dritten Fall gibt es neben Gewinnern und indifferenten Personen auch Projektverlierer. Dieser Fall wird nur der Vollständigkeit halber erwähnt, da er bei dem im nächsten Kapitel behandelten wohlfahrtserhöhenden Projekt nicht auftritt.

Ein Beispiel für ein umweltverbesserndes Projekt, das gleichzeitig Nutzenverluste hervorruft, liefern Lockwood et al. (1994). Sie untersuchen, ob ein „intrinsischer Produktionswert" für eine traditionelle Bewirtschaftung von Wäldern durch die australische Urbevölkerung existiert.[50] Der Wert des bloßen Bewirtschaftens

---

[50] Die Autoren (S. 147) charakterisieren einen „intrinsischen Produktionswert" mit den Worten: *"A nonmarket WTP of this kind may derive from a conviction that natural resources must be used and not "wasted", even if doing so confers no direct market economic advantage either to society or to particular individuals. It may also relate to the value people place on traditional use of an area, regardless of the outputs from this use."*

von Wäldern könne verlorengehen, wenn bestimmte Reservate so unter Naturschutz gestellt würden, daß eine Bewirtschaftung nicht mehr gesichert sei. Die Autoren empfehlen, die durch die mögliche Errichtung eines Naturreservates verlorenen intrinsischen Produktionswerte als Opportunitätskosten des Umweltschutzes in der Nutzen-Kosten-Analyse zu berücksichtigen. Hierzu sind folgende Projekteffekte zu modellieren:

(6.18) $$v^{\#}(z^1, y, s_n) > v^{\#}(z^0, y, s_n) \text{ oder } v^{\#}(z^1, y, s_n) = v^{\#}(z^0, y, s_n) \text{ oder}$$
$$v^{\#}(z^1, y, s_n) < v^{\#}(z^0, y, s_n)$$

Nun ist auch mit negativen Zahlungsbereitschaften zu rechnen, da es neben Gewinnern und indifferenten Personen auch Verlierer des Projekts gibt. Wieder sind die maximalen Zahlungsbereitschaften für die Gewinner streng positiv und für die Nichtteilnehmer des Projekts gleich Null. Die Verlierer des Projekts werden hingegen eine minimale Akzeptanzbereitschaft (MAB) für die Umweltänderung äußern. An Personen, für die MZB < 0 gilt, sind daher Fragen nach ihren minimalen Kompensationsforderungen als Entschädigung für die durch das Umweltprojekt induzierten Nutzenverluste zu richten. Es gilt daher:

(6.19) $$MZB_n < 0 \text{ oder } MZB_n = 0 \text{ oder } MZB_n > 0$$

An ein ökonometrisches Modell hierfür müssen drei Forderungen gestellt werden: Es muß erstens die Höhe der maximalen Zahlungsbereitschaften für die Gewinner des Projekts, für die $MZB_n > 0$ gilt, ebenso bestimmt werden können wie zweitens die Höhe der Kompensationsforderungen der Verlierer, für die $MZB_n < 0$ gilt. Drittens muß der Anteil an indifferenten Personen, für die $MZB_n = 0$, ermittelbar sein.

Die Restriktionen werden idealerweise in ein Modell eingeführt, indem die Gruppe der Projektverlierer ebenso modelliert werden, wie die Gruppe der dem Projekt indifferent gegenüber eingestellten Personen sowie die Gruppe der Projektgewinner. Damit wird der heterogenen Verteilung der projektinduzierten Nutzenwirkungen Rechnung getragen.

Die der Gruppe der Projektverlierer zuzurechnenden Personen werden Nutzenverluste erleiden und daher eine Entschädigung fordern. Da für diese Personen MZB < 0 gilt, sollte deren MAB für die Vermeidung der Umweltänderung als Äquivalenter Surplus, ES_{MAB}, gemessen werden (vgl. für die Definition des ES_{MAB} Tabelle 2.1). Für die Gruppe der dem Projekt gegenüber indifferent eingestellten Personen ist sowohl der Äquivalente, als auch der Kompensierende Surplus gleich Null. Für die Projektgewinner hingegen ist der Kompensierende Surplus positiv.

Ein mögliches Befragungsschema für solch ein Projekt ist in Abb. 6.1 skizziert.

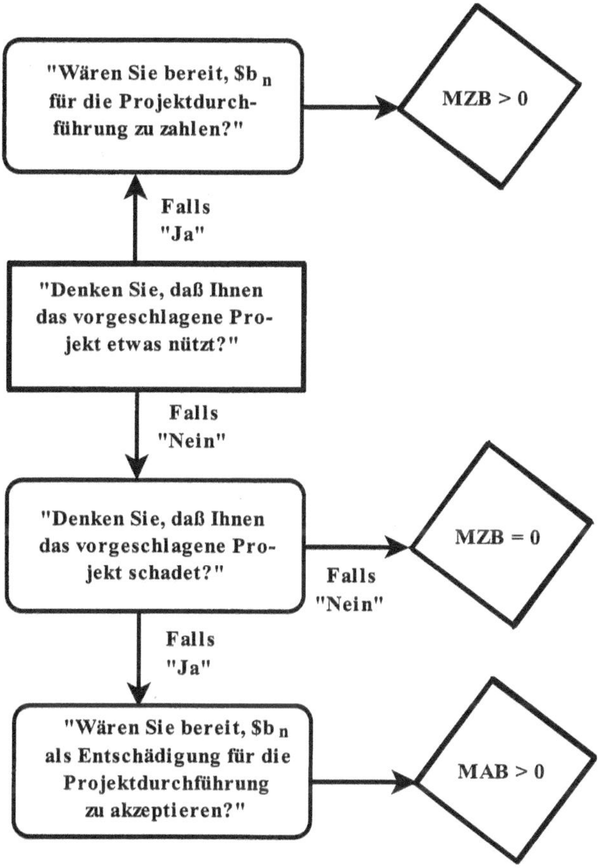

Abb. 6.1 Befragungsschema bei einem Projekt mit Gewinnern, Indifferenten und Verlierern

In Abschnitt 2.6 wurde auf die auftretenden Diskrepanzen zwischen Zahlungs- und Akzeptanzbereitschaften hingewiesen. Daher ist zu vermuten, daß für $b^* > 0$ eine andere Verteilung der Zufallsvariablen vorliegt als für $b^* < 0$ und auch eine andere Verteilung als für $b^* = 0$. Daher ist zwischen einer Verteilung der maximalen Zahlungs- und einer Verteilung der minimalen Akzeptanzbereitschaften zu unterscheiden und zusätzlich Indifferenz zu modellieren. Hanemann / Kanninen (1996, S. 19 f.) formulieren eine gemischte Verteilung, die geeignet ist, dieses Antwortverhalten zu beschreiben. Praktische Anwendungen hierfür sind mir jedoch nicht bekannt.

6.4 Projektwirkungen und Wohlfahrtsmessung

Die zu verwenden Wohlfahrtsmaße sind in Abhängigkeit von den Projektwirkungen zu wählen. Dabei sind die dem Modellen auferlegten Restriktionen zu berücksichtigen.

6.4.1 Der unbeschränkte Mittelwert

Der unbeschränkte, marginale Mittelwert wird als Erwartungswert der Verteilung der maximalen Zahlungsbereitschaften berechnet und ist ein mögliches Wohlfahrtsmaß. Obwohl der Ausdruck „Mittelwert" für den Erwartungswert einer Zufallsvariablen ungenau ist, wird dieser Begriff beibehalten.[51] Es handelt sich um einen *marginalen* Mittelwert, da der Einfluß sämtlicher erklärender Variablen und ihrer Ausprägungen in die Berechnung Eingang findet [Park / Loomis (1992, S. 171)]. Ein *bedingter* Mittelwert hingegen ist abhängig vom Einfluß einer oder mehrerer erklärender Stratifizierungsvariablen. Er berechnet sich beispielsweise für eine bestimmte Altersgruppe der befragten Personen oder für eine ausgewählte Einkommenskategorie [s. Cameron (1988, S. 366)].

Der *marginale Mittelwert* in der Notation des additiven Nutzendifferenzenmodells aus Abschnitt 5.2 erfüllt gerade die Bedingung:

$$(6.20) \qquad v^{\circ}(z^1, \bar{y} - MZB_n, \bar{s}, \varepsilon_1^{\circ}(s)) = v^{\circ}(z^0, \bar{y}, \bar{s}, \varepsilon_0^{\circ}(s))$$

Der Erwartungswert einer stetigen Dichtefunktion der maximalen Zahlungsbereitschaften, $g_{MZB}(b^*)$, mit zugehöriger Verteilungsfunktion, $G_{MZB}(b^*)$, liefert eine Schätzung für die repräsentative MZB. Er ist wie folgt definiert:

---

[51] Die Verwendung des Begriffs läßt sich damit rechtfertigen, daß der Erwartungswert als „das Pendant zum Mittelwert relativer Häufigkeitsverteilungen" aufgefaßt werden kann [Maier / Weiss (1989, S. 69)].

$$(6.21) \qquad E[MZB_n] \equiv \int_{b^*=-\infty}^{\infty} [b^* \cdot g_{MZB}(b^*)] \, db^*$$

Daraus folgt aus partieller Integration [Johansson et al. (1989, S. 1054)]:[52]

$$(6.22) \qquad E[MZB_n] = \int_{0}^{\infty} [1 - G_{MZB}(b^*)] \, db - \int_{-\infty}^{0} G_{MZB}(b^*) \, db^*$$

Dieser Ausdruck ist wegen (5.26) und (5.27) äquivalent zu einer Berechnung des Erwartungswertes über Nutzendifferenzen:

$$(6.23) \qquad E[MZB_n] = \int_{0}^{\infty} F_\varepsilon[\Delta v(b^*)] \, db^* - \int_{-\infty}^{0} [1 - F_\varepsilon[\Delta v(b^*)]] \, db^* .$$

Für viele Verteilungen von ε sind die Integrale nur numerisch lösbar.

In (6.21) variiert b^* von $(-\infty)$ bis $(+\infty)$. Diese Eigenschaften sollte einer Verteilungsfunktion der maximalen Zahlungsbereitschaften dann auferlegt werden, wenn ein Umweltprojekt manchen Personen Vorteile, anderen jedoch Nachteile erbringt.

Eine plausible obere Grenze für die MZB eines Individuums ist jedoch gemäß (6.2) das variable Einkommen. Damit ist die obere Integrationsgrenze in (6.22) bzw. in (6.23) ein repräsentativer Wert für das variable Einkommen in der Grundgesamtheit. Sie ist nicht unendlich. Welche untere Grenze für die MZB angelegt werden sollte, hängt wiederum davon ab, welcher der drei in Abschnitt 6.1 diskutierten Fälle behandelt wird.

6.4.2 Perzentilmaße und der Median

Der mit einem bestimmten Perzentil P der Verteilung der maximalen Zahlungsbereitschaften verbundene Betrag wird mit b^P bezeichnet. Das P-te Perzentil der Verteilung der maximalen Zahlungsbereitschaften berechnet sich allgemein zu [Hanemann / Kanninen (1996, S. 19)]:

$$(6.24) \qquad Pr\{\text{„Ja“} \mid b^P\} = F_\varepsilon[\Delta v(b^P)] = 1 - G_{MZB}(b^P) = P$$

---

[52] Man beachte, daß gilt: $\partial[G_{MZB}(b^*)]/\partial b^* = g_{MZB}(b^*)$.

(6.24) kann wegen der strengen Monotonie der Verteilungsfunktionen nach b^P invertiert werden, so daß sich der *Wert des Pezentilmaßes*, b^P, wie folgt berechnet:

$$(6.25) \qquad [F_\varepsilon[\Delta v(b^P)]]^{-1} = [1 - G_{MZB}(b^P)]^{-1} = b^P$$

b^P gibt den Betrag an, den gerade noch P Prozent der Bevölkerung bereit sein werden für das geplante Projekt zu zahlen. Der Kompensierende Surplus an der Stelle des P-ten Perzentils der Verteilung der maximalen Zahlungsbereitschaften, CS^P_{MZB}, ist für beliebige $0 < P < 1$ an der Stelle b^P berechenbar.

Hanemann (1984) schlägt beispielsweise den *Median* der Verteilung der maximalen Zahlungsbereitschaften als repräsentativen Wert der MZB vor. Dieser entspricht gerade dem Perzentil P = 0,5, welchem der Betrag $b^P = b^{0,5}$ zugeordnet ist.

An der Stelle des Medians ist sowohl $Pr\{MZB \geq CS^{0,5}_{MZB}\} \leq 0{,}5$ als auch $Pr\{MZB < CS^{0,5}_{MZB}\} \leq 0{,}5$. Der Median liefert gerade den Geldbetrag, dem 50 Prozent der Bevölkerung zustimmen und den ebenso 50 Prozent ablehnen würden. Der Median der maximalen Zahlungsbereitschaften ist somit gleich dem Betrag, an dem ein repräsentatives Individuum gerade indifferent ist zwischen einer Projektannahme und einer Projektablehnung, so daß Pr{„Nein“} = Pr{„Ja“} = 0,5 gilt. Er erfüllt daher die Bedingung [Hanemann (1985b, S. 17)]:

$$(6.26) \qquad Pr\{v(z^1, \bar{y} - b^{0,5}_n, \bar{s}) \geq v(z^0, \bar{y}, \bar{s})\} = 0{,}5$$

Der Median berechnet sich somit gemäß (6.25) zu:

$$(6.27) \qquad F_\varepsilon[\Delta v(b^{0,5})]^{-1} = [1 - G_{MZB}(b^{0,5})]^{-1} = b^{0,5}$$

Da links und rechts des Medians jeweils die Hälfte der gesamten zu verteilenden Wahrscheinlichkeitsmasse liegt, bewirken einzelne extreme Beobachtungen in großen Stichproben keine bedeutenden Änderungen des Medians. Daher ist der Median relativ robust sowohl gegenüber Fehlspezifikationen von Verteilungen, als auch gegenüber Ausreißern.

6.4.3 Zensierung der Verteilung an der Stelle Null

Eine Zensierung bewirkt, daß der zensierte Teil der Wahrscheinlichkeitsmasse im Zensierungspunkt zusammengefaßt wird, so daß eine gemischten Verteilung entsteht [Ready / Hu (1995, S. 491)]). Ein konkreter Wert aus dem zensierten Bereich der Verteilung ist nicht mehr beobachtbar, man weiß nur, daß der Wert aus dem zensierten Bereich stammen muß.[53] Durch eine Zensierung an der Stelle $b^* = 0$ wird der Verlauf der Verteilungsfunktion nicht geändert, sondern an der Zensierungsstelle nur unstetig unterbrochen. Eine Zensierung der Verteilung der maximalen Zahlungsbereitschaften an der Stelle Null vermeidet das Problem, daß diese von der negativen reellen Zahlenachse unterstützt wird. Somit werden keine negativen maximalen Zahlungsbereitschaften für umweltverbessernde Projekte ermittelt.

Der an der Stelle Null zensierte Mittelwert sollte nur verwendet werden, wenn die Bedingung

(6.28) $$\Pr\{\text{„Ja“} \mid b^* < 0\} = 0$$

auch tatsächlich erfüllt ist, wenn also für alle Befragten $MZB_n \geq 0$ gilt. Zensiert man die Verteilung an der Stelle Null und integriert sie bis unendlich, erhält man die folgenden Restriktionen für die Verteilung der maximalen Zahlungsbereitschaften, $G_{MZB}(b^*)$:

(6.29) $$\lim_{b^* \to 0} G_{MZB}(b^*) = 0 \quad \text{und} \quad \lim_{b^* \to \infty} G_{MZB}(b^*) = 1$$

Der *an der Stelle Null zensierte Mittelwert* ist dann wegen (6.22):[54]

(6.30) $$E[MZB_n] = \int_{b^*=0}^{\infty} [1 - G_{MZB}(b^*)]\, db^*$$

6.4.4 Zensierung der Verteilung am höchsten Gebot

Bateman et al. (1995, S. 177) rechtfertigen die nach oben unbeschränkte Integration in (6.21) damit, daß die befragten Individuen mit „Ja“-Antworten auf Referendumsfragen nicht ihre maximale Zahlungsbereitschaften offenbarten; jene lä-

---

[53] Zensierte Verteilungen werden in der Literatur häufig fälschlicherweise als gestutzte Verteilungen bezeichnet [z. B. Ready / Hu (1995); Haab / McConnell (1998)]. Der Umstand, daß Stutzung etwas völlig anderes bedeutet, wie in 6.4.5 erläutert wird, führt zu einiger Verwirrung in der Literatur.

[54] Die Formulierung über die Verteilung der Nutzendifferenzen wird im folgenden vernachlässigt.

gen im allgemeinen über den zugestimmten Geboten. Eine Wahl eines Zensierungspunkts am oberen Ende der Verteilungsfunktion, b^{oben}, die zu

$$(6.31) \qquad \lim_{b^* \to b^{oben}} G_{MZB}(b^*) = 1, \quad \text{mit } b^{oben} \neq \infty,$$

führt, ist wegen dem endlichen Einkommen der Befragten ökonomisch plausibel. Ein repräsentativer Wert für das variable Einkommens kann jedoch nicht beobachtet werden. Da zudem die - ebenfalls nicht beobachtbaren - Präferenzen über die Individuen variieren, muß die Festlegung eines oberen Zensierungspunktes als empirisch nicht lösbares Problem betrachtet werden [Duffield / Patterson (1991, S. 227)].

Ein erster praktikabler Ansatz zur Zensierung der Verteilung der maximalen Zahlungsbereitschaften am oberen Ende beruht darauf, das höchste beobachtbare Gebot, b^{max}, dem noch zugestimmt wurde, als Zensierungspunkt zu wählen [z. B. Hanemann / Kriström (1995, S. 74)]. Bei diesem Vorgehen beruht die Auswertung der Umfrageergebnisse nur auf beobachtbaren Geboten. Von der NOAA-Kommission wird eine konservative Schätzung gefordert [s. Arrow et al. (1993, S. 4608)], und eine konservative Schätzung sollte nur in Ausnahmefällen auf nicht tatsächlich beobachteten Daten beruhen.

Aus der Zensierung der Verteilung der maximalen Zahlungsbereitschaften am höchsten Gebot ergibt sich der *am höchsten Gebot zensierten Mittelwert*:[55]

$$(6.32) \qquad E[MZB_n] = \int_{b^*=0}^{b^{max}} [1 - G_{MZB}(b^*)] \, db^*$$

Handelt es sich bei $G_{MZB}(b^*)$ nicht um eine Verteilung, die auf dem gesamten reellen Zahlenbereich definiert ist, wird die Verteilung doppelt zensiert, einmal von links am Nullpunkt und einmal von rechts an der Stelle b^{max}. Der Einfluß der linkszensierten Beobachtungen wird im Nullpunkt und der Einfluß der rechtszensierten Beobachtungen an der Stelle b^{max} diskret konzentriert. Auf die Höhe des zensierten Mittelwerts hat die doppelte Zensierung zwei gegenläufige Effekte:

---

[55] (6.32) läßt sich nach den Regeln der Produktintegration auch schreiben als [s. Sellar et al. (1986, S. 385)]: $E[MZB_n] = b^{max} - \int_0^{b^{max}} G_{MZB}(b^*) \, db^*$.

Während die Zensierung an der Stelle Null die repräsentative MZB erhöht, wird sie durch die Zensierung an der Stelle b^{max} gemindert.

Ein Nachteil der Zensierung an der Stelle b^{max} ist, daß b^{max} durch das exogen gegebene höchste Gebot des Gebotsdesigns, b_K, nach oben begrenzt ist. Mit der exogenen Vorgabe höherer Gebote als b_K würde man auch höhere Zensierungspunkte erhalten.

Ein weiterer Nachteil dieser Zensierungsoption ist, daß all diejenigen Personen, die in Wirklichkeit eine sehr große MZB ($\gg b^{max}$) für das in Aussicht gestellte Projekt besitzen, nicht mit ihrer vollen MZB berücksichtigt werden. Dies benachteiligt gerade diejenigen einkommensstarken Personen, denen das Projekt am meisten Wert ist.

6.4.5 Zensierung an einem Perzentil der Verteilung

Will man die Abhängigkeit der oberen Zensierungsstelle vom höchsten Gebot vermeiden, kann man alternativ den Wert der geschätzten Verteilungsfunktion an einem bestimmten Perzentil berechnen. Anschließend wird der so ermittelte Wert b^P als oberer Zensierungspunkt in (6.21) gemäß (6.25) verwendet. *Der an einem oberen Perzentil der Verteilung zensierte Mittelwert* berechnet sich zu:

$$(6.33) \qquad E[MZB_n] = \int_0^{b^P} [1 - G_{MZB}(b^*)]\, db^*$$

Die Verwendung dieses Wohlfahrtsmaßes wird damit gerechtfertigt, daß Schätzungen der repräsentativen MZB in der Regel nicht durch Zensierungspunkte beeinflußt werden, die das 99-Perzentil überschreiten [Freeman (1993, S. 199)]. Daher eignet es sich für Verteilungen, die nur langsam oder überhaupt nicht konvergieren.

Ein Nachteil der Perzentilbildung ist, daß auch maximale Zahlungsbereitschaften außerhalb des beobachtbaren Bereichs bei der Wohlfahrtsmessung berücksichtigt werden. Daher entbehrt die Perzentilbildung nicht einer gewissen Willkür.

Mit der Zensierung von Verteilungen wird die theoretische Konsistenz des Referendumsmodells aufgegeben [Haab / McConnell (1998, S. 217f.)]: Durch die Zensierung fallen Schätz- und Meßphase auseinander. Bei der Berechnung des zensierten Mittelwerts schränkt man die Verteilung der maximalen Zahlungsbereitschaften auf ein engeres Intervall ein als während der Schätzphase. Infolgedessen ist die Berechnung der Wohlfahrtsmaße statistisch und ökonomisch nicht mehr konsistent mit der Schätzung der Parameter der Verteilungsfunktion der maximalen Zahlungsbereitschaften. Zur Parameterschätzung werden Informationen verwendet - beispielsweise von Beobachtungen aus dem zensierten Bereich - die anschließend zur Berechnung des Wohlfahrtsmaßes nicht mehr benutzt werden.[56]

6.4.6 Stutzung der Verteilung

Als Alternative zur Zensierung bietet sich die Stutzung der Verteilung an, so daß die gesamte Wahrscheinlichkeitsmaße entlang des Intervalls $[0, b^{max}]$ verteilt ist.[57] Stutzt man die Verteilung sowohl an der Stelle Null als auch an der Stelle b^{max}, ist die Verteilung doppelt gestutzt. Eine gestutzte Verteilung ist absolut stetig auf dem Intervall $(0, b^{max})$, und es gilt: $\lim_{b^* \to b^{max}} G_{MZB}(b^*) = 1$.

Im Unterschied zu einer zensierten Verteilung ist die gestutzte Verteilung keine Mischverteilung mehr, sondern sie ist auf ihrem gesamten Definitionsbereich stetig. Während man bei Verwendung zensierter Verteilungen in der Lage ist, einen diskreten Teil der Wahrscheinlichkeitsmasse dem zensierten Teil der Verteilung zuzuordnen, ist dies über einen Stutzungspunkt hinaus nicht mehr möglich [Maier / Weiss (1989, S. 77)]. Realisationen über den Stutzungspunkt der Verteilung hinaus existieren annahmegemäß nicht. Ein Vorteil der Stutzung der Verteilung gegenüber der Zensierung ist, daß die Schätzphase und die Phase der Berechnung der Wohlfahrtsmaße nicht länger auseinanderfallen, da für beide Phasen dieselben Informationen benutzt werden.

---

[56] Hanemann (1989, S. 1059) plädiert andererseits dafür, die Aufgabe, ein ökonometrisches Referendumsmodell zu spezifizieren, von der Aufgabe, Wohlfahrtsmaße zu berechnen, strikt zu trennen, da dies zwei unterschiedliche ökonomische Probleme seien.

[57] Wie Ready und Hu (1995) bemerken, erfolgte die Entwicklung gestutzter Wohlfahrtsmaße aus der falschen Annahme heraus, daß sich eine zensierte Verteilung nicht zu Eins integrieren würde. Da bei einer zensierten Verteilung jedoch Wahrscheinlichkeitsmasse im Zensierungspunkt konzentriert ist, handelt es sich hierbei um eine gemischte Verteilung. Für diese sind die Regularitätsbedingungen einer Verteilungsfunktion erfüllt, so daß gilt: $G_{MZB}(b^{max}) = \lim_{b^* \to b^{max}} G_{MZB}(b^*) = 1$

Nach den Regeln der Statistik [z. B. Hafner (1989, S. 285)] ermittelt sich die Dichtefunktion der gestutzten Verteilung, $g_{MZB}^{Stu}(b^*)$, aus der Dichtefunktion der maximalen Zahlungsbereitschaften, $g_{MZB}(b^*)$, gemäß:

$$(6.34) \qquad g_{MZB}^{Stu}(b^*) = \begin{cases} \dfrac{g_{MZB}(b^*)}{\int_{b^*=0}^{b^{max}} g_{MZB}(b^*)\, db^*} & \text{für } b^* \in [0, b^{max}] \\ 0 & \text{sonst} \end{cases}$$

Daraus bestimmt sich die gestutzte Verteilungsfunktion der maximalen Zahlungsbereitschaften, $G_{MZB}^{Stu}(b^*)$, wie folgt:

$$(6.35) \qquad G_{MZB}^{Stu}(b^*) = \begin{cases} 1 & \text{für } b^* > b^{max} \\ \dfrac{G_{MZB}(b^*)}{G_{MZB}(b^{max})} & \text{für } 0^* < b \leq b^{max} \\ 0 & \text{für } b^* \leq 0 \end{cases}$$

Setzt man $G_{MZB}^{Stu}(b^*)$ anstelle von $G_{MZB}(b^*)$ in (6.32) ein, erhält man *den an der Stelle Null zensierten und an der Stelle b^{max} gestutzten Mittelwert*:

$$(6.36) \qquad E[MZB_n] = \int_{b^*=0}^{b^{max}} 1 - \frac{G_{MZB}(b^*)}{G_{MZB}(b^{max})} db^*$$

Aus (6.36) folgt:

$$(6.37) \qquad E[MZB_n] = b_{max} - \frac{1}{G_{MZB}(b^{max})} \int_0^{b^{max}} G_{MZB}(b^*)\, db^*$$

Durch die Stutzung einer Verteilung an der Stelle Null wird Wahrscheinlichkeitsmasse aus dem negativen Bereich der reellen Zahlenachse auf den positiven Bereich transferiert [Pudney (1989, S. 302f.)]. Dies ist aus ökonomischen Gründen keine wünschenswerte Eigenschaft. Denn Personen, die durch das Projekt Nutzenverluste erleiden und somit eine Kompensation für das Projekt erhalten wollen, werden den Personen zugerechnet, die Nutzengewinne verzeichnen, die also bereit sind, Geld für das Projekt zu zahlen. Umgekehrt wird bei einer Stutzung am oberen Ende der Verteilung die über dem maximalen Gebot liegende

Wahrscheinlichkeitsmasse gleichmäßig auf die niedrigeren Gebote verteilt. Die Wahrscheinlichkeit für eine „Nein"-Antwort wird dadurch systematisch überschätzt [Ready / Hu (1995, S. 496)]. Man erhält demnach eine konservativere Schätzung der repräsentativen MZB, als dies aufgrund der Datenlage zu erwarten wäre.

Durch die Stutzung wird darüber hinaus das gesamte haushaltstheoretische Modell transformiert und nicht nur die Zufallsvariable. Somit können für das gestutzte Modell keine theoretisch konsistenten Nutzendifferenzen mehr gefunden werden [Hanemann / Kanninen (1996, S. 11)].

7 Die Albermale-Pamlico-Studien

7.1 Charakterisierung

In der Albermale-Pamlico-Untersuchung werden Verbesserungen der Umwelt- und Wasserqualität in den Albermale- und Pamlico-Sunds in North Carolina (USA) bewertet. Die Daten dieser Studie entstammen einer 1995 von einem professionellen Meinungsforschungsinstitut, dem Survey Research-Labor, durchgeführten Telephonumfrage der East Carolina Universität. Diese Studie ergänzt eine 1993 durchgeführte Telephonumfrage, die sich allein auf den Pamlico-Sund konzentrierte. Telephonumfragen schneiden nach vielen Kriterien nicht schlechter ab als persönliche Umfragen, wenn die Befragten bereits hinreichend über die Ziele der Umfrage informiert sind [s. Schwarz et al. (1991)]. So existieren zu Telephonumfragen in der Praxis bewährte Handlungsanleitungen zur Minimierung von verzerrenden Einflüssen [s. Groves et al. (1988)]. Die NOAA-Kommission zieht hingegen persönliche Umfragen Telephonsurveys vor [Arrow et al. (1993, S. 4611)].

Für diese Umfrage existieren zwei Versionen: Die erste Version (Version P) konzentriert sich auf die Bewertung einer Qualitätsverbesserung am Pamlico-Sund, die mit Hilfe privater Gelder finanziert werden soll. Die zweite Version (Version AP) bezieht neben dem Pamlico-Sund auch den Albermale-Sund in die Bewertung mit ein.[58]

Von den kontaktierten Haushalten beantworteten 1.077 Personen die Fragen vollständig, was nach Angaben der Urheber der Studie einer Rücklaufquote von 75 % entspricht. Das demographische Profil der befragten Haushalte unterscheidet sich nicht signifikant von der übrigen Bevölkerung North Carolinas. Neben Fragen zu Einstellungen zur Umwelt und dem mit den Sunds in Zusammenhang stehenden Freizeitverhalten wurden die zentralen Fragen nach der Zahlungsbereitschaft für

[58] Die Verwendung der Datensätze für diese Arbeit erfolgt mit freundlicher Zustimmung des Urhebers der Studien, Prof. Dr. John Whitehead, East Carolina University [Whitehead / Huang (1997)]. Eine vollständige Beschreibung der Datensätze zu den beiden Studien sowie eine Kopie der Daten kann von John Whiteheads Homepage angefordert werden (http://personal.ecu.edu/whiteheadj/data/). Unter http://personal.ecu.edu/whiteheadj/ wird auf Publikationen Whiteheads verwiesen. Zu der in 1995 durchgeführten Umfrage sind mir noch keine Veröffentlichungen bekannt.

eine Verbesserung der Wasserqualität am Pamlico-Sund bzw. an beiden Sunds auf das Niveau der Wasserqualität im Jahre 1981 gestellt.

Das Haushaltseinkommen wurde von den Urhebern der Studie als kategoriale Größe erfaßt. 12 % der Haushalte verdienten weniger als $10.000 und zwischen $10.001 und $15.000. 11 % verdienten zwischen $15.001 und $20.000, 10 % zwischen $20.001 und $25.000, 10 % zwischen $25.001 und $30.000, 24 % zwischen $30.001 und $50.000, 12 % zwischen $50.001 und $75.000 sowie 5 % mehr als $75.001. Die Einkommensniveaus wurden in der Mitte der Einkommensintervalle kodiert, wobei das obere Intervall mit $85.000 festgelegt wurde. Diese Vorgehensweise zur Kodierung der Einkommensvariablen ist durchaus üblich. Jedoch wird in angewandten KEM-Studien in aller Regel die Einkommensvariable als stetig aufgefaßt, um die Interpretation der Ergebnisse zu erleichtern.[59] Dieser Vorgehensweise schließe ich mich im folgenden dort, wo die Einkommensvariable explizit in das Modell aufgenommen wird, an.

Als Befragungsformat wurde die doppelt-begrenzte Referendumsmethode gewählt. Das Gebotsdesign ist für beide Studien identisch. Das Zahlungsinstrument ist eine Kombination aus höheren Steuern und Preisen. Die Implementierung der höheren Wasserqualität soll von einer härteren Umweltgesetzgebung begleitet werden. Die erste Referendumsfrage für die Pamlico-Studie lautet:[60] "*State Government would need more tax money to enforce these tougher pollution control laws. Tougher pollution control laws would also mean higher consumer prices. It would cost you and your household about $[pt1], each year, in higher prices and taxes. Remember, the goal would be to restore water quality and fish and wildlife habitat to 1981 levels in the Pamlico Sound only, other water bodies and wildlife habitat areas would not be affected. Would you be willing to pay $[pt1], each year out of your own household budget, in higher prices and taxes?*"

Das Gebotsdesign der einfachen Befragung ergibt sich aus den Geboten der Menge pt1, $pt1 \in \{\$100, \$200, \$300, \$400\}$, wobei "pt" für "price and tax increase" steht. Wurde das erste Gebot bejaht, wurde es für die zweite Frage verdoppelt; wurde das erste Gebot verneint, wurde es für die zweite Frage halbiert. Die zweite Frage nach der Zahlungsbereitschaft lautete unter Berücksichtigung der zweiten Gebote pt2: "*Would you be willing to pay $[pt2] each year?*" 31 %

---

[59] Siehe u. a. die Studie von Jakobsson und Dragun (1996) für diese Vorgehensweise.

[60] In der zweiten Version wurde lediglich das Wort „Pamlico“ durch „Albermale-Pamlico“ ersetzt.

der Befragten beantworteten die erste Frage und 21 % die zweite Frage mit „Ja“. 60 % beantworteten die erste und 67 % die zweite Frage mit „Nein“.

Den Befragten wurde eine „Weiß nicht“-Option explizit angeboten. Auf die erste Frage nach der Zahlungsbereitschaft antworteten insgesamt 9 % der Befragten mit „Weiß nicht“, auf die zweite Frage hin wählten 12 % der Befragten diese Option. „Weiß nicht“-Stimmen wurden von den Projektdurchführern als solche kodiert. Eine „keine Antwort“-Option wurde den Befragten hingegen nicht explizit offeriert, so daß keine Personen identifiziert werden können, die sich nicht äußern wollten. Jedoch wurden vereinzelte Fragen nicht beantwortet, so daß über diese Personen Beobachtungen vorliegen.

Eine Surveyversion ist charakterisiert durch die Menge an Geboten, die einem Befragten angeboten werden können. Das Gebotsdesign der Referendumsstudie läßt sich in vier - im folgenden mit A, B, C und D bezeichnete - Surveyversionen unterteilen.

Tabelle 7.1 Aufbau der Albermale-Pamlico-Studie (1995)

1. Gebot (Surveyversion	**1. Antwort**	**2. Gebot**
$100	**„Ja“**	**$200**
(A)	**„Nein“**	**$50**
$200	**„Ja“**	**$400**
(B)	**„Nein“**	**$100**
$300	**„Ja“**	**$600**
(C)	**„Nein“**	**$150**
$400	**„Ja“**	**$800**
(D)	**„Nein“**	**$200**

Das Design der einfachen Befragung führt zu dem in Tabelle 7.1 dargestellten Gebotsaufbau für die doppelte Befragung. So enthalten die vier Surveyversionen A = {\$50, \$100, \$200}, B = {\$100, \$200, \$400}, C = {\$150, \$300, \$600} und

D = {\$200, \$400, \$800} jeweils das Anfangsgebot und die Folgegebote der zweiten Fragerunde. Z. B. ist der Aufbau von Surveyversion A wie folgt zu lesen: Das einem Befragten zuerst unterbreitete Gebot ist \$100. Antwortet der Befragte auf dieses Gebot mit „Ja", wird ihm in der zweiten Fragerunde der gegenüber dem ersten Gebot doppelt so hohe Betrag, im Falle einer „Nein"-Antwort der um die Hälfte reduzierte Betrag angeboten. Die Surveyversionen werden zur Menge $\boldsymbol{S}$ = {A, B, C, D} zusammengefaßt.

Das Gebotsdesign folgt dabei den in Abschnitt 3.4 erläuterten Empfehlungen für theoretisch optimale Designs. Dort wird für eine Anwendung der doppelten Referendumsmethode der Einsatz von nicht mehr als vier Surveyversionen empfohlen.

Die maximalen Zahlungsbereitschaften der Befragten lassen sich den in Tabelle 7.2 dargestellten Intervallen zuordnen. Eine doppelte Verneinung der Fragen ist darin mit NN, eine doppelte Bejahung mit JJ, eine Bejahung der ersten und Verneinung der zweiten Frage mit JN und umgekehrt eine Verneinung der ersten und Bejahung der zweiten Frage mit NJ symbolisiert.

Tabelle 7.2 Theoretische Intervalle der maximalen Zahlungsbereitschaften

Surveyversion	**NN**	**NJ**	**JN**	**JJ**
A	-∞-\$50	\$50-\$100	\$100-\$200	\$200-∞
B	-∞-\$100	\$100-\$200	\$200-\$400	\$400-∞
C	-∞-\$150	\$150-\$300	\$300-\$600	\$600-∞
D	-∞-\$200	\$200-\$400	\$400-\$800	\$800-∞

7.2 Verwendung des Datensatzes

Der verfügbare Datensatz wird in unterschiedlichem Ausmaß in Anspruch genommen. Es wird in den einzelnen Untersuchungen stets darauf hingewiesen werden, welche Daten verwendet werden, wie diese kodiert sind und welche Antworten berücksichtigt werden. Es kann jedoch nicht das Ziel dieser Arbeit sein, ein Urteil über die repräsentative maximale Zahlungsbereitschaft für die konkreten Bewertungsobjekte zu fällen. Hierzu sind mehr Hintergrundinformationen über das Projekt und die Form der Datenerhebung notwendig, als zur

Verfügung steht. Ziel der Ausführungen ist es jedoch, exemplarisch verschiedene Versionen der Referendumsmethode vorzustellen, deren Annahmen zu erläutern, die Modelle aufzustellen und ökonometrisch zu schätzen sowie geeignete Wohlfahrtsmessungen abzuleiten. Ferner werden die Ergebnisse interpretiert, miteinander verglichen und auf Konsistenz getestet.

Als Proteststimmen wurden Antworten derjenigen Personen gewertet, die auf beide Fragen mit „Nein“ oder mit „Weiß nicht“ antworteten und als Begründung hierfür entweder angaben, daß andere für die Umweltverbesserung zahlen sollten *("polluters should pay")*, oder daß ein generelles Mißtrauen dem hypothetischen Markt gegenüber entgegengebracht wurde *("I don't like hypothetical questions"; "I don't think the laws will be effective", "I don't trust the government")*. Personen, die inkonsistente Antworten angaben, indem sie z. B. selbst eine geringes Gebot zurückwiesen, obwohl sie zuvor ein großes Interesse an den Sunds gezeigt und große Besorgnis über deren Zustand geäußert hatten, wurden ebenfalls als Protestierende aufgefaßt.

Des weiteren kennzeichneten die Urheber der Studie diejenigen Personen, die als Gründe für ihre Äußerung die „Unterstützung einer guten Sache“ im weitesten Sinne *("it is the right thing to do"; "it sounds like a good cause")* angaben, als Ausreißer. Ausreißer und Proteststimmen wurden von den Urhebern der Studie „geflaggt“; d. h., sie wurden also solche durch Einführung einer weiteren Variable kenntlich gemacht. Proteststimmen und Ausreißer werden aus weiteren Untersuchungen generell ausgeschlossen. Für eine detailliertere Betrachtung zur Behandlung von Proteststimmen in KEM-Studien sei auf die Arbeit von Jorgensen et al. (1999) verwiesen.

Eine Vorauswahl über die verwendeten Variablen wurde mit Hilfe schrittweiser Regressionen getroffenen. Schrittweise Prozeduren haben den Nachteil, daß sie allein auf statistischen Effizienzkriterien beruhen und nicht auf ökonomisch motivierten Überlegungen. Dennoch werden schrittweise logistische Regressionen in angewandten KEM-Studien auch bei der Auswertung der in Hauptbefragungen erhobenen Daten eingesetzt [z. B. Jakobsson / Dragun (1996)].

Eine Variable wurde in die Datenanalyse einbezogen, wenn sie den in 8.1.3 erläuterten statistischen Gütekriterien genügte. Dabei wurde stets überprüft, ob die ausgeschlossenen Variablen in den einzelnen Anwendungen signifikant waren, was jedoch nie der Fall gewesen ist. In Tabelle 7.3 sind die in die Analysen einbezogenen Variablen dargestellt.

In empirischen Anwendungen werden ordinalskalierte Variablen mit mehreren qualitativen Ausprägungen in der Regel als stetige Variablen aufgefaßt [z. B.

Pate / Loomis (1997, S. 201); Hadker et al. (1997, S. 112f.)]. Theoretisch der richtige Weg wäre es jedoch, für jede ordinale Ausprägung abzüglich einer Referenzkategorie eine Dummy-Variable zu formulieren, die den Wert 1 annimmt, wenn diese Ausprägung der ordinalen Variablen auftritt und den Wert 0 sonst. Diese Dummy-Variablen sind dann relativ zu der Referenzvariablen zu interpretieren. Diese Vorgehensweise erhöht die Anzahl der zu schätzenden Koeffizienten allerdings erheblich, da für jede im Modell verwendete Dummy-Variable ein Parameter zu schätzen ist [Hosmer / Lemeshow (1989, S. 47 ff.)]. Dies erschwert jedoch die Parameterinterpretation unnötig und beeinträchtigt den Blick auf das hier ins Auge gefaßte Ziel der Präsentation der methodischen Vorgehensweise der Referendumsmethode.[61] Die in Tabelle 7.3 eingeführte Kodierung für die ordinalen Variablen wird daher beibehalten; die ordinalen Variablen werden jedoch als stetig aufgefaßt.

In den Untersuchungen werden des weiteren Fälle ausgeschlossen, in denen für mindestens eine im Modell verwendete endogene oder exogene Variable keine Beobachtung vorliegt.

Die deskriptiven Statistiken für die Stichprobe und die im folgenden interessierenden Variablen sind in Tabelle 7.4 aufgeführt.

7.3 Deskriptive Analysen der erhaltenen Antworten

7.3.1 Analyse der ersten Antworten

Aus der Kreuztabellierung der erhaltenen Antworten zu den vorgegebenen Geboten auf die erste Referendumsfrage wird die in Tabelle 7.5 dargestellte Verteilung der Antworten auf die erste Zahlungsbereitschaftsfrage bestimmt.

Interessant sind in Tabelle 7.5 die relativen Häufigkeiten des Auftretens von „Ja"- und „Nein"-Antworten zu den vier Geboten. Aus ökonomischer Sicht wäre zu erwarten, daß die relativen Anteile der „Ja"-Antworten mit höher werdenden Geboten systematisch abnehmen.

---

[61] Die theoretisch korrekte Vorgehensweise würde bedeuten, daß für die obigen drei Variablen neun Dummy-Variablen und drei Referenzkategorien eingeführt werden müßten.

Tabelle 7.3 Beschreibung und Kodierung der verwendeten Variablen

Variable	Variablenbeschreibung und Kodierung
Yes1*	„Ja“ = 0 / „Nein“ = 1; Antwort auf die erste Referendumsfrage. „Weiß nicht“-Antworten werden als fehlende Werte symbolisiert.
Yes1DK*	„Ja“ = 0 / „Nein“ = 1 Antwort auf die erste Referendumsfrage. „Weiß nicht“-Antworten werden als „Nein“-Antworten symbolisiert.
pt1	Preis- und Steuererhöhungen symbolisierende Gebote zur ersten Referendumsfrage ($100, $200, $300, $400)
Yes2*	„Ja“ = 0 / „Nein“ = 1; Antwort auf die zweite Referendumsfrage. „Weiß nicht“-Antworten werden als fehlende Werte symbolisiert.
Yes2DK*	„Ja“ = 0 / „Nein“ = 1 Antwort auf die zweite Referendumsfrage. „Weiß nicht“-Antworten werden als „Nein“-Antworten symbolisiert.
pt2	Preis- und Steuererhöhungen symbolisierende Gebote zur zweiten Referendumsfrage ($50, $100, $150, $200, $300, $400, $600, $800)
Flag	= 1, wenn Yes1 Proteststimme oder Ausreißer; 0 sonst
FlagDK	= 1, wenn Yes1DK Proteststimme oder Ausreißer; 0 sonst
Income	Haushaltseinkommen (in 1995 Dollar)
Age	Alter des Befragten (in Jahren)
Married	verheiratet = 1; 0 sonst
Know	Kenntnisstand über die Ressourcen, deren Nutzungsmöglichkeiten und Probleme („viel“ = 4 „einiges“ = 3; „ein wenig“ = 2; „nichts“ = 1)
Concern	Sorge um die Wasserverschmutzung wegen der daraus resultierenden Schäden bei Fischen und bei der in den Sunds existierenden Fauna („sehr besorgt“ = 4; „besorgt“ = 3; „wenig besorgt“ = 2; „nicht besorgt“ = 1)
Support	Unterstützung härterer Gesetze zur Kontrolle der Landwirtschaft und eine Beschränkung der lokalen Fischereiaktivitäten („sehr dafür“ = 4; „dafür“ = 3; „dagegen“ = 2; „sehr dagegen“ = 1)
Pamlico	Pamlico Sund Dummy-Variable (Pamlico Sund-Version = 1; Albermale-Pamlico Sund-Version = 0)

* Die Kodierung kann sich in Abhängigkeit von den verwendeten Computeralgorithmen auch umkehren. Darauf wird im Text an den gegebenen Stellen hingewiesen.

Tabelle 7.4 Zusammenfassung der Stichprobendaten

Variablen	Mittelwerte*	Standardabweichungen	Anzahl an Beobachtungen
Yes1	0,66	0,47	881
Yes1DK	0,69	0,46	963
pt1	241,27	114,76	1008
Yes2	0,76	0,42	836
Yes2DK	0,79	0,41	952
pt2	220,93	196,48	1001
Flag	0,14	0,35	1077
FlagDK	0,15	0,36	1077
Pamlico	0,54	0,50	1008
Income	31.550,11 (27.500)	21.213,19	908
Age	44,29 (42)	17,1	1015
Married	0,54	0,50	1077
Know	1,83	0,93	1057
Concern	3,27	0,82	1012
Support	3,17	0,63	912

* In Klammern Mediane

Dies würde mit einer fallenden Nachfrage nach dem Umweltprojekt bei steigenden Preisen für dieses Projekt übereinstimmen. Diese Konsistenzbedingung ist hier erfüllt, da der Anteil an „Ja"-Antworten von 54,76 % zum Gebot in Höhe von $100 auf 28,57 % zum höchsten Gebot zurückgeht; entsprechend steigt der Anteil an „Nein"-Antworten.

Tabelle 7.5	Antworten auf die erste Frage (1995er AP-Studie)*				
	$100	**200**	**300**	**400**	**Gesamt**
„Ja“	46 (54,76)	31 (40,79)	44 (39,64)	26 (28,57)	**147 (40,61)**
„Nein“	38 (45,24)	45 (59,21)	67 (60,36)	65 (71,43)	**215 (59,39)**
Gesamt	**84 (23,20)**	**76 (20,99)**	**111 (30,66)**	**91 (25,14)**	**362**

* In den Klammern der zweiten und dritten Zeile Spaltenprozente, was den relativen Häufigkeiten der Antworten zu den ersten Geboten entspricht. In der vierten Zeile Zeilenprozente.

7.3.2 Analyse der zweiten Antworten

Die Analyse der zweiten Antworten teilt sich in die Analyse der zweiten Antworten, wenn die erste Antwort bejaht, und in die Analyse der zweiten Antworten, wenn die erste Antwort verneint wurde, auf. Wird die erste Zahlungsbereitschaftsfrage bejaht, ergibt sich das in Tabelle 7.6 präsentierte Bild des Antwortverhaltens der befragten Personen zu den gegenüber der ersten Runde erhöhten Geboten der zweiten Fragerunde.

Wurde hingegen die erste Frage verneint, ergeben sich die in Tabelle 7.7 dargestellten relativen Häufigkeiten für die Antworten auf die ermäßigten Zahlungsbereitschaftsbeträge der zweiten Fragerunde.

Tabelle 7.6	Antworten auf die zweite Frage, wenn die erste Frage bejaht wurde (1995er AP-Studie)*				
	$200	**400**	**600**	**800**	**Gesamt**
„Ja“	13 (28,26)	5 (16,13)	14 (31,82)	4 (15,39)	**36 (24,49)**
„Nein“	33 (71,74)	26 (83,87)	30 (68,18)	22 (84,61)	**111 (75,51)**
Gesamt	**46 (31,29)**	**31 (21,01)**	**44 (29,93)**	**26 (17,69)**	**147**

* In den Klammern der zweiten und dritten Zeile Spaltenprozente, was den relativen Häufigkeiten der Antworten zu den ersten Geboten entspricht. In der vierten Zeile Zeilenprozente.

Tabelle 7.7 Antworten auf die zweite Frage, wenn die erste Frage verneint wurde (1995er AP-Studie)*

	$50	100	150	200	Gesamt
„Ja“	6 (15,79)	16 (35,56)	21 (31,34)	11 (16,92)	**54** **(25,12)**
„Nein“	32 (84,21)	29 (64,44)	46 (68,66)	54 (83,08)	**161** **(74,88)**
Gesamt	**38** **(17,67)**	**45** **(20,93)**	**67** **(31,16)**	**65** **(30,23)**	**215**

* In den Klammern der zweiten und dritten Zeile Spaltenprozente, was den relativen Häufigkeiten der Antworten zu den ersten Geboten entspricht. In der vierten Zeile Zeilenprozente.

7.3.3 Analyse der kombinierten ersten und zweiten Antworten

Zur Analyse der kombinierten Antworten auf die erste und zweite Referendumsfrage bezeichnet man die Antwort auf die erste Referendumsfrage mit dem Index I^1 (= 0, wenn Antwort „Ja“; = 1, wenn „Nein“) und die Antwort auf die zweite Referendumsfrage mit dem Index I^2 (= 0, wenn Antwort „Ja“; = 1, wenn „Nein“).

Daraus läßt sich die in Tabelle 7.8 gegebene Verteilung der Häufigkeiten möglicher Antwortkombinationen zu den einzelnen Surveyversionen erstellen. In der ersten Zeile einer Zelle ist das Intervall der maximalen Zahlungsbereitschaften angegeben. Darunter sind die absoluten Häufigkeiten abgetragen, mit denen die maximale Zahlungsbereitschaft (MZB) von Individuen in die entsprechenden Intervalle der maximalen Zahlungsbereitschaften fällt. Darunter befinden sich die relativen Häufigkeiten.

Betrachtet man zunächst die letzte Zeile in Tabelle 7.8, in der die absoluten und - in Klammern darunter - relativen Häufigkeiten des Auftretens möglicher Antwortkombinationen aufgeführt sind. Anhand dieser Zahlen läßt sich überprüfen, ob „Ja“- bzw. „Nein“-Sager Effekte auftreten. „Ja“- bzw. „Nein“-Sager Effekte liegen vor, wenn Personen unabhängig von ihrer tatsächlichen MZB auf alle Gebote mit „Ja“ bzw. mit „Nein“ antworten.

Ein "non zero background level of yea saying" spiegelt nach der Definition von „Ja“-Sagern nach Mitchell und Carson (1989, S. 101) die Tendenz mancher Befragter wider, auf jedwede Forderung des Fragestellers bereitwillig einzugehen, unabhängig davon, welche MZB sie für das in Aussicht gestellte Projekt tatsächlich haben. Dies bedeutet, daß manche Befragte auch mit „Ja“ auf Gebote antworten, die ihre tatsächliche MZB weit übersteigen. Dem „Ja“-Sager-Effekt gerade entgegengesetzt ist der „Nein“-Sager-Effekt ("Nay-saying" [s. Ready et al. (1996, S. 408)]). In diesem Fall antwortet ein Befragter auf eine Frage nach der Zahlungsbereitschaft unabhängig von seiner wahren MZB immer mit „Nein“.

Wie aus Tabelle 7.8 hervorgeht, antwortet ein überaus hoher Anteil der befragten Personen relativ zu anderen Antwortkombinationen zweimal mit „Nein“ (44,48 %). Demgegenüber sind zweimalige „Ja“-Antworten relativ selten (9,95 %) vertreten. „Ja“-Sager Effekte sind augenscheinlich nicht zu beobachten. Man beachte jedoch, daß „Weiß nicht“-Stimmen mit „Nein“ kodiert wurden, so daß bei der hier gewählten Kodierung wesentlich mehr „Nein“-Stimmen gezählt werden, als „Nein“-Stimmen tatsächlich abgegeben wurden. Somit sollte hier auch nicht auf „Nein“-Sager Verhalten geschlossen werden.

7.4 Tests auf prozedurale Invarianz

Individuen maximieren ihren Nutzen auf Basis stabiler Präferenzen. Stabile Präferenzen implizieren gemäß dem in 2.2 erläuterten Invarianzprinzip, daß die Antworten prozedural invariant sein sollten. Die Antworten sollten nicht davon abhängen, ob einmal oder ob zweimal nach der Zahlungsbereitschaft gefragt wird; sie sollten ferner unabhängig vom Anfangsgebot sein.

Aufgrund dieser Konsistenzannahme müßte daher z. B. auch die Wahrscheinlichkeit für eine „Nein“-Antwort zum höheren zweier Gebote und für eine „Ja“-Antwort zum niedrigeren zweier Gebote unabhängig sein von der Reihenfolge, in der die beiden Gebote präsentiert werden [s. McFadden (1994, S. 705)].

Mit den Konsistenztests läßt sich überprüfen, ob die Antworten der Befragten in diesem Sinne über verschiedene Surveyversionen der doppelten Referendumsmethode hinweg prozedural invariant sind.

Tabelle 7.8 Kombinierte Antworten auf die erste und die zweite Frage (1995er AP-Studie)*

Survey-version (1. Gebot)	$I^1=1; I^2=1$ (= NN)	$I^1=1; I^2=0$ (= NJ)	$I^1=0; I^2=1$ (= JN)	$I^1=0; I^2=0$ (= JJ)	Gesamt
A ($100)	(-∞, 50) 32 (38,10)	[50, 100) 6 (7,14)	[100, 200) 33 (39,29)	[200, ∞) 13 (15,48)	**84 (100)**
B ($200)	(- ∞, 100) 29 (38,16)	[100, 200) 16 (21,05)	[200, 400) 26 (34,21)	[400, ∞) 5 (6,58)	**76 (100)**
C ($300)	(-∞, 150) 46 (41,44)	[150, 300) 21 (18,92)	[300, 600) 30 (27,03)	[600, ∞) 14 (12,61)	**111 (100)**
D ($400)	(-∞, 200) 54 (59,34)	[200, 400) 11 (12,09)	[400, 800) 22 (24,18)	[800, ∞) 4 (4,40)	**91 (100)**
Gesamt**	**161 (44,48)**	**54 (14,92)**	**111 (30,66)**	**36 (9,95)**	**362**

* Die Werte in den Klammern über den absoluten Antworthäufigkeiten geben die resultierenden Intervalle der maximalen Zahlungsbereitschaften an.
Die Werte in den Klammern unter den absoluten Häufigkeiten geben Zeilenprozente an.

** Die Werte in Klammern in dieser Zeile geben die relativen Spaltenhäufigkeiten an.

7.4.1 Ein erster Konsistenztest

Es wird ein Test vorgestellt, mit dem auf prozedurale Invarianz für die doppelt-begrenzte Referendumsmethode getestet werden kann; er wurde erstmals von McFadden und Leonard (1993, S. 190f.) angewendet.

Betrachtet man in Tabelle 7.8 die Antworten der Befragten zu den Surveyversionen A = {$50, $100, $200}, B = {$100, $200, $400} sowie D = {$200, $400, $800}, fällt auf, daß sich für die Surveyversionen A und B sowie für die Surveyversionen B und D die Intervalle der maximalen Zahlungsbereitschaften teilweise überlappen. Die dunkel- bzw. hellgrau schattierten Zellen (A; JN) und (B; NJ) bzw. (B; JN) und (D; NJ) machen auf diese sich paarweise überlappenden Intervalle der maximalen Zahlungsbereitschaften aufmerksam.

Vergleicht man diese sich überlappenden Intervalle, stellt man fest, daß sich die relativen Häufigkeiten zu identischen Intervallen der maximalen Zahlungsbereitschaften für verschiedene Surveyversionen unterscheiden. Beispielsweise zeigt ein Vergleich der dunkelgrau markierten Zellen (A; JN) und (B; NJ), daß die relativen Häufigkeiten des Auftretens von Antworten im Intervall ($\$100 \leq MZB_n < \$200$) für die Surveyversionen A und B unterschiedlich sind. Während bei Surveyversion A 39,29 % der maximalen Zahlungsbereitschaften der Befragten in dieses Intervall fallen, liegen bei Surveyversion B nur 21,05 % darin. Dies läßt den Schluß zu, daß die zur Surveyversion A befragten Personen eine höhere Wahrscheinlichkeit besitzen, einen Betrag zwischen \$100 und \$200 zu zahlen, als diejenigen, denen Surveyversion B zugeteilt wurde.

Zu erwarten wäre jedoch, daß über die verschiedenen Surveyversionen hinweg der Anteil an Personen, die einen bestimmten Betrag zu zahlen bereit sind, konstant bleibt.[62] Diese Konsistenzbedingung ist für den obigen Fall verletzt; somit sind die Antworten zwischen Surveyversion A und Version B theoretisch inkonsistent.

Dieselbe Form der Inkonsistenz in den Antworthäufigkeiten tritt auf, wenn die den Surveyversionen B und D zugeordneten hellgrau markierten Zellen (B; JN) und (D; NJ) miteinander verglichen werden. Während bei Surveyversion B 34,21 % der Befragten eine MZB im Intervall ($\$200 \leq MZB_n < \$400$) offenbaren, sind dies für Surveyversion D lediglich 12,09 % der Befragten.

McFadden und Leonard (1993, S. 190) folgern aus ähnlichen Befunden, daß die doppelte Referendumsmethode nicht konsistent ist mit der Maximierung des Nutzens auf Basis stabiler Präferenzen.

---

[62] Es wird vorausgesetzt, daß sich die Präferenzen der Personengruppen, denen die verschiedenen Surveyversionen zugeteilt werden, statistisch nicht signifikant voneinander unterscheiden. Da Präferenzen nicht beobachtbar sind, kann diese Hypothese jedoch nicht überprüft werden.

7.4.2 Ein zweiter Test

Der oben erläuterte Konsistenztest von McFadden und Leonard läßt sich für die obigen Surveyversionkombinationen um eine zweite Variante des Tests auf prozedurale Invarianz bereichern. Diese hier durchgeführte intuitive Weiterentwicklung der Idee von McFadden und Leonard ist meines Wissens noch nicht in der Literatur dokumentiert.

Neben der Konsistenz zwischen verschiedenen Surveyversionen der doppelten Referendumsmethode wird nun auch überprüft, ob die Antworten zwischen der einfachen und der doppelten Referendumsmethode konsistent sind. Die Konsistenztests beruhen auf dem Vergleich der (bedingten) Wahrscheinlichkeiten, daß einem bestimmten Gebot derselben Höhe über verschiedene Surveyversionen und Befragungsmethoden hinweg mit derselben Wahrscheinlichkeit zugestimmt wird.[63]

Die Wahrscheinlichkeiten für die Zustimmung zum Gebot in Höhe von \$200 werden nun für die Surveyversionen A, B und D miteinander verglichen. Für die Surveyversionen A und D sind die Felder (D; NJ) und (A; JJ) in Tabelle 7.8 und damit die Antworten auf beide Zahlungsbereitschaftsfragen maßgeblich. Für Surveyversion B findet allein die Antwort auf die erste Frage Beachtung. Die marginalen Wahrscheinlichkeiten für eine Zustimmung zu den Geboten der ersten Fragerunde werden Tabelle 7.5 entnommen. Zur Berechnung der bedingten Wahrscheinlichkeiten sind die Tabellen 7.6 und 7.7 wichtig.

Untersucht wird zunächst für die **Surveyversionen A, B und D** die Wahrscheinlichkeit, daß die MZB mindestens gleich \$200 hoch ist ($MZB_n \geq \$200$).

Für **Surveyversion A** ergibt sich diese Wahrscheinlichkeit aus der Multiplikation der Wahrscheinlichkeit aus der ersten Fragerunde, dem Gebot \$100 zuzustimmen (s. Tabelle 7.5), mit der bedingten Wahrscheinlichkeit, dem Gebot \$200 der zweiten Fragerunde zuzustimmen, unter der Voraussetzung, daß zuvor \$100 zugestimmt wurde (s. Tabelle 7.6):

$$(7.1) \qquad \Pr\{\text{„Ja" zu } \$200 \mid A\}$$

$$= \Pr\{\text{„Ja" zu } \$200 \mid \text{„Ja" zu } \$100\} \cdot \Pr\{\text{„Ja" zu } \$100\}$$

$$= 0{,}2826 \cdot 0{,}5476 = 0{,}1548$$

---

[63] Für das Konzept bedingter Wahrscheinlichkeiten vgl. z. B. Maier / Weiss (1989, S. 62 ff.).

Diesen Wert erhält man auch direkt aus Tabelle 7.8 in Zelle (A; JJ).

Für **Surveyversion B** wird die Wahrscheinlichkeit, daß mindestens dem Betrag \$200 zugestimmt wird, direkt aus den Antworten zur einfachen Referendumsbefragung gemäß Tabelle 7.5 abgelesen:

(7.2) $\Pr\{\text{„Ja" zu \$200} | \text{B}\} = 0{,}4079$

Bestimmt wird nun für **Surveyversion D** die Wahrscheinlichkeit, daß mindestens dem Gebot \$200 zugestimmt wird. Als erster Term geht dabei die Wahrscheinlichkeit ein, daß dem Gebot\$400 der ersten Fragerunde zugestimmt wird.

Der zweite Term ergibt sich aus dem Produkt der Wahrscheinlichkeit, daß dieses erste Gebot abgelehnt wird, mit der bedingten Wahrscheinlichkeit, daß dem niedrigeren Gebot der zweiten Fragerunde (\$200) zugestimmt wird:

(7.3) $\Pr\{\text{„Ja" zu \$200} | \text{D}\}$

$= \Pr\{\text{„Ja" zu \$400}\} + \Pr\{\text{„Ja" zu \$200} | \text{„Nein" zu \$400}\} \cdot \Pr\{\text{„Nein" zu \$400}\}$

$= 0{,}2857 + 0{,}1692 \cdot 0{,}7143 = 0{,}4067$

Auch dieser Wert ergibt sich aus Tabelle 7.8, indem die Werte aus den Zellen (D; NJ), (D; JN) und (D; JJ) addiert werden.

Aus (7.1) bis (7.3) lassen sich zwei wichtige Schlüsse im Hinblick auf die theoretische Konsistenz der erhaltenen Antworten ziehen:

Es treten zwischen den doppelt-begrenzten Surveyversionen A und D erkennbare Inkonsistenzen im Anteil derjenigen Personen auf, die einem Geldbetrag in Höhe von \$200 zustimmen würden.

Während von den Personen, denen Surveyversion A zugeteilt wurde, gerade ca. 15,5 % den Betrag \$200 zahlen würden, sind dies von den mit Surveyversion D konfrontierten Personen ca. 40,7 %.

Die Antworten zur einfachen Befragung zu Surveyversion B sind mit denen der doppelten Befragungen zu den Surveyversionen A und D vergleichbar. Bei der einfachen Befragung würden ca. 40,8 % der Interviewten mindestens \$200 zahlen. Dies stimmt mit dem Ergebnis der doppelten Befragung aus Surveyversion D (ca. 40,7 %) überein. Allerdings wird auch hier die frappierende Inkonsistenz zwischen den Antworten aus der einfachen Befragung aus

Surveyversion B und denen der doppelten Befragung aus Surveyversion A (ca. 15,5 %) offensichtlich.

Inkonsistenzen zwischen den Surveyversionen der doppelten Befragung ergeben sich auch, wenn man in dem eben beschriebenen Sinne für eine MZB, die mindestens $400 hoch ist, ($MZB_n \geq \$400$), Surveyversion B mit Surveyversion D vergleicht. Gemäß Surveyversion B sind gerade 6,58 % der befragten Individuen bereit, mindestens $400 zu bezahlen, während dies für die nach Surveyversion D Befragten (24,18 % + 4,40 %) = 28,58 % sind.

Das Antwortverhalten ist weder innerhalb der einfachen Referendumsmethode konsistent, noch erweist es sich im Vergleich zwischen der einfachen und der doppelten Befragung als prozedural invariant. Die Diskrepanzen treten bei diesem zweiten Test deutlicher hervor als beim Test aus 7.4.1.

7.4.3 Ein χ^2-Homogenitätstest

Zur Prüfung, ob die beobachteten Inkonsistenzen zwischen einzelnen Surveyversionen statistisch signifikant sind, wird hier die Durchführung eines χ^2-Homogenitätstests vorgeschlagen [s. allgemein Bleymüller et al. (1992, S. 132f.) und Schaich (1990, S. 235f.)]. Dieser Test wird meines Wissens erstmals in der Literatur zur Prüfung der prozeduralen Invarianz von Referendumsdaten eingesetzt. Daher soll zuvor die Testidee kurz skizziert werden.

Zum Vergleich der Surveyversionen A und B werden zunächst die absoluten Häufigkeiten des Auftretens von Beobachtungen in bestimmten Intervallen der maximalen Zahlungsbereitschaften durch die Konstruktion einer Kontingenztabelle als tabellarische Darstellung der Häufigkeitsverteilung der maximalen Zahlungsbereitschaften ermittelt. Tabelle 7.8 stellt sicher, daß die erhaltenen Antworten über die beiden Surveyversionen hinweg denselben Intervallen der maximalen Zahlungsbereitschaften zugeordnet werden.

Die Nullhypothese beinhaltet im Sinne einer Homogenitätsprüfung, daß die empirischen Verteilungen der maximalen Zahlungsbereitschaften beider Surveyversionen derselben Grundgesamtheit der maximalen Zahlungsbereitschaften entstammen.

Tabelle 7.9	Vergleich der Surveyversionen A und B der 1995er AP-Studie		
Intervalle i der MZB	**Surveyversion A: beobachtete (erwartete) absolute Häufigkeit j** h_{i1}^{o} (h_{i1}^{e})	**Surveyversion B: beobachtete (erwartete) absolute Häufigkeit j** h_{i2}^{o} (h_{i2}^{e})	$\Sigma\, h_{i.}^{o}$
< 100	38 (35,18)	29 (31,83)	67
[100, 200)	33 (25,73)	16 (23,28)	49
≥ 200	13 (23,10)	31 (20,90)	44
$\Sigma\, h_{.j}^{o}$	84	76	$N^{A\&B} = 160$

Da die beiden Surveyversionen unabhängig voneinander administriert werden, sind die beiden Stichproben unverbunden. Dies erlaubt die Verwendung von Pearsons χ^2-Statistik als Prüfgroße. Hierzu sind zunächst für jede Zelle ij der i-ten Zeile und j-ten Spalte (i = 1, 2, 3; j = 1, 2) aus Tabelle 7.9 zu den beobachteten absoluten Zellenhäufigkeiten für die Surveyversionen A und B, h_{i1}^{o} und h_{i2}^{o}, die erwarteten Zellenhäufigkeiten h_{ij}^{e} zu berechnen. Dies geschieht gemäß

$$(7.4) \qquad h_{ij}^{e} = \frac{h_{i.}^{o} \cdot h_{.j}^{o}}{N^{A\&B}},$$

wobei $N^{A\&B}$ der gepoolte Stichprobenumfang der Surveyversionen A und B ist. Die zugehörige $\chi^2(r)$-Statistik

$$(7.5) \qquad \chi^2(r) = \sum_{i} \sum_{j} \frac{(h_{ij}^{o} - h_{ij}^{e})^2}{h_{ij}^{e}}$$

ist $\chi^2(r)$-verteilt mit r Freiheitsgraden. Die Anzahl der Freiheitsgrade ergibt sich zu r = (J - 1) · (I - 1) = 2 für J = 3 und I = 2. Der χ^2-Wert wird mit den kritischen Werten der theoretischen χ^2-Verteilung verglichen. Dies liefert eine Schätzung dafür, mit welcher Wahrscheinlichkeit man die beobachteten Häufigkeiten zu den einzelnen Intervallen der maximalen Zahlungsbereitschaften vorgefunden hätte, wenn die beiden Surveyversionen tatsächlich zu denselben Antworthäufigkeiten geführt hätten.

Der Pearsonsche $\chi^2(2)$-Wert ist 14,10. Der p-Wert in Höhe von 0,0009, der zu diesem Wert korrespondiert, gibt die Wahrscheinlichkeit dafür an, daß sich die Antworthäufigkeiten, die den beiden Intervallen der maximalen Zahlungsbereitschaften zugeordnet werden, für die beiden Surveyversionen nicht signifikant unterscheiden.

Die Hypothese, daß die empirischen Verteilungen der maximalen Zahlungsbereitschaften für die Surveyversionen A und B derselben Grundgesamtheit der maximalen Zahlungsbereitschaften entstammen würden, kann daher abgelehnt werden. Der Unterschied in den Bewertungen ist statistisch signifikant. Dies ist ein weiteres Indiz für eine Konsistenzverletzung.

Die Nullhypothese, daß die Surveyversionen B und D zur selben empirischen Verteilung der maximalen Zahlungsbereitschaften führen, kann bei Durchführung eines Pearson χ^2-Tests nicht verworfen werden. Sie wird stark unterstützt ($\chi^2(2) = 2{,}177$; $p = 0{,}3367$).

Daraus folgt, daß nur die Surveyversionen A und B aus ökonomischer Sicht und auf Basis dieses χ^2-Tests nicht konsistent sind. Aus einem Vergleich der Surveyversionen B und D kann nicht gefolgert werden, daß die Konsistenzbedingung prozeduraler Invarianz verletzt wird.

Die beobachteten Konsistenzverletzungen werden durch den Homogenitätstest bestätigt: Die Verletzungen der prozeduralen Invarianz sind statistisch signifikant. Dies zieht die theoretische Validität der Befragungsergebnisse in Zweifel.

8 Schätzungen einfach- und doppelt-begrenzter Referendumsmodelle

In diesem Kapitel werden die Referendumsmodelle sowohl in ihrer additiven als auch in ihrer multiplikativen Spezifizierung miteinander verglichen.

In den nächsten beiden Abschnitten wird die Parameterschätzung und Wohlfahrtsmessung mit einfach-begrenzten Modellen demonstriert; in den Abschnitten 8.3 und 8.4 entsprechend die Parameterschätzung und Wohlfahrtsmessung mit doppelt-begrenzten Modellen. Zentrales Anliegen dieser Abschnitte ist die ökonometrische Ermittlung repräsentativer maximaler Zahlungsbereitschaften. Abschnitt 8.5 ist einem Vergleich der geschätzten Modelle und der daraus abgeleiteten Wohlfahrtsmessungen hinsichtlich ihrer Konsistenzeigenschaften gewidmet. Dabei wird ein neues Verfahren vorgestellt, mit dem die Verteilungsannahmen der Referendumsmodelle überprüft werden können. Mit Hilfe eines neuen Tests auf Ankereffekte erhält man Informationen über die Ursachen theoretischer Inkonsistenzen.

8.1 Einfach-begrenzte, additive Referendumsmodelle

Die Wahrscheinlichkeiten, die dem betrachteten n-ten Individuum einer „Ja"-Antwort, π_n^{Ja}, und einer „Nein"-Antwort, π_n^{Nein}, zugeordnet werden können, lassen sich unter Berücksichtigung des Parametervektors der einfach-begrenzten Modelle, θ^{ER}, in Anlehnung an (5.17a und b) wie folgt modellieren:

(8.1) $$\pi_n^{Ja} = \Pr\{b_n \leq MZB_n\} = 1 - G_{MZB}(b_n; \theta^{ER}),$$

bzw.

(8.2) $$\pi_n^{Nein} = \Pr\{b_n > MZB_n\} = G_{MZB}(b_n; \theta^{ER}).$$

Die Parameter einfach-begrenzter, additiver Referendumsmodelle, werden geschätzt, indem für $G_{MZB}(b_n; \theta^{ER})$ zuerst die logistische Verteilung gemäß (5.26b) substituiert wird und dann die Normalverteilung gemäß (5.29b). Hierzu wird die Maximum Likelihood-Methode verwendet. Nach der Beurteilung der Güte der geschätzten Modelle werden zentrale Lagemaße der geschätzten Verteilungen als Wohlfahrtsmaße ermittelt.

8.1.1 Parameterschätzung mit der Maximum Likelihood-Methode

Nach dem Maximum Likelihood-Prinzip entscheidet man sich für denjenigen Parametervektor, der aufgrund der vorliegenden Beobachtungen als der Glaubwürdigste zu erachten ist. Zur Schätzung des einfach-begrenzten Referendumsmodells sind (8.1) und (8.2) in die Likelihoodfunktion zu substituieren. „Ja“-Antworten werden mit $I_n = 0$ und „Nein“-Antworten mit $I_n = 1$, für alle $n = 1, ..., N$, kodiert. Die bezüglich des Vektors θ^{ER} zu maximierende logarithmierte Likelihoodfunktion der einfachen Referendumsmethode, $\ln[L(\theta^{ER})]$, ist [s. Alberini (1995b, S. 87)]:

(8.3) $$\ln[L(\theta^{ER})] =$$

$$\sum_{n=1}^{N} \{(1 - I_n) \cdot \ln[\pi_n^{Ja}(b_n; \theta^{ER})] + I_n \cdot \ln[\pi_n^{Nein}(b_n; \theta^{ER})]\}$$

$$= \sum_{n=1}^{N} \{(1 - I_n) \cdot \ln[1 - G_{MZB}(b_n; \theta^{ER})] + I_n \cdot \ln[G_{MZB}(b_n; \theta^{ER})]\}$$

Das zugehörige Optimierungsproblem ist:

(8.4) $$\ln[L(\theta^{ER})] \rightarrow \underset{\theta^{ER}}{\text{Max!}}$$

Der ML-Schätzer ergibt sich als Lösung der Bedingungen erster Ordnung für ein Maximum:

(8.5) $$\frac{\partial \ln[L(\theta^{ER})]}{\partial \theta^{ER}} \overset{!}{=} 0 \Rightarrow \tilde{\theta}^{ER}$$

Der ML-Schätzer, $\tilde{\theta}^{ER}$, ist unter Regularitätsbedingungen konsistent; er konvergiert mit wachsendem Stichprobenumfang in Wahrscheinlichkeit gegen den wahren Parametervektor θ [s. hierzu Davidson / MacKinnon (1993, S. 243 ff.)]. Er ist asymptotisch effizient [Hanemann / Kanninen (1996, S. 25 ff.)]; bei den in Referendumsstudien verwendeten Stichprobengrößen sind Verzerrungen damit vernachlässigbar gering. Da die Bedingungen erster Ordnung nichtlinear sind, werden zur Maximierung der Log-Likelihoodfunktion numerische Optimierungsalgorithmen eingesetzt, wie sie z. B. bei Ronning (1991, S. 221 ff.) beschrieben sind.

8.1.2 Variablenwahl und Parameterschätzungen

In 5.2.5.1 wurde das binäre Logit-Referendumsmodell bei Verwendung einer linearen Nutzendifferenz gemäß (5.26a) und (5.26b) hergeleitet (s. Tabelle 5.1). Das einfache logistische Referendumsmodell erhält man aus der Substitution der logistischen Verteilungsfunktion gemäß (5.25b) in die zu maximierende Log-Likelihoodfunktion (8.3). Ist ε normalverteilt, ergibt sich das in 5.2.5.2 erläuterte binäre Probit-Referendumsmodell.

Aus der Maximierung der zugehörigen ML-Funktionen erhält man Schätzer für die Koeffizienten der Nutzendifferenzen. Vor der Schätzung wurde die Einkommensvariable durch 10.000 dividiert, die Age-Variable wurde mit dem Faktor 1/10 und die Gebotsvariable pt1 mit dem Faktor 1/100 skaliert.[64]

Die ML-Schätzer für das binäre Logit- und das binäre Probit-Referendumsmodell sind in Tabelle 8.1 in der jeweils ersten Zeile einer Zelle aufgeführt, wobei bei der Schätzung jeweils ein Stichprobenumfang in Höhe von $N = 299$ Beobachtungen verwendet wird. Darunter in runden Klammern sind deren geschätzte Standardabweichungen σ abgetragen; in eckigen Klammern sind die asymptotischen z-Werte eingetragen, die sich aus der Division der ML-Schätzer für die Koeffizienten mit deren geschätzten Standardabweichungen ergeben. Solch ein Verhältnis ist unter der Annahme, daß ein geschätzter Koeffizient gleich Null ist, asymptotisch standardnormalverteilt. Das zugehörige marginale Signifikanzniveau des zweiseitigen Tests findet sich in geschweiften Klammern in der letzten Zeile. Wenn die Nullhypothese wahr wäre, wäre die Wahrscheinlichkeit, daß die Teststatistik zu dem berechneten Wert führen würde, durch das Signifikanzniveau gegeben [Davidson / MacKinnon (1993, S. 80)].

Modelle „ohne Kovariate“ sind Varianten, in denen außer der Konstanten und dem Koeffizienten der Gebotsvariablen keine weiteren Parameter geschätzt werden. Dies entspricht der üblichen Darstellung einer Nachfragefunktion nach einem Gut - hier nach dem Umweltprojekt - in Abhängigkeit von dessen Preis - hier der Zahlungsbereitschaft. In Modellen „mit Kovariaten“ werden weitere unabhängige Variablen mit ihren Koeffizienten in der repräsentativen Nutzendifferenz Δv berücksichtigt, deren Koeffizienten ebenfalls zu schätzen sind.

Das Likelihood Ratio (LR) ergibt sich aus:

---

[64] Beobachtungen mit fehlenden Werten für einzelne Variablen werden ebenso ausgeschlossen wie Proteststimmen. „Weiß nicht“-Gebote werden mit „Nein“ gewertet.

(8.6) $$LR = -2 \cdot \ln\left(\frac{\text{Likelihoodwert des Modells mit der Variablen}}{\text{Likelihoodwert des Modells ohne die Variable}}\right)$$

Unter der Nullhypothese, daß die aufzunehmende unabhängige Variable einen Koeffizienten in Höhe von Null besitzt, folgt die Statistik asymptotisch einer $\chi^2(\nu)$-Verteilung mit $\nu = 1$ Freiheitsgrad. Variablen werden nicht in das Modell aufgenommen, wenn der mit diesem Test verbundene p-Wert für die Variable größer als ein vorgegebenes kritisches Signifikanzniveau, α_{krit}, d. h. $p = Pr\{\chi^2(\nu) > LR\} > \alpha_{krit}$, ist; andernfalls verbleibt sie im Modell.

Für die binären Logit- und Probit-Referendumsmodelle können nach diesem Kriterium sämtliche unabhängigen Variable gemäß Tabelle 8.1 für den Wert $\alpha_{krit} = 0$ aufgenommen werden.

Eine intuitive Interpretation des logistischen Referendumsmodells ergibt sich, wenn (5.25a) nach Δv aufgelöst wird. Diese Logistic probability un*it*-Transformation liefert eine in den Parametern lineare Beziehung zwischen dem logarithmierten Verhältnis von π_n^{Ja} zu $(1 - \pi_n^{Ja})$, dem sogenannten „Logit" [s. Greene (1993, S. 653 f.)]:

(8.7) $$\text{Logit}(\pi_n^{Ja}) \equiv \ln\left[\frac{\pi_n^{Ja}}{1-\pi_n^{Ja}}\right] = \Delta v = \alpha - \beta \cdot b^* + \sum_{m=3}^{M} \gamma_m \cdot h_m$$

$\frac{\pi_n^{Ja}}{1 - \pi_n^{Ja}}$ ist darin das Wahrscheinlichkeitsverhältnis, welches als das Verhältnis der Wahrscheinlichkeit einer „Ja"-Antwort zur Wahrscheinlichkeit einer „Nein"-Antwort definiert ist. Der Term $(\beta \cdot b^*)$ ergibt sich als Produkt aus der Gebotsvariablen mit zugehörigem Koeffizienten; der Term $\sum_{m=3}^{M} \gamma_m \cdot h_m$ symbolisiert die Summe aus der Multiplikation der Koeffizienten, γ_m, mit den unabhängigen Variablen, h_m, die nicht gleich der Konstanten oder der Gebotsvariablen sind.

Die Koeffizienten beschreiben ceteris paribus die Auswirkungen einer Änderung um eine Einheit in einer der unabhängigen Variablen auf den $\text{Logit}(\pi_n^{Ja})$. Mögliche Werte dieses logarithmierten Wahrscheinlichkeitsverhältnisses bewegen sich entlang der reellen Zahlenachse von $(-\infty)$ bis $(+\infty)$, wobei es den Wert 0 für $\pi_n^{Ja} = 0{,}5$ annimmt. Das geschätzte logistische Modell mit Kovariaten besitzt z. B. die Form:

(8.8) $\text{Logit}(\pi_n^{Ja}) \equiv \ln\left[\frac{\pi_n^{Ja}}{\pi_n^{Nein}}\right] = -3{,}25 - 0{,}44 \cdot (\text{pt1}/100) + 0{,}17 \cdot$ $(\text{Income}/10.000) - 0{,}19 \cdot (\text{Age}/10) - 0{,}58 \cdot \text{Married} + 0{,}31 \cdot \text{Know} + 0{,}34 \cdot$ $\text{Concern} + 0{,}86 \cdot \text{Support}$

Aus dem Vorzeichen eines geschätzten Koeffizienten leitet sich ab, in welche *Richtung* sich die Wahrscheinlichkeit für eine „Ja"-Antwort ändert, wenn sich die dem Koeffizienten zugeordnete unabhängige Variable um eine Einheit ändert. Bei einem positiven Vorzeichen eines Koeffizienten steigt die Wahrscheinlichkeit für eine „Ja"-Antwort, während sich umgekehrt bei einem negativen Vorzeichen die Wahrscheinlichkeit für eine „Nein"-Antwort erhöht. Ein positives Vorzeichen weist demnach auf eine positive Verbindung zwischen der maximalen Zahlungsbereitschaft und einer Einflußvariablen hin, ein negatives Vorzeichen auf eine negative Beziehung.

In (8.8) besitzen alle Koeffizienten das theoretisch erwartete Vorzeichen. Mit zunehmendem Alter wird die Bereitschaft, höhere Geldbeträge für Umweltverbesserungen zu zahlen geringer, was mit einem sinkenden Optionswert für das Gut zusammenhängen kann.[65] Des weiteren sinkt mit steigenden Geboten die Wahrscheinlichkeit, dem Projekt zuzustimmen. Umgekehrt steigt mit höherem Einkommen und dem Kenntnisstand über sowie der Sorge um den Zustand der Sunds die Wahrscheinlichkeit, den Forderungen zuzustimmen. Die Unterstützung härterer Umweltgesetze erhöht erwartungsgemäß die Wahrscheinlichkeit für eine „Ja"-Antwort.

Das *Ausmaß* dieser Änderung ist von der Steigung der geschätzten nichtlinearen logistischen Verteilungsfunktion an einer betrachteten Stelle abhängig, weshalb darüber keine allgemeinen Aussagen getroffen werden können.

Für das binäre Probit-Modell ergibt sich mit Hilfe der Prob(*abilistic un)*it-Transformation von (5.29a) bezüglich Δv folgende in den Parametern lineare Beziehung [s. Maddala (1983)]:

(8.9) $$\text{Probit}(\pi_n^{Ja}) \equiv \Delta v = \alpha - \beta \cdot b^* + \sum_{m=3}^{M} \gamma_m \cdot h_m$$

---

[65] Die Beobachtung, daß die MZB für ein Umweltprojekt mit zunehmenden Alter sinkt, stimmt mit anderen empirischen Befunden überein [z. B. McFadden / Leonard (1993, S. 186f.)].

In diesem Modell weist ein positives Vorzeichen eines Koeffizienten auf eine positive Verbindung zwischen der unabhängigen Variablen und der Wahrscheinlichkeit, mit „Ja" zu antworten, hin. Ein negatives Vorzeichen steht für eine negative Beziehung. Wegen der Nichtlinearität der Normalverteilung läßt sich über das Ausmaß der Änderung erst etwas aus Kenntnis der Stelle ableiten, an der die Funktion evaluiert wird.

Gemäß Tabelle 8.1 ergeben sich bezüglich der Richtung der Einflußvariablen für das Probit-Modell mit zusätzlichen Kovariaten dieselben Interpretationen wie für das logistische Referendumsmodell.

In Abbildung 8.1 ist die geschätzte Verteilung der maximalen Zahlungsbereitschaften gemäß dem binären Probit-Modell ohne zusätzliche Kovariate graphisch dargestellt. An der Stelle des Anfangsgebots des Surveydesigns D ($400) ist eine Parallele zur Ordinaten eingezeichnet.

Die MZB einer Person liegt entweder rechts („Ja"-Antwort) oder links („Nein"-Antwort) vom abgefragten Gebot. Dies erklärt die Intervalle der maximalen Zahlungsbereitschaften für Surveyversion D mit [$400, ∞) und (-∞, $400), die sich für das einfache binäre Probit-Referendumsmodell ergeben. Aus der Graphik gewinnt man einen Eindruck, wieviel Prozent der Wahrscheinlichkeitsmasse links und wieviel Prozent rechts vom höchsten Gebot liegen.

8.1.3 Parameterinterpretation und Güte der Modelle

In Tabelle 8.2 sind Gütemaße angegeben, die es erlauben, die Modelle untereinander zu vergleichen.

Ein sehr intuitives, wenngleich sehr grobes und daher heftig kritisiertes Maß erhält man aus der *Klassifikationstabelle*. Aus dieser ergibt sich der Prozentsatz korrekter Vorhersagen durch ein geschätztes Modell [s. Ben-Akiva / Lerman (1985, S. 92 f.)].

In Regressionsmodellen mit qualitativ abhängigen Daten existieren eine Reihe sogenannter „Pseudo-R^2-Maße", deren Namensgebung daher rührt, daß das Bestimmtheitsmaß („R^2-Maß") der Kleinst-Quadrate Regression nicht sinnvoll auf Modelle mit qualitativ abhängigen Variablen, die - wie beispielsweise in Referendumsmodellen - nur die Werte 0 oder 1 annehmen können, übertragbar ist. In Tabelle 8.2 ist der um die Anzahl der geschätzten Parameter *korrigierte Likelihood Ratio-Index*, $\overline{\rho}^2$, aufgeführt, der auch als „korrigiertes McFaddens R^2" bekannt ist [s. Maier / Weiss (1989, S. 91)]. Bei der Interpretation von $\overline{\rho}^2$ ist sowohl zu berücksichtigen, daß viele Autoren bereits Werte in Höhe von etwa 0,2 als sehr gut einstufen, als auch, daß Werten zwischen 0 und 1 keine klare Interpretation gegeben werden kann [Greene (1993, S. 651)].[66]

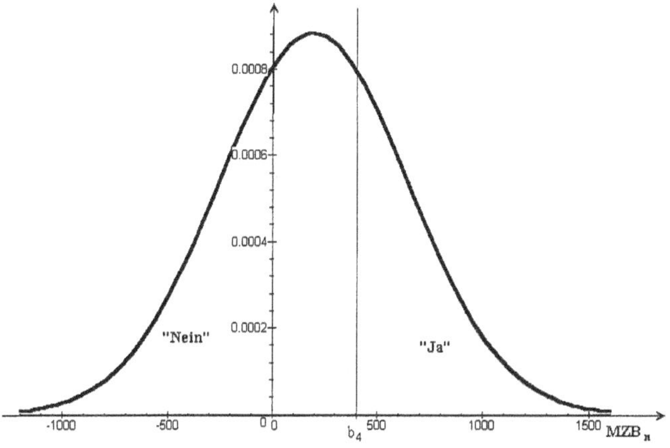

Abb. 8.1 Geschätzte Verteilung der maximalen Zahlungsbereitschaften gemäß dem binären Probit-Modell ohne zusätzliche Kovariate

LR-Tests werden zur Überprüfung des gesamten Erklärungsansatzes herangezogen. Die Teststatistik wird auch als *Modell* χ^2 bezeichnet [Menard (1995, S. 21)], da sie bei hinreichend großem Stichprobenumfang[67] asymptotisch $\chi^2(\nu)$-verteilt ist mit ν Freiheitsgraden. ν entspricht der Anzahl an Restriktionen bezüglich des Modells mit nur einer Konstanten („Konstantenmodell"). Beispielsweise erhält man für das binäre Logit-Modell mit Kovariaten einen $\chi^2(7)$-Wert in Höhe von 56,22, was einem marginalen Signifikanzniveau in Höhe von $\Pr\{\chi^2(7) > 56{,}22\} < 0{,}0000$ entspricht. Dies weist darauf hin, daß man durch den Einschluß der Gebotsvariablen eine signifikant bessere Anpassung des Modells erhält als ohne den Einschluß der Variablen.

---

[66] Judge et al. (1985, S. 774 ff.) zeigen jedoch, daß in einem informationstheoretischen Kontext die Werte zwischen Null und Eins als „Prozentsatz an erklärter Unsicherheit" interpretiert werden können.

[67] Viele Autoren fordern eine größere Stichprobe als 50. Dieses Kriterium ist hier erfüllt.

Tabelle 8.1 Parameterschätzungen der binären Logit- und Probit-Referendumsmodelle*)

Variablen	Logit-Modelle		Probit-Modelle	
	Mit Kovariaten	Ohne Kovariate	Mit Kovariaten	Ohne Kovariate
Konstante	-3,2536 (1,0854) [-2,998] {0,0027}	0,6931 (0,2978) [2,328] {0,0199}	-1,9783 (0,6430) [-3,077] {0,0021}	0,4322 (0,1852) [2,334] {0,0196}
pt1/100	0,4388 (0,1196) [3,669] {0,0002}	0,3556 (0,1086) [3,274] {0,0011}	0,2622 (0,0714) [3,671] {0,0002}	0,2215 (0,0671) [3,301] {0,0010}
Income/10.000	0,1652 (0,0709) [2,332] {0,0197}		0,1000 (0,0425) [2,348] {0,0190}	
Age/10	-0,1869 (0,0850) [-2,199] {0,0279}		-0,1057 (0,0466) [-2,267] {0,0234}	
Married	-0,5800 (0,2892) [-2,005] {0,0450}		-0,3659 (0,1717) [-2,131] {0,0331}	
Know	0,3104 (0,1488) [2,086] {0,0370}		0,1813 (0,0916) [1,978] {0,0480}	
Concern	0,3400 (0,2007) [1,992] {0,0464}		0,2552 (0,1231) [2,073] {0,038}	
Support	0,8619 (0,2650) [3,252] {0,0012}		0,5050 (0,14013) [3,604] {0,0003}	

*) Ausführliche Erläuterungen zur Tabelle im Text.

Zum Gütevergleich zweier Referendumsmodelle reicht es in der Regel aus, wenn die *Log-Likelihood-Endwerte* der beiden Modelle miteinander verglichen werden. Dabei wird die Eigenschaft ausgenutzt, daß zwei Log-Likelihoodwerte für binäre Discrete Choice-Modelle direkt vergleichbar sind [Davidson / MacKinnon (1993, S. 522)]. *Akaikes Informationskriterium* (AIK) korrigiert diese Log-Likelihood-Endwerte um die Anzahl M der geschätzten Parameter; dies entspricht - wie schon bei der Spezifikation von McFaddens korrigiertem R^2 - einer Anpassung an die Anzahl der Freiheitsgrade. In Tabelle 8.2 sind auch diese Werte zur Messung der Modellgüte aufgeführt. Sowohl für das AIK, als auch für den Endwert der Log-Likelihoodfunktion gilt, daß eine Modellanpassung um so besser gelingt, je näher der Wert bei Null liegt [Amemiya (1981, S. 1505)].

Tabelle 8.2 Gütemaße für die additiven Referendumsmodelle

Gütemaße	Logit-Modelle Mit Kovariaten	Logit-Modelle Ohne Kovariate	Probit-Modelle Mit Kovariaten	Probit-Modelle Ohne Kovariate
Prozent korrekter Vorhersagen	66,89	60,20	67,89	60,20
Log-Likelihood Anfangs-/Endwert	-205,64 -177,53	-205,64 -200,11	-205,64 -177,73	-205,64 -200,11
$\bar{\rho}^2$	0,10	0,02	0,17	0,04
χ^2-Wert (p-Wert)	56,22 (0,0000)	11,05 (0,0009)	55,81 (0,0000)	11,05 (0,0009)
AIK	-185,53	-202,12	-185,73	-202,12
N	299	299	299	299

Gemäß Tabelle 8.2 unterscheiden sich die binären Logit- und Probit-Referendumsmodelle mit zusätzlichen Kovariaten hinsichtlich ihrer Güteeigenschaften kaum voneinander. Dasselbe gilt für die Modelle ohne zusätzliche Kovariate. Es zeigt sich jedoch, daß die Modelle mit zusätzlichen Kovariaten eine höhere Güte aufweisen als die Modelle ohne Kovariate.

Hinsichtlich des Kriteriums des Log-Likelihood-Endwerts ist das Logit-Modell mit zusätzlichen Kovariaten das beste einfach-begrenzte additive Modell.

8.1.4 Wohlfahrtsmaße und Konfidenzintervalle

Für Modelle *ohne* zusätzliche Kovariate ergeben sich die Wohlfahrtsmaße wie in Abschnitt 6.4 erläutert. Für Modelle *mit* zusätzlichen Kovariaten ist zunächst für die erklärenden Variablen mit Ausnahme der Gebotsvariablen die „Grand Constant" zu bilden, indem für die unabhängigen Variablen deren Stichprobenmittelwerte eingesetzt werden [Pate / Loomis (1997, S. 203)]. Daraus ergibt sich für das logistische Regressionsmodell mit zusätzlichen Kovariaten:

(8.10) $$\text{Logit}(\pi_n^{\text{Ja}}) = \Delta v = 0{,}88 - 0{,}44 \cdot (\text{ptl}/100)$$

Setzt man Δv aus (8.10) in (5.25b) ein, ergibt sich:

(8.11) $$\pi_n^{\text{Nein}} = \frac{1}{1 + e^{(0{,}88\ -\ 0{,}0044 \cdot \text{ptl})}},$$

(8.11) ist gerade die gesuchte Beziehung zwischen der Wahrscheinlichkeit, mit „Nein" zu antworten, und den Geboten, so daß (8.11) der geschätzten logistischen Verteilungsfunktion der maximalen Zahlungsbereitschaften für den Fall mit zusätzlichen Kovariaten entspricht. (8.11) läßt sich wie im Falle des Modells ohne zusätzliche Kovariate zur Wohlfahrtsmessung heranziehen. Analog verläuft die Argumentation für den Fall des binären Probit-Modells.

Die Berechnung von *Konfidenzintervallen* für repräsentative maximale Zahlungsbereitschaften gestaltete sich lange Zeit äußerst problematisch, so daß man noch in der Literatur der 80er Jahre keine Konfidenzintervalle für Wohlfahrtsmaße findet.[68] Gründe hierfür liegen zum einen darin, daß sich die Wohlfahrtsmaße für viele Modelle aus dem Verhältnis zweier Zufallsvariablen zusammensetzen. So z. B. als Verhältnis der Konstanten zum Koeffizienten der Gebotsvariablen, wodurch ihre Verteilungen praktisch nicht bestimmbar sind. Zum anderen hat man es häufig mit Wohlfahrtsmaßen zu tun, die aus gestutzten und zensierten Verteilungen ermittelt werden, was es ebenfalls erschwert, die Verteilung der Wohlfahrtsmaße zu identifizieren. Im folgenden werden daher *zwei nicht-*

[68] Die „klassischen" Beiträge von Bishop / Heberlein (1979) und Hanemann (1984; 1989) fallen in diese Kategorie.

parametrische Ansätze zur Konstruktion von Konfidenzintervallen vorgestellt, die auf alle hier behandelten Referendumsmodelle anwendbar sind, so daß Wohlfahrtsmessungen verschiedener Modelle vergleichbar sind.

Der erste Ansatz beruht auf der Simulationsmethode nach Park, Loomis und Creel (1991). Dieses Verfahren kann zur Berechnung von Konfidenzintervallen auf jeden beliebigen Schätzer angewandt werden, der eine nichtlineare Funktion in seinen Parametern ist (S. 66).

Der geschätzte Koeffizientenvektor, $\tilde{\theta}$, und die zugehörige Varianz-Kovarianzmatrix, $\Sigma_{\tilde{\theta}}$, dienen bei diesem Verfahren als Parameter einer multivariaten Normalverteilung, $N(\tilde{\theta}, \Sigma_{\tilde{\theta}})$. Aus dieser multivariaten Normalverteilung wird mit Hilfe eines Zufallsgenerators ein neuer Parametervektor, $\tilde{\tilde{\theta}}$, erzeugt. Die in diesem Vektor enthaltenen Koeffizienten werden nun in eine der Formeln zur Berechnung der Wohlfahrtsmaße aus Abschnitt 6.4 eingesetzt, und die repräsentative maximale Zahlungsbereitschaft wird daraus berechnet. Dieser Vorgang wird 1.000 mal wiederholt, so daß sich eine Verteilung der simulierten repräsentativen maximalen Zahlungsbereitschaften ergibt.

Daraus erhält man ein (1 - α)-Konfidenzintervall mit Hilfe der Efronschen Perzentil-Methode. Hierzu werden die simulierten Wohlfahrtsmessungen zunächst der Größe nach geordnet. Daraufhin wird auf eine bestimmte Anzahl der höchsten und niedrigsten Werte verzichtet. Ein Konfidenzintervall auf dem α-Niveau beinhaltet dann alle Werte der simulierten maximalen Zahlungsbereitschaften zwischen den (α/2)- und den (1 - α/2)-Perzentilen der simulierten Verteilung der repräsentativen maximalen Zahlungsbereitschaften. Die Endpunkte eines Konfidenzintervalls auf dem (0,1 α)-Niveau sind die Werte des 5-ten und des 95-ten Perzentils der simulierten Verteilung. Der 51. und der 950. Wert aus einer Anzahl von 1.000 simulierten repräsentativen maximalen Zahlungsbereitschaften liefern in diesen Anwendungen die untere und die obere Grenze des Konfidenzintervalls.

Alles, was zur Berechnung eines Konfidenzintervalls benötigt wird, sind die Koeffizientenschätzungen, deren Varianz-Kovarianzmatrix und ein Zufallsgenerator, mit dem wiederholte Ziehungen aus einer multivariaten Normalverteilung möglich sind. Die ML-Schätzungen müssen allerdings asymptotisch normale Koeffizientenschätzer liefern. Dies hat für kleine Stichproben den Nachteil, daß jede Abweichung von der vorgegebenen Verteilung verzerrte Schätzer für die Konfidenzintervalle liefert [Cooper (1994, S. 111f.)].

Daher wird als zweiter Ansatz ein Bootstrapverfahren in Form der Perzentilmethode [s. Mooney / Duval (1993, S. 36f.)] vorgestellt. Dieses Verfahren beruht darauf, die vorhandene Stichprobe zu wiederholten Ziehungen zu nutzen. Bei der Bootstrapmethode wird 1.000 mal jeweils eine Stichprobe im Umfang der vorhandenen Stichprobengröße N mit Zurücklegen aus der vorhandenen Stichprobe gezogen, auf die dann die jeweiligen Schätzverfahren und Berechnungen der Wohlfahrtsmaße angewandt werden. Bei diesem Ansatz werden die Koeffizienten bei jedem Iterationsschritt neu geschätzt und die Wohlfahrtsmaße aus diesen Schätzungen berechnet. Mit Hilfe der im Zusammenhang mit der Simulationsmethode erläuterten Efronschen Perzentilmethode wird dann die untere und die obere Grenze eines Konfidenzintervalls aus der empirischen Verteilung der maximalen Zahlungsbereitschaften berechnet.

Auf Basis dieser beiden Verfahren sind die nicht symmetrischen Konfidenzintervalle für unterschiedliche Referendumsmodelle und verschiedene Wohlfahrtsmaße untereinander vergleichbar. Beide Verfahren kommen weitgehend ohne Verteilungsannahmen, das Bootstrapverfahren sogar gänzlich ohne Verteilungsannahmen aus.

Das Bootstrapverfahren liefert für die vorliegende Stichprobe nach Tabelle 8.4 engere Konfidenzintervalle um die Wohlfahrtsmesungen als die Simulationsmethode. Der Nachteil des Bootstrapverfahrens ist, daß die Log-Likelihoodfunktion für jeden Iterationsschritt neu maximiert werden muß, was bei aufwendigen Schätzverfahren trotz moderner Computertechnik sehr zeitintensiv werden kann, weshalb es nicht für alle Modelle durchgeführt wird. In Tabelle 8.4 sind für die einzelnen Modelle verschiedene Wohlfahrtsmessungen, die in Abschnitt 6.4 erläutert wurden, mit zugehörigen Konfidenzintervallen aufgeführt. Man beachte, daß die Grenzen der Konfidenzintervalle auf die erste Nachkommastelle gerundet sind.

Tabelle 8.4 zeigt, daß die marginalen Mittelwerte und die Mediane für alle Modelle unter der $200-Grenze liegen. Die an der Stelle $0 zensierten Mittelwerte tendieren hingegen zur $300-Grenze. Der größte Unterschied in der Wohlfahrtsmessung besteht zwischen dem an der Stelle $0 zensierten Mittelwert des binären Logit-Modells ohne zusätzliche Kovariate mit $309,13 und dem Mittelwert bzw. Median des binären Probit-Modells ohne zusätzliche Kovariate mit $195,13. Der Unterschied beträgt 63,12 % und ist statistisch signifikant, wie die sich nicht überlappenden Konfidenzintervallen für beide repräsentativen maximalen Zahlungsbereitschaften zeigen. Die an der Stelle $0 und $800 zensierten Mittelwerte liegen jedoch für alle Modellvarianten sehr eng beieinander; sie unterscheiden sich nicht statistisch signifikant.

Haab und McConnell (1997, S. 251) bezeichnen als "particularly vexing problem", daß zahlreiche Versionen des Referendumsmodells negative repräsentative maximale Zahlungsbereitschaften liefern, obwohl die Umwelt verbessert wird. Wie aus Tabelle 8.4 hervorgeht, sind hier die prognostizierten repräsentativen maximalen Zahlungsbereitschaften alle positiv. Dies trifft jedoch nicht für die mit der Simulationsmethode berechneten Konfidenzintervalle zu. Konfidenzintervalle um Mittelwert und Median der binären Logit- bzw. Probit-Modelle mit zusätzlichen Kovariaten reichen in den negativen Bereich hinein. Somit können negative Zahlungsbereitschaften für das rein umweltverbessernde Projekt nicht mit endgültiger Sicherheit ausgeschlossen werden.

Tabelle 8.4 Wohlfahrtsmaße für die einfach-begrenzten, additiven Modelle*

Wohlfahrtsmaße	Binäre Logit-Modelle: Mit Kovariaten	Binäre Logit-Modelle: Ohne Kovariate	Binäre Probit-Modelle: Mit Kovariaten	Binäre Probit-Modelle: Ohne Kovariate
Mittelwert und Median	\$199,28 (-29,3; 264,3) [129,1; 237,4]	\$194,81 (105,2; 252,6) [126,9; 237,9]	\$199,07 (-33,2; 266,2) [91,4; 249,9]	\$195,13 (113,6; 251,1) [97,9; 251,2]
Zensierter Mittelwert (\$0, \$800)	\$262,95 (230,2; 307,7)	\$278,07 (242,2; 331,0) [248,8; 312,2]	\$262,59 (228,5; 311,9)	\$275,36 (239,5; 326,4) [234,8; 322,0]
Zensierter Mittelwert (\$0)	\$278,71 (167,0; 358,4)	\$309,13 (255,9; 491,5) [265,5; 405,5]	\$271,98 (234,4; 358,0)	\$294,24 (245,0; 459,4) [246,5; 425,9]

* In runden Klammern unter der Wohlfahrtsmaßen sind die Konfidenzintervalle nach Park et al. (1991) aufgeführt; in eckigen Klammern darunter die Bootstrap-Konfidenzintervalle.

Schließt man negative Werte aus Plausibilitätsgründen, wie bei rein nutzensteigernden Projekten, aus, sollten additive Modelle nicht verwendet werden (man vergegenwärtige sich hierzu die Erläuterungen aus Abschnitt 6.3).

8.1.5 Graphische Analyse

Die als eine Art gesellschaftliche Nachfragefunktion nach dem Umweltprojekt für einen repräsentativen Konsumenten [Ahlheim (1995)] interpretierbare geschätzte logistische Verteilungsfunktion gemäß (8.11) ist in Abbildung 8.2 graphisch für den Fall des Logit-Modells ohne zusätzliche Kovariate dargestellt.

Bei der graphischen Analyse ist zu beachten, daß lediglich mit Null kodierte „Ja"-Antworten und mit Eins kodierte „Nein"-Antworten beobachtbar sind. Außerdem konzentrieren sich Beobachtungen auf die Stellen der angebotenen Gebote entlang der Abszisse. Die mit 0 und 1 indizierten Antworten werden entlang der Ordinate abgetragen. Für jedes Gebotsniveau verfügt man über so viele Beobachtungspunkte, wie verwendbare Interviews durchgeführt wurden.

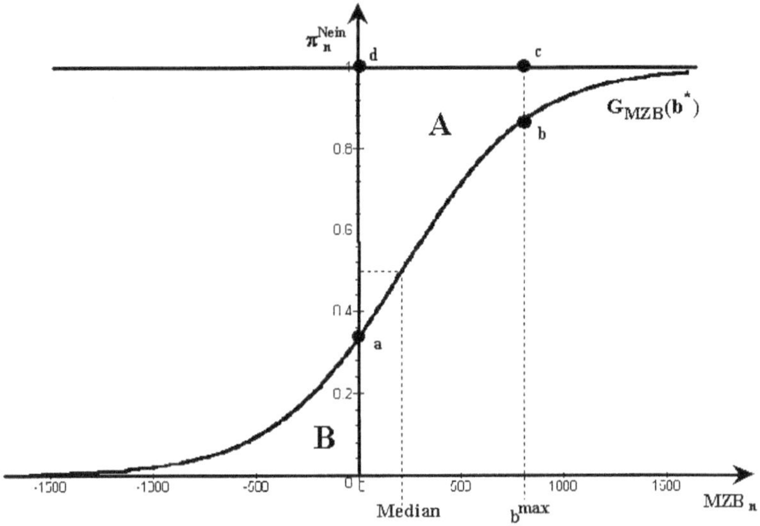

Abb. 8.2 Geschätzte logistische Verteilungsfunktion und Wohlfahrtsmessung

Der symmetrische Verlauf der logistischen Dichtefunktion spiegelt sich in der Verteilungsfunktion wider. Für niedrige (hier negative) Gebote steigt die Verteilungsfunktion bis zu einem Wendepunkt an der Stelle $\pi_n^{Nein} = 0,5$ immer steiler an, bis sie von dort an immer flacher ausläuft und asymptotisch gegen $\pi_n^{Nein} = 1$ konvergiert. Vom Betrachter sind in der Nähe der Indifferenzwahrscheinlichkeit $\pi_n^{Nein} = \pi_n^{Ja} = 0,5$ Vorhersagen über das Antwortverhalten nur unter sehr großer Unsicherheit möglich. An diesen Stellen führen bereits minimale Änderungen im Gebotsniveau zu einer Änderung der Antwort von „Ja" zu „Nein", oder umgekehrt. Die Ordinatenwerte 0 und 1 selbst werden nie erreicht.

Den Median ist direkt an der Stelle $\pi_n^{Nein} = 0,5$ ablesbar. Er befindet sich am Wendepunkt der Verteilung, da dort die zugehörige Dichtefunktion ihr Maximum annimmt. Wegen der Symmetrie der logistischen Verteilung ist der Median gleich dem marginalen Mittelwert, der sich aus der Differenz der Flächen A und B ergibt. Der an den Stellen $0 und b^{max} = $800 zensierte Mittelwert bestimmt sich aus der Fläche abcd. Der an der Stelle $0 zensierte Mittelwert entspricht dem Flächeninhalt, der durch A gegeben ist.

8.1.6 Extreme maximale Zahlungsbereitschaften

Bei Verwendung der logistischen Verteilung und der Normalverteilung ragen die Verteilungsfunktionen in den negativen Orthanten hinein, in dem die maximalen Zahlungsbereitschaften negativ. Somit sind sie als Kompensationsforderungen interpretierbar.

In Abbildung 8.2 mindert die Kompensationsforderung die repräsentative MZB um die Fläche B. Diese entspricht dem Geldbetrag

$$(8.12) \qquad B \equiv \int_{-\infty}^{0} \frac{1}{1 + e^{0{,}6931 - 0{,}0036 \cdot b^*}} \, d(b^*) \approx \$79{,}43$$

In Abbildung 8.2 konvergiert die Verteilung der maximalen Zahlungsbereitschaften langsam gegen den Wert 1. Extreme Werte weit über dem beobachtbaren Bereich bis $800 können nicht ausgeschlossen werden.

Allerdings sollte sich aus den erwähnten Gründen eine moderne und anspruchsvolle Studie mit der Referendumsmethode nicht auf Modelle mit logistischen oder normalen Verteilungsannahmen stützen.

8.2 Einfach-begrenzte, multiplikative Modelle

Zur Vermeidung der negativen maximalen Zahlungsbereitschaften der additiven Modelle werden im folgenden nichtnegative Verteilungen verwendet, die zu den multiplikativen Referendumsmodellen aus 5.3.2 korrespondieren. Diese ergeben sich aus (5.40b) für das Loglogitmodell, aus (5.44b) für das Logprobitmodell und aus (5.48b) für das Weibull-Modell (vgl. hierzu auch Tabelle 5.1).

In multiplikativen Modellen besteht eine lineare Beziehung zwischen dem Logarithmus des Gebots und den Antwortwahrscheinlichkeiten. Daher werden anstelle von pt1 und pt2 die logarithmierten erklärenden Variablen ln(pt1) und ln(pt2) berücksichtigt. Deren deskriptive Statistiken sind in Tabelle 8.5 aufgeführt.

Tabelle 8.5 Zusammenfassung der Stichprobendaten für ln(pt1) und für ln(pt2)

Variablen	Mittelwert	σ	Minimum	Maximum	Beobachtungen
ln(pt1)	5,3509	0,5445	4,6052	5,9915	1.008
ln(pt2)	5,0697	0,8036	3,9120	6,6846	1.001

8.2.1 Parameterschätzung, Güte und Wohlfahrtsmessung

Die zugehörigen Koeffizientenschätzungen für diese Modelle sind in Tabelle 8.7 wiedergegeben. Koeffizientenschätzungen für Variablen, die auf dem Niveau $\alpha_{krit} = 0{,}05$ nicht signifikant sind, werden in Tabelle 8.7 nicht aufgeführt. Statt dessen wird der Einfluß dieser Variablen eliminiert und das Modell ohne die Verwendung nicht signifikanter Variablen neu geschätzt.

Mit Ausnahme des Koeffizienten der Gebotsvariablen gilt auch für die multiplikativen Modelle der Zusammenhang, daß positive Koeffizienten auf eine positive Verbindung zwischen der zugehörigen unabhängigen Variablen und der Wahrscheinlichkeit, mit „Ja" zu antworten, und damit mit der maximalen Zahlungsbereitschaft (MZB) hinweisen. Für negative Koeffizienten ist hingegen umgekehrt eine negative Beziehung zwischen der MZB und der zugehörigen unabhängigen Variablen gegeben.

Die geschätzten Koeffizienten besitzen wieder die erwarteten Vorzeichen. Der Koeffizient der Gebotsvariablen wird stets so geschätzt, daß sein Vorzeichen positiv ist. Daher weist ein positives Vorzeichen des Koeffizienten der Gebotsvariablen auf eine negative Verbindung zwischen dem Gebot und der Wahrscheinlichkeit, mit „Ja" zu antworten, hin.

Gemäß Tabelle 8.6 ist die Güte für vergleichbare einfach-begrenzte, multiplikative Modelle etwa gleich hoch. Die Güteeigenschaften für die Modelle mit zusätzlichen Kovariaten sind etwas besser. Das Logprobitmodell hat gemäß dem Kriterium des Log-Likelihood-Endwerts für die Modelle mit zusätzlichen Kovariaten (M.K.) die höchste Güte, für die Modelle ohne zusätzliche Kovariate (O.K.) ist die Güte nicht unterscheidbar.

Tabelle 8.6	Gütemaße für einfach-begrenzte, multiplikative Modelle					
Gütemaß	**Loglogit-Modell**		**Logprobit-Modell**		**Weibull-Modell**	
	M. K.	**O. K.**	**M. K.**	**O. K.**	**M. K.**	**O. K.**
Prozent korrekt	68,23	60,20	67,56	60,20	68,56	60,20
LL-Endwert	-181,99	-199,99	-178,28	-200,00	-181,50	-200,00
$\overline{\rho}^2$	0,09	0,02	0,09	0,02	0,09	0,02
χ^2-Wert (p-Wert)	47,31 (0,0000)	11,30 (0,0008)	54,73 (0,0000)	11,31 (0,0008)	48,28 (0,0000)	11,28 (0,0003)
AIK	-187,99	-201,99	-186,28	-202,00	-187,50	-202,00

Die marginalen Mittelwerte für das Loglogit- und für das Weibull-Modell sind gemäß Tabelle 8.8 nicht definiert. Dies verwundert nicht, da laut Tabelle 8.6 der Koeffizient β der Gebotsvariablen für diese Modelle kleiner als Eins ist. Gemäß Tabelle 5.2 führt dieser Sachverhalt zu nicht definierten marginalen Mittelwerten. Für das Logprobit-Modell ist der marginale Mittelwert zwar gemäß (5.45) berechenbar, die Werte sind jedoch unplausibel hoch. Aus den weiten Konfidenzintervallen um die Mittelwerte ist die Instabilität der Schätzungen ersehbar.

Als Alternativen zum marginalen Mittelwert bietet sich der am höchsten beobachtbaren Gebot $800 zensierte Mittelwert an. Dieser liegt für die geschätzten Modelle etwa zwischen $312 und $326. Signifikante Unterschiede sind aus einem Vergleich der Konfidenzintervalle nicht festzustellen. Die Wohlfahrtsmaße erweisen sich damit als relativ robust gegenüber unterschiedlichen Verteilungsannahmen. Eine Ausnahme bildet das Weibull-Modell mit zusätzlichen Kovariaten, das relativ instabile Koeffizientenschätzungen liefert, was zu einem weiten Konfidenzintervall führt.

Als alternative Repräsentanten einer durchschnittlichen Zahlungsbereitschaft werden die Mediane der Verteilungen in Tabelle 5.2 aufgeführt. Diese liegen statistisch signifikant unter den zensierten Mittelwerten zwischen $156 und $187. Die Unterschiede zwischen Medianen und zensierten Mittelwerten bewegen sich in einer Größenordnung zwischen 50 und 58 Prozent.

Tabelle 8.7 Schätzungen einfach-begrenzter, multiplikativer Referendumsmodelle

	Loglogit-Modell		Logprobit-Modell		Weibull-Modell	
Variablen	**M. K.**	**O. K.**	**M. K.**	**O. K.**	**M. K.**	**O. K.**
Konstante	0,2148 (1,5518) [0,138] {0,8899}	3,9505 (1,2626) [3,129] {0,0018}	0,3400 (0,9949) [0,342] {0,7325}	2,4604 (0,7818) [3,147] {0,0017}	-0,3375 (1,1074) [-0,305] {0,7605}	2,5082 (0,8840) [2,837] {0,0046}
ln(pt1)	0,8298 (0,2532) [3,277] {0,0011}	0,7674 (0,2321) [3,306] {0,0010}	0,5372 (0,1519) [3,537] {0,0004}	0,4779 (0,1436) [3,328] {0,0009}	0,5853 (0,1704) [3,424] {0,0006}	0,5610 (0,1651) [3,397] {0,0007}
Income/ 10.000	0,1687 (0,0707) [2,385] {0,0171}		0,0988 (0,0427) [2,310] {0,0209}		0,1086 (0,0464) [2,339] {0,0193}	
Age/10			-0,1054 (0,0469) [-2,245] {0,0248}			
Married	-0,7082 (0,2825) [-2,507] {0,0122}		-0,3607 (0,1714) [-2,105] {0,0353}		-0,5286 (0,1959) [-2,698] {0,0070}	
Know	0,3231 (0,1435) [2,252] {0,0243}		0,18210 (0,0916) [1,989] {0,0467}		0,2486 (0,1006) [2,471] {0,0135}	
Concern			0,2510 (0,1234) [2,034] {0,0420}			
Support	1,0287 (0,2321) [4,432] {0,0000}		0,4863 (0,1393) [3,490] {0,0005}		0,7511 (0,1645) [4,565] {0,0000}	

* In der ersten Zeile einer Zelle stehen die für die Koeffizienten geschätzten Werte; darunter in runden Klammern ist die Standardabweichung σ abgetragen; in eckigen Klammern darunter ist der asymptotische z-Wert eingetragen; der zugehörige p-Wert befindet sich in geschweiften Klammern darunter.

Tabelle 8.8 Wohlfahrtsmaße für die multiplikativen, einfach-begrenzten Modelle

Wohlfartsmaß	Loglogit-Modell		Logprobit-Modell		Weibull-Modell	
	M. K.	O. K.	M. K.	O. K.	M. K.	O. K.
Mittelwert [$]	∞	∞	**5.961,60**	**1.535,90**	∞	∞
Untere Konfidenz [$]	-	-	10,24	489,40 (476,20)	-	-
Obere Konfidenz [$]	-	-	12.770	$51 \cdot 10^4$ ($32 \cdot 10^4$)	-	-
Median [$]	**170,65**	**172,11**	**186,30**	**172,08**	**156,16**	**168,08**
Untere Konfidenz [$]	49,50	112,80 (108,60)	57,42	107,50 (112,50)	62,30	117,20 (124,50)
Obere Konfidenz [$]	243,00	219,20 (221,90)	265,30	219,10 (220,60)	232,40	124,50 (347,60)
Zensierter Mittelwert ($800) [$]	**312,28**	**319,18**	**321,38**	**318,20**	**313,76**	**325,92**
Untere Konfidenz [$]	274,90	280,70 (281,10)	278,30	280,90 (280,80)	198,80	269,70 (290,20)
Obere Konfidenz [$]	355,00	358,80 (359,10)	365,70	358,60 (361,40)	588,50	364,20 (363,20)

* Unter den zentralen Lageparametern sind die Konfidenzintervalle nach Park et al. (1991) aufgeführt; in runden Klammern darunter befinden sich die zugehörigen Bootstrap-Konfidenzintervalle.

8.2.2 Das "fat tail"-Problem

In Abb. 8.3 ist die geschätzte Verteilungsfunktion des Loglogitmodells ohne zusätzliche Kovariate graphisch dargestellt. Der marginale Mittelwert entspricht der schraffierten Fläche. Er ist jedoch nicht definiert, da die Verteilungsfunktion nicht gegen die Asymptote an der Stelle $\pi_n^{Nein} = 1$ konvergiert. Dies ist das sogenannte "fat tail"-Problem parametrischer Referendumsmodelle [Ready / Hu (1995)]. Der obere "tail" ergibt sich aus der Differenz der Asymptote an der Stelle $\pi_n^{Nein} = 1$ und dem Wert der Verteilungsfunktion an Stellen außergewöhnlich hoher maximaler Zahlungsbereitschaften. Eine große Differenz wird als fat tail bezeichnet. Analoges gilt für extrem niedrige maximale Zahlungsbereitschaften.

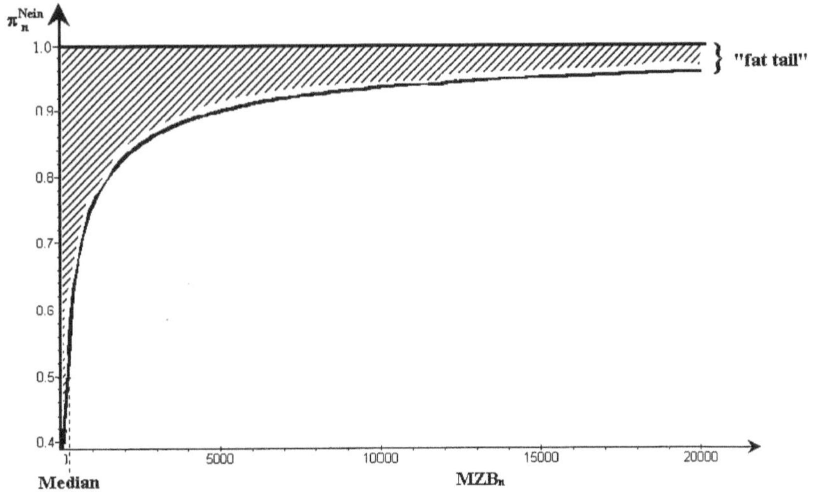

Abb. 8.3 Fat tail der loglogistischen Verteilung des einfach-begrenzten Modells

8.3 Doppelt-begrente, additive Modelle

Die grundlegende Struktur des doppelt-begrenzten Referendumsmodells wurde im dritten Kapitel entwickelt (vgl. (3.6) bis (3.9)). Zur Konstruktion der Likelihoodfunktion werden die Wahrscheinlichkeiten $\pi_n^{Ja,Ja}$, $\pi_n^{Nein,Ja}$, $\pi_n^{Ja,Nein}$ und $\pi_n^{Nein,Nein}$ benötigt. Dies sind die Wahrscheinlichkeiten dafür, daß das n-te Individuum beide Fragen bejaht, bzw. die erste Frage verneint und die zweite bejaht, bzw. die erste Frage bejaht und die zweite verneint oder beide Fragen verneint. Die Wahrscheinlichkeiten ergeben sich aus:

(8.13)

(a) $\pi_n^{Ja,Ja} = \Pr\{b_n \leq MZB_n \text{ und } b_n^h \leq MZB_n\} = 1 - G_{MZB}(b_n^h;\ \theta^{DR})$

(b) $\pi_n^{Ja,Nein} = \Pr\{b_n \leq MZB_n < b_n^h\} = G_{MZB}(b_n^h;\ \theta^{DR}) - G_{MZB}(b_n;\ \theta^{DR})$

(c) $\pi_n^{Nein,Ja} = Pr\{b_n > MZB_n \geq b_n^n\} = G_{MZB}(b_n;\ \theta^{DR}) - G_{MZB}(b_n^h;\ \theta^{DR})$

(d) $\pi_n^{Nein,Nein} = Pr\{b_n > MZB_n \text{ und } b_n^n > MZB_n\} = G_{MZB}(b_n^n;\ \theta^{DR})$

8.3.1 Koeffizientenschätzungen

Die zugehörige Log-Likelihoodfunktion mit den in Abschnitt 3.3 bereits definierten Indikatorvariablen lautet:

(8.14) $$\ln[L(\theta^{DR})] = \sum_{n=1}^{N} I_{1,n}^{Ja,Ja} \cdot \ln[\pi_n^{Ja,Ja}(b_n^h)] + I_{2,n}^{Ja,Nein} \cdot \ln[\pi_n^{Ja,Nein}(b_n, b_n^h)] + I_{3,n}^{Nein,Nein} \cdot \ln[\pi_n^{Nein,Nein}(b_n^n)] + I_{4,n}^{Nein,Ja} \cdot \ln[\pi_n^{Nein,Ja}(b_n, b_n^n)]$$

Das zugehörige Optimierungsproblem ist:

(8.15) $$\ln[L(\theta^{DR})] \rightarrow \underset{\theta^{DR}}{\text{Max!}} \Rightarrow \tilde{\theta}^{DR}$$

Der ML-Schätzer $\tilde{\theta}^{DR}$ ergibt sich aus den Bedingungen erster Ordnung von (8.15). Die asymptotische Varianz-Kovarianzmatrix für $\tilde{\theta}^{DR}$ ist:

(8.16) $$V(\tilde{\theta}^{DR}) = \left[- E \frac{\partial^2 \ln L(\theta^{DR})}{\partial \theta^{DR} \partial \theta^{DR^T}} \right]^{-1} \Bigg|_{\theta^{DR} = \tilde{\theta}^{DR}} \equiv I(\tilde{\theta}^{DR})^{-1},$$

wobei $I(\tilde{\theta}^{DR})$ die Fishersche Informationsmatrix für das doppelt-begrenzte Referendumsmodell symbolisiert, die an der Stelle $\theta^{DR} = \tilde{\theta}^{DR}$ berechnet wird.

In Tabelle 8.9 sind die Koeffizientenschätzungen für die doppelt-begrenzten additiven Modelle aufgeführt. Sowohl die Gebote der ersten als auch die der zweiten Fragerunde finden in der Log-Likelihoodfunktion (8.14) Berücksichtigung. Die Gebotsvariablen pt1 und pt2 werden zuvor mit dem Faktor 1/100 skaliert. Der Koeffizient der Gebotsvariablen bleibt jedoch für beide Fragerunden derselbe. Die skalierte Gebotsvariable bei Anwendungen der doppelten Referendumsmethode wird fortan mit "pt" bezeichnet.

Tabelle 8.9 Koeffizientenschätzungen der doppelt-begrenzten, additiven Modelle

Variablen	Binäre Logit-Modelle: Mit Kovariaten	Binäre Logit-Modelle: Ohne Kovariate	Binäre Probit-Modelle: Mit Kovariaten	Binäre Probit-Modelle: Ohne Kovariate
Konstante	-2,000 (0,9183) [-2,178] {0,0294}	1,0957 (0,1541) [7,109] {0,0000}	-1,202 (0,5291) [-2,271] {0,0231}	0,6408 (0,0937) [6,838] {0,0000}
pt/100	0,6851 (0,0479) [14,294] {0,000}	0,6271 (0,0435) [14,435] {0,0000}	0,3906 (0,0245) [15,975] {0,0000}	0,3561 (0,0221) [16,122] {0,0000}
Income/10.000	0,1257 (0,0552) [2,279] {0,0227}		0,1042 (0,0347) [3,002] {0,0027}	
Age/10	-0,2390 (0,0674) [-3,546] {0,0004}		-0,1244 (0,0391) [-3,187] {0,0014}	
Married			-0,2924 (0,1431) [-2,044] {0,0410}	
Know	0,2797 (0,1279) [2,187] {0,0250}		0,1557 (0,0782) [1,990] {0,0466}	
Concern	0,4095 (0,1828) [2,240] {0,0064}		0,2289 (0,1081) [2,118] {0,0342}	
Support	0,5889 (0,2158) [2,729] {0,0064}		0,3689 (0,1254) [2,942] {0,0033}	

* In der ersten Zeile einer Zelle stehen die für die Koeffizienten geschätzten Werte; darunter in runden Klammern ist die Standardabweichung σ abgetragen; in eckigen Klammern darunter ist der asymptotische z-Wert eingetragen; der zugehörige p-Wert befindet sich in geschweiften Klammern darunter.

Im binären Logit-Modell mit zusätzlichen Kovariaten ist die Variable Married nicht signifikant. Sämtliche Vorzeichen der signifikanten Koeffizienten weisen jedoch auf die erwarteten Beziehungen zwischen der Wahrscheinlichkeit, mit „Ja“ zu antworten, und der zugehörigen unabhängigen Variablen hin.

8.3.2 Das Problem der Gütebestimmung

Für das doppelt-begrenzte Modell existiert kein Konstantenmodell. Die Log-Likelihoodfunktion kann nicht an der Stelle evaluiert werden, an der alle Koeffizienten mit Ausnahme der Konstanten Null sind. Dies wird deutlich, wenn die zweiten und vierten Terme der Log-Likelihoodfunktion (8.14) betrachtet werden. Beispielsweise ergibt sich für den zweiten Term:

$$(8.17) \qquad \ln[\pi_n^{Ja,Nein}(b_n, b_n^h)] = \ln[\, G_{MZB}(b_n^h; \theta^{DR}) - G_{MZB}(b_n; \theta^{DR})\,].$$

Wählt man für G_{MZB} eine Normalverteilung, Φ, und betrachtet das Modell mit der Konstanten α als einzigen Parameter, erhält man aus (8.17):

$$(8.18) \qquad \ln[\pi_n^{Ja,Nein}(b_n, b_n^h)] = \ln[\Phi(\alpha) - \Phi(\alpha)] = \ln(0),$$

was bedeutet, daß dieser Ausdruck nicht definiert ist. Dasselbe gilt für den vierten Term. Daraus folgt, daß das Konstantenmodell nicht definiert ist.

Wegen der Nichtexistenz des Konstantenmodells sind zahlreiche Gütemaße, die geeignet sind, nicht genestete Hypothesen zu überprüfen und verschiedene Modelle miteinander zu vergleichen, für das doppelt-begrenzte Modell nicht verfügbar. Denn diese Maße beziehen sich auf den Log-Likelihood-Endwert des Konstantenmodells. So sind das Modell χ^2 und McFaddens R^2 nicht berechenbar. Kanninen und Khawaja (1995) schlagen ein Gütemaß für die doppelt-begrenzte Methode vor, das an die Vorhersagegenauigkeit im Sinne der Klassifikationsmatrix der einfach-begrenzten Modelle anknüpft. In 8.1.3 wurde erwähnt, daß die Klassifikationsmatrix als Gütemaß zahlreiche Schwächen besitzt, die sich auch auf das Maß der Autorinnen übertragen (s. ihre Hinweise S. 888f.).

Verwendet wird hier das Akaike-Informationskriterium (AIK) als Prüfmaß für nicht genestete Hypothesen. Amemiya (1981, S. 1505) rät, ganz auf die Anpassung des Log-Likelihoodwerts zu verzichten und nur den negativen Wert der Log-Likelihoodfunktion als Gütekriterium zu verwenden. Der Log-Likelihood-endwert ist demgemäß das in der Literatur üblichste Gütemaß für die Referendumsmethode [z. B. McFadden / Leonard (1993, S. 181)].

Gemäß Tabelle 8.10 passen die Logit-Modelle die Daten besser an als die Probit-Modelle. Wieder liefern Modelle mit zusätzlichen Kovariaten eine bessere Anpassung als Modelle ohne zusätzliche Kovariate.

Tabelle 8.10 Gütemaße für doppelt-begrenzte, additive Modelle

Gütemaße	Binäre Logit-Modelle Mit Kovariaten	Binäre Logit-Modelle Ohne Kovariate	Binäre Probit-Modelle Mit Kovariaten	Binäre Probit-Modelle Ohne Kovariate
Log-Likelihood Endwert	-378,83	-401,16	-379,04	-403,87
AIK	-385,83	-403,15	-387,04	-405,87
N	299	299	299	299

8.3.3 Wohlfahrtsmesung

Gemäß Tabelle 8.11 ergeben sich zwischen den geschätzten Modellen hinsichtlich verschiedener Wohlfahrtsmaße keine signifikanten Unterschiede.

Wie zu erwarten, liefern der marginale Mittelwert und der Median mit Werten zwischen \$173 und \$180 die konservativsten Schätzungen. Die an den Stellen \$0 und \$800 zensierten Mittelwerte variieren zwischen \$212 und \$223 und liegen damit in etwa derselben Größenordnung wie die an der Stelle \$0 zensierten Mittelwerte, die zwischen \$214 und \$224 schwanken.

8.4 Doppelt-begrenzte, multiplikative Modelle

In diesem Abschnitt werden die doppelt-begrenzten, multiplikativen Referendumsmodelle diskutiert, die aus der Annahme einer loglogistischen, lognormalen und einer Weibull-Verteilung resultieren.

Tabelle 8.11 Wohlfahrtsmaße für doppelt-begrenzte, additive Modelle*				
Wohlfartsmaß	**Binäres Logit-Modell**		**Logprobit-Modell**	
	Mit Kovariaten	**Ohne Kovariate**	**Mit Kovariaten**	**Ohne Kovariate**
Mittelwert / Median [$]	**176,10**	**173,06**	**179,58**	**179,93**
Untere Konfidenz [$]	100,00	145,10 (153,80)	77,10	143,60 (148,90)
Obere Konfidenz [$]	263,60	202,90 (195,30)	217,40	208,90 (209,00)
Zensierter Mittelwert ($0, $800) [$]	**212,35**	**217,59**	**215,42**	**222,89**
Untere Konfidenz [$]	193,10	196,30 (200,90)	195,20	203,40 (201,10)
Obere Konfidenz [$]	233,30	239,80 (234,60)	237,30	243,30 (247,00)
Zensierter Mittelwert ($800) [$]	**214,37**	**220,57**	**216,07**	**224,23**
Untere Konfidenz [$]	183,80	201,00 (203,00)	139,90	202,60 (203,30)
Obere Konfidenz [$]	245,40	240,90 (203,00)	238,70	247,90 (251,00)

* Unter den Wohlfahrtsmaßen sind die Konfidenzintervalle nach Park et al. (1991) aufgeführt; in runden Klammern darunter die Bootstrap-Konfidenzintervalle.

8.4.1 Koeffizientenschätzungen und Modellgüte

Für die doppelt-begrenzten multiplikativen Modelle ergeben sich nach der Maximierung der Log-Likelihoodfunktion (8.20) die in Tabelle 8.12 dargestellten Koeffizientenschätzungen. Alle Koeffizienten der Modelle weisen das erwartete Vorzeichen auf. Im Loglogit-Modell mit zusätzlichen Kovariaten ist zudem die Variable Married nicht signifikant. Allerdings liefern Modellschätzungen ohne diese Variable kontraintuitive Ergebnisse, so daß die Variable im Modell beibehalten wird.

Ein Vergleich der Gütemaße der Modelle mit Kovariaten (M. K.) und ohne Kovariate (O. K.) in Tabelle 8.13 zeigt, daß das Logprobitmodell die Daten gemäß den Gütekriterien des Log-Likelihood-Endwerts (LL) und des AIK am besten anpaßt.

8.4.2 Wohlfahrtsmessung

Die Wohlfahrtsessungen sind in Tabelle 8.14 für die Modelle mit zusätzlichen Kovariaten (M. K.) und ohne zusätzliche Kovariate (O. K.) aufgeführt.

Die zu hohen unbeschränkten Mittelwerte für die Weibull-Modelle sind auf instabile Koeffizientenschätzungen zurückzuführen, wie man den Konfidenzintervallen entnimmt.

Relativ eng beieinander liegen sowohl die Mediane (zwischen $137 und $154) als auch die an der Stelle $800 zensierten Mittelwerte (zwischen $225 und $246). Für diese Wohlfahrtsmessungen existieren keine signifikanten Unterschiede zwischen den Modellen.

8.5 Vergleiche der geschätzten Modelle

In diesem Abschnitt werden zunächst die einfache und doppelte Referendumsmethode exemplarisch auf statistische Effizienz hin verglichen. Die Verteilungsannahmen werden mit Hilfe eines auf diese Fragestellung angepaßten χ^2-Verteilungstests überprüft. Die ermittelten repräsentativen maximalen Zahlungsbereitschaften der einfach- und doppelt-begrenzten Modelle werden miteinander verglichen. Die dabei auftretenden Inkonsistenzen werden anschließend eingehend untersucht. Hierzu wird ein neuer Test auf Ankereffekte verwendet.

Tabelle 8.12 Schätzungen doppelt-begrenzter, multiplikativer Referendumsmodelle

Variablen	Loglogit-Modell M. K.	Loglogit-Modell O. K.	Logprobit-Modell M. K.	Logprobit-Modell O. K.	Weibull-Modell M. K.	Weibull-Modell O. K.
Konstante	5,4021 (1,0118) [5,339] {0,0000}	7,5310 (0,5687) [13,242] {0,0000}	3,0802 (0,5976) [5,155] {0,0000}	4,4793 (0,3146) [14,240] {0,0000}	3,6003 (0,5998) [6,002] {0,0000}	4,7525 (0,3730) [12,741] {0,0000}
ln(pt)	1,6683 (0,1251) [13,333] {0,0000}	1,4949 (0,1111) [13,461] {0,0000}	0,9821 (0,0662) [14,840] {0,0000}	0,8940 (0,0607) [14,723] {0,0000}	1,1069 (0,0840) [13,172] {0,0000}	1,0382 (0,0815) [12,735] {0,0000}
Income/ 10.000	0,1685 (0,0585) [2,881] {0,0034}		0,1028 (0,0349) [2,948] {0,0032}		0,0975 (0,0352) [2,766] {0,0057}	
Age/10	-0,2391 (0,0665) [-3,593] {0,0003}		-0,1290 (0,0388) [-3,328] {0,0009}		-0,1387 (0,0470) [-2,954] {0,0031}	
Married	-0,4464 (0,2420) [-1,845] {0,0651}		-0,3000 (0,1430) [-2,097] {0,0360}		-0,3920 (0,1549) [-2,531] {0,0114}	
Know	0,2876 (0,1282) [2,242] {0,0250}		0,1598 (0,0779) [2,052] {0,0402}		0,2440 (0,0814) [2,999] {0,0027}	
Concern	0,3974 (0,1806) [2,201] {0,0277}		0,2337 (0,1075) [2,175] {0,0297}			
Support	0,5663 (0,2151) [2,633] {0,0085}		0,3502 (0,1255) [2,791] {0,0053}		0,4684 (0,1383) [3,386] {0,0007}	

* In der ersten Zeile einer Zelle stehen die für die Koeffizienten geschätzten Werte; darunter in runden Klammern ist die Standardabweichung σ abgetragen; in eckigen Klammern darunter ist der asymptotische z-Wert eingetragen; der zugehörige p-Wert befindet sich in geschweiften Klammern darunter.

Tabelle 8.13 Gütemaße für die doppelt-begrenzten, multiplikativen Modelle

	Loglogit-Modell		**Logprobit-Modell**		**Weibull-Modell**	
	M. K.	**O. K.**	**M. K.**	**O. K.**	**M. K.**	**O. K.**
LL	-377,97	-403,11	-376,84	-401,80	-391,96	-414,21
AIK	-385,97	-405,11	-384,84	-403,80	-398,96	-416,21
N	299	299	299	299	299	299

Tabelle 8.14 Wohlfahrtsmaße für die multiplikativen, doppelt-begrenzten Modelle

Wohlfartsmaß	**Loglogit-Modell**		**Logprobit-Modell**		**Weibull-Modell**	
	M. K.	**O. K.**	**M. K.**	**O. K.**	**M. K.**	**O. K.**
Mittelwert [$]	**303,93**	**307,13**	**251,62**	**280,38**	**964,99**	**2.578,68**
Untere Konfidenz [$]	144,30	149,50 (307,00)	168,40	238,50 (340,10)	410,40	593,2 ($19 \cdot 10^3$)
Obere Konfidenz [$]	759,40	727,80 (498,40)	296,60	246,90 (322,80)	1.544,00	743,60 ($16 \cdot 10^3$)
Median [$]	**153,59**	**153,46**	**149,83**	**149,98**	**136,57**	**138,44**
Untere Konfidenz [$]	90,50	91,70 (319,70)	71,50	132,40 (130,90)	91,60	123,10 (120,40)
Obere Konfidenz [$]	300,40	319,70 (172,40)	208,20	168,80 (169,20)	259,40	158,50 (155,80)
Zensierter Mittelwert ($800) [$]	**228,99**	**229,52**	**224,82**	**235,28**	**237,54**	**246,04**
Untere Konfidenz [$]	207,90	207,30 (219,40)	204,20	214,40 (215,10)	212,10	220,70 (221,40)
Obere Konfidenz [$]	252,70	252,70 (260,80)	248,00	262,10 (256,30)	267,50	276,10 (274,30)

* Unter den Wohlfahrtsmaßen sind die Konfidenzintervalle nach Park et al. (1991) aufgeführt; in runden Klammern darunter die Bootstrap-Konfidenzintervalle.

8.5.1 Ein Effizienzvergleich

Hanemann et al. (1991) weisen theoretisch den Effizienzgewinn bei Verwendung der doppelten gegenüber der einfachen Referendumsmethode nach. Anhand eines Vergleichs der Varianz-Kovarianz-Matrizen für die Weibull-Modelle wird dieser Effizienzgewinn hier empirisch überprüft.

Die Varianz-Kovarianzmatrix des einfach-begrenzten Weibull-Modells ohne zusätzliche Kovariate, Σ_W^{ER}, ermittelt sich zu:

$$(8.19) \qquad \Sigma_W^{ER} = \begin{bmatrix} 7{,}82 \cdot 10^{-1} & 1{,}45 \cdot 10^{-1} \\ 1{,}45 \cdot 10^{-1} & 2{,}73 \cdot 10^{-2} \end{bmatrix}$$

Entsprechend ergibt sich die Varianz-Kovarianzmatrix für das doppelt-begrenzte Weibull-Modell ohne zusätzliche Kovariate, Σ_W^{DR}, zu:

$$(8.20) \qquad \Sigma_W^{DR} = \begin{bmatrix} 1{,}39 \cdot 10^{-1} & 2{,}99 \cdot 10^{-2} \\ 2{,}99 \cdot 10^{-2} & 6{,}65 \cdot 10^{-3} \end{bmatrix}$$

Ein Vergleich der Hauptdiagonalen der beiden Matrizen liefert die Änderung der Varianzen. Die Varianz der geschätzten Konstanten mindert sich bei Verwendung der doppelt-begrenzten Methode um das ca. Sechsfache und die Varianz des geschätzten Koeffizienten der Zahlungsbereitschaftsvariablen um mehr als das Vierfache gegenüber der einfach-begrenzten Version; um ca. denselben Faktor verringern sich auch die Kovarianzen.

Die Ergebnisse dieses Vergleich zeigen, daß der statistische Effizienzgewinn für übliche Stichprobengrößen bei Verwendung der doppelt-begrenzten Methode beträchtlich sein kann.

8.5.2 Überprüfung der Verteilungsannahmen

Mit Hilfe eines χ^2-Test werden Hypothesen über die Verteilung der maximalen Zahlungsbereitschaften überprüft [vgl. zu diesem Testverfahren allgemein Rüger (1996, S. 285 ff.) sowie Schaich (1990, S. 221 ff.)]. Üblicherweise werden vor der Durchführung eines χ^2-Verteilungstests die tatsächlich beobachteten Ausprägungen der Zufallsvariablen den als „Gruppen" bezeichneten Intervallen zugeordnet.

Diese Vorgehensweise ist mit Beobachtungen aus Referendumsbefragungen nicht möglich. Ihr steht entgegen, daß die maximalen Zahlungsbereitschaften nicht beobachtet werden. Was beobachtet wird, sind „Ja"- und „Nein"-Antworten zu festgelegten Geboten. Dieser Umstand mag erklären, warum mir aus der Literatur zur Referendumsmethode keine Überprüfungen der Verteilungshypothese bekannt sind. Parametrische Verteilungen werden ohne weitere Prüfung in der Regel ad hoc unterstellt. Die Modelle werden, wenn überhaupt, anhand von Gütemaßen, die den gesamten Erklärungsansatz überprüfen, verglichen [z. B. McFadden / Leonard (1993)]. Im folgenden wird gezeigt, wie für die einfache Referendumsmethode mit der Hilfskonstruktion „theoretisch erwarteter Beobachtungen" erfolgreich χ^2-Verteilungstests durchgeführt werden können.

Der Durchführung geht die zentrale Annahme voraus, daß sich die Präferenzen der Befragten hinsichtlich des vorgeschlagenen Projekts über verschiedene Surveyversionen hinweg nicht signifikant unterscheiden. Daher kann bezüglich aller Anfangsgebote über eine in ihren Präferenzen homogene Stichprobe verfügt werden. Dies bedeutet z. B., daß die zu den Geboten \$200, \$300 und \$400 Befragten etwa genauso auf das Gebot \$100 geantwortet hätten, was die relativen Häufigkeiten der „Ja"- und „Nein"-Antworten betrifft, wie die zum Gebot \$100 Befragten.

Der χ^2-Test wird in drei Schritten entwickelt. Im ersten Schritt werden „theoretisch beobachtete Besetzungszahlen", $\bar{n}_k$ (k = 1, ..., K+1), gebildet. Allgemein berechnen diese sich für (K+1) Gruppen aus den folgenden Formeln, wobei $\bar{\pi}_k^{Nein}$ die Wahrscheinlichkeit für eine „Nein"-Antwort in der k-ten Gruppe symbolisiert:

(8.21) $$\bar{n}_1 = \bar{\pi}_1^{Nein} \cdot N,$$

(8.22) $$\bar{n}_k = \Delta\bar{\pi}_k^{Nein} \cdot N, \text{ mit: } \Delta\bar{\pi}_k^{Nein} = \bar{\pi}_k^{Nein} - \sum_{j=1}^{k-1} \bar{\pi}_j^{Nein}, \; k = 2, ..., K, \text{ und}$$

(8.23) $$\bar{n}_{K+1} = \Delta\bar{\pi}_{K+1}^{Nein} \cdot N, \quad \text{mit: } \Delta\bar{\pi}_{K+1}^{Nein} = 1 - \bar{\pi}_K^{Nein}$$

Mit (8.21) bis (8.23) wird der Stichprobenumfang, N, so auf die (K+1) Gruppen aufgeteilt, daß gilt:

(8.24) $$\sum_{k=1}^{K+1} \bar{n}_k = N \quad \text{und} \quad \sum_{k=1}^{K+1} \Delta\bar{\pi}_k^{Nein} = 1$$

Zur Berechnung der „theoretisch beobachteten Besetzungszahlen“ für die Albermale-Pamlico-Studie werden Informationen verwendet, die in den beobachteten relativen Häufigkeiten der „Nein“-Antworten zu den Geboten enthalten sind.

Betrachtet man die Antworthäufigkeiten auf die erste Frage für die N = 299 Beobachtungen umfassende Stichprobe in Tabelle 8.15, besitzen $\bar{\pi}_1^{Nein}$ = 39,44 Prozent der Befragten eine MZB, die geringer ist als \$100. Wäre ihre MZB größer, hätten sie nicht mit „Nein“ auf eine Frage nach einer Zahlungsbereitschaft in Höhe von \$100 geantwortet. Multipliziert man diesen Prozentsatz mit dem Stichprobenumfang gemäß (8.21), erfährt man, wie viele der 299 Befragten weniger als \$100 maximal zu zahlen bereit sind. Daher bietet sich als erste Gruppe das Intervall der maximalen Zahlungsbereitschaften $G_1 = (-\infty, \$100)$ an. Die so gemäß (8.21) gebildete „theoretisch beobachtete Besetzungszahl für die erste Gruppe“ ist $\bar{n}_1 = 117{,}93$.

Den Betrag \$200 sind gemäß Tabelle 8.15 $\bar{\pi}_2^{Nein}$ = 55,38 % der Befragten nicht zu zahlen bereit. Daraus kann jedoch nicht direkt darauf geschlossen werden, wieviel Prozent der Befragten bereit wären, zwischen \$100 und \$200 zu zahlen, um sie der Gruppe zum Intervall der maximalen Zahlungsbereitschaften $G_2 = [\$100, \$200)$ zuzuteilen.

Es antworten jedoch 39,44 % der Befragten bereits mit „Nein“ zum Gebot \$100. Aus der oben getroffenen Annahme, daß die den einzelnen Geboten zugeordneten Teilstichproben in ihren Präferenzen homogen sind, folgt, daß auch 39,44 % der zum Gebot \$200 Befragten bereits auf das Gebot \$100 mit „Nein“ geantwortet hätten, wenn sie danach gefragt worden wären. Weitere $\Delta\bar{\pi}_2^{Nein}$ = (55,38 % - 39,44 %) = 15,94 % der insgesamt 299 Befragten würden also gerade im Intervall [\$100, \$200) erstmals mit „Nein“ antworten.

Die „theoretisch beobachtete Besetzungszahl“ $\bar{n}_2$ für die zweite Gruppe ist demnach gemäß (8.22):

$$\bar{n}_2 = \Delta\bar{\pi}_2^{Nein} \cdot N = 47{,}66 \text{ Personen}$$

Zum Gebot \$300 antworten gemäß Tabelle 8.15 57,30 % der Befragten mit „Nein“. Die „theoretisch erwartete Besetzungszahl“ der dritten Gruppe für das Intervall $G_3 = [\$200, \$300)$ berechnet sich unter Berücksichtigung von $\Delta\bar{\pi}_3^{Nein}$ = 1,92 % zu:

$$\bar{n}_3 = \Delta\bar{\pi}_3^{Nein} \cdot N = 5{,}71 \text{ Personen}$$

Aus analogen Überlegungen ergibt sich für die vierte Gruppe, G_4 = [\$300, \$400), eine Besetzungszahl mit $\overline{n}_4 = 30{,}71$ Personen.

Tabelle 8.15	Antworten auf die erste Frage (1995er AP-Studie)*				
	$100	**200**	**300**	**400**	**Gesamt**
„Ja“	43 (60,56)	29 (44,62)	38 (42,70)	24 (32,43)	**134 (44,82)**
„Nein“	28 (39,44)	36 (55,38)	51 (57,30)	50 (67,57)	**165 (55,18)**
Gesamt	**71 (23,75)**	**65 (21,74)**	**89 (29,77)**	**74 (24,75)**	**299**

* In den Klammern der „Ja“- und „Nein“-Zeilen Spaltenprozente, was den relativen Häufigkeiten der Antworten zu den ersten Geboten entspricht. In der letzten Zeile Zeilenprozente.

Zum höchsten ersten Gebot (\$400) noch nicht mit „Nein“ geantwortet haben dann $\Delta\overline{\pi}_5^{\text{Nein}} = (100\,\% - 67{,}57\,\%) = 32{,}43\,\%$ der 299 Befragten. Dies bedeutet gemäß (8.23), daß die Besetzungszahl der fünften Gruppe, der das Intervall G_5 = [\$400, ∞) zugeordnet wird, $\overline{n}_5 = 96{,}97$ Personen ist.

Damit ist die Bildung der „theoretisch beobachteten Besetzungszahlen“, $\overline{n}_k$ ($k = 1, ..., 5$), abgeschlossen. Die Gruppen sind in Tabelle 8.16 dargestellt.

In einem zweiten Schritt wird für die geschätzten Verteilungsfunktionen der maximalen Zahlungsbereitschaften der Stichprobenumfang auf die Gruppen aufgeteilt. Hierzu werden die Verteilungsfunktionen jeweils an den Stellen der Gebote evaluiert. Daraus werden die diesen Geboten zugeordneten Wahrscheinlichkeiten für eine „Nein“-Antwort, $\tilde{\pi}_k^{\text{Nein}}$ ($k = 1, ..., 5$), bestimmt.

Anschließend werden die Wahrscheinlichkeiten, wie im ersten Schritt, dem Stichprobenumfang der einzelnen Gruppen zugeordnet. Es werden Wahrscheinlichkeitsdifferenzen, $\Delta\tilde{\pi}_k^{\text{Nein}}$ ($k = 1, ..., 5$), berechnet und mit dem Stichprobenumfang multipliziert. Daraus erhält man „die unter der Nullhypothese H_0 zu erwartenden Besetzungszahlen“, $\tilde{n}_k$ ($k = 1, ..., 5$).

Die Nullhypothese H_0 besagt, daß die maximalen Zahlungsbereitschaften in der Stichprobe nach den im Verlauf von Kapitel 7 geschätzten Verteilungen auch tatsächlich verteilt sind.

D. h.:

(8.25) $$H_0: G_{MZB}(b^*;\theta) = G_{MZB}(b^*;\tilde{\theta})$$

Hierin ist, da es sich um eine zweiparametrische Verteilung handelt, $G_{MZB}(b^*;\tilde{\theta})$ [= $G_{MZB}(b^*;\tilde{\theta}_1,\tilde{\theta}_2)$] gleich der wahren, aber unbekannten Verteilung der maximalen Zahlungsbereitschaften bei Gültigkeit von H_0. $G_{MZB}(b^*;\tilde{\theta})$ repräsentiert die Verteilung der maximalen Zahlungsbereitschaften mit geschätztem Parametervektor $\tilde{\theta}$. Die Nullhypothese ist eine „teilspezifizierte Verteilungshypothese“ [Schaich (1990, S. 225)], da die Parameter von $G_{MZB}(b^*;\tilde{\theta})$ durch die Nullhypothese nicht festgelegt sind, sondern zuvor aus den Beobachtungsdaten geschätzt werden müssen.

Im dritten Schritt wird der χ^2-Verteilungstest durchgeführt. Hierzu werden die „theoretisch beobachteten Besetzungszahlen“ der „Nein“-Antworten in den Gruppen mit den aufgrund der geschätzten Verteilung zu erwartenden Besetzungszahlen verglichen. Das Testkriterium besagt, daß die Stichprobe um so stärker gegen die unter der Nullhypothese getroffene Verteilungsannahme spricht, je weiter die „theoretisch beobachteten Besetzungszahlen“ $\bar{n}_k$ (k = 1, ..., 5) von den unter H_0 zu erwartenden Besetzungszahlen $\tilde{n}_k$ abweichen. Der Wert der Prüfvariablen des χ^2-Tests bestimmt sich zu [vgl. Schaich (1990, S. 225)]:

(8.26) $$T = \sum_{k=1}^{5} \frac{(\bar{n}_k - \tilde{n}_k)^2}{\tilde{n}_k}$$

Der Ablehnungsbereich wird aus großen Werten von T gebildet. Sind die geschätzten Koeffizienten ML-Schätzwerte, konvergiert die Prüfvariable mit wachsendem Stichprobenumfang gegen eine χ^2-Verteilung mit (K - M - 1)-Freiheitsgraden, wobei M die Anzahl der geschätzten Parameter der Verteilung ist.

H_0 wird abgelehnt, wenn der aus der Stichprobe errechnete χ^2-Wert das kritische (1 - α)-Perzentil, d. h. den Wert $\chi^2_{K-M-1}(1-\alpha) = \chi^2_2(1-\alpha)$ der χ^2-Verteilung mit (K - M - 1) = 2 Freiheitsgraden überschreitet. Dieser Test ist stets einseitig [Schaich (1990, S. 221)].

Die Approximation der χ^2-Verteilung durch (8.26) wird als um so besser eingestuft, je größer „die unter H_0 zu erwartenden Besetzungszahlen“ sind. Als Faustregel gilt, daß für alle Gruppen „die unter H_0 zu erwartende Besetzungszahl“

mindestens gleich 5 sein muß, wenn weniger als 9 Gruppen gebildet werden [Rüger (1996, S. 286f.)].

In Tabelle 8.16 sind beispielhaft für die geschätzte loglogistische Verteilungsfunktion des einfachen Referendumsmodells ohne zusätzliche Kovariate die oben berechneten „theoretisch beobachteten Besetzungszahlen", $\overline{n}_k$ (k = 1, ..., 5), in der fünften Spalte angegeben. Die unter H_0 zu erwartenden Besetzungszahlen $\widetilde{n}_k$ werden - wie oben erläutert - mit Hilfe von $\widetilde{\pi}_k^{Nein}$, $\Delta\widetilde{\pi}_k^{Nein}$ und dem Stichprobenumfang N = 299 in der vierten Spalte berechnet. „Die unter H_0 zu erwartende Besetzungszahlen" sind für alle Gruppen größer als 5: Der χ^2-Test kann angewendet werden.

Gemäß Tabelle 8.16 ist der χ^2-Wert ungefähr 30,16. Aus einer Tabelle der χ^2-Verteilung - z. B. Schaich (1990, S. 320) – erhält man den Wert 5,92 als das 0,95-Quantil der χ^2-Verteilung mit 2 Freiheitsgraden.

Die Nullhypothese („die Verteilung der maximalen Zahlungsbereitschaften ist loglogistischverteilt mit einem konstanten Term in Höhe von 3,91 und einem Koeffizienten der Gebotsvariablen in Höhe von 0,68") ist daher auf dem Niveau $\alpha = 0{,}05$ abzulehnen. Ebenso kann die Annahme der loglogistischen Verteilung auf dem Niveau $\alpha = 0{,}01$ abgelehnt werden: Das 0,99-Quantil der $\chi^2(2)$-Verteilung ist mit 9,21 kleiner als 30,16.

Tabelle 8.16 Überprüfung der loglogistischen Verteilungsannahme

Gruppen	$\widetilde{\pi}_k^{Nein}$	$\Delta\widetilde{\pi}_k^{Nein}$	$\widetilde{n}_k$	$\overline{n}_k$	$\frac{(\overline{n}_k - \widetilde{n}_k)^2}{n_k}$
(-∞, $100)	0,3973	0,3973	118,79	117,93	0,0062
[100, 200)	0,5288	0,1315	39,32	47,66	1,7690
[200, 300)	0,6050	0,0762	22,78	5,74	12,7463
[300, 400)	0,6564	0,0514	15,37	30,71	15,3101
[400, ∞)	1	0,3436	102,74	96,97	0,3241
Σ		1	299	299	$\chi^2 \approx 30{,}16$

Für alle weiteren Verteilungen sind die berechneten χ^2-Werte in Tabelle 8.17 für die einfach-begrenzten Modelle dargestellt. Keiner dieser Werte ist kleiner als 5,92 oder 9,21.

Tabelle 8.17	χ^2-Werte für einfach-begrenzte Referendumsmodelle				
	Logit	**Probit**	**Loglogit**	**Logprobit**	**Weibull**
χ^2-Wert	45,16	34,41	30,16	29,75	32,64

Die Tatsache, daß nach Tabelle 8.17 für alle üblichen Signifikanzniveaus die hier - und in der Literatur häufig unterstellten - Verteilungsannahmen abzulehnen sind, kann zwei Gründe haben:

Das Ergebnis des χ^2-Verteilungstest hängt zum einen von der Gruppeneinteilung ab, die hier wegen der nur an vier Geboten beobachteten Ausprägungen der abhängigen Variablen grob ausfällt. Es ist fraglich, ob mit der Untergliederung des Stichprobenumfangs in nur fünf Gruppen etwas über die zugrunde liegende Verteilung der maximalen Zahlungsbereitschaften ausgesagt werden kann.

Zum anderen ist die „theoretisch beobachtete Besetzungszahl" $\tilde{n}_2$ im Intervall [\$200, \$300) im Vergleich zu der aus der Verteilungsannahme abgeleiteten theoretisch erwarteten Besetzungszahlen $\bar{n}_2$ für alle Verteilungen sehr niedrig. Dies deutet darauf hin, daß hier die einfache Referendumsmethode theoretisch inkonsistent ist.

Es liegt der Schluß nahe, daß für die vorliegende Stichprobe die bisher verwendeten Verteilungen untauglich sind zur Beschreibung des Antwortverhaltens. Alternativ sollten daher nichtparametrische Methoden zur Schätzung repräsentativer maximaler Zahlungsbereitschaften herangezogen werden.

Die Verteilungsannahme bezüglich der doppelten Referendumsmethode kann nicht überprüft werden, da sich die Intervalle der maximalen Zahlungsbereitschaften so sehr überlappen, daß eine eindeutige Zuordnung des Stichprobenumfangs auf die Gruppen nicht mehr möglich ist.

8.5.3 Vergleiche der Wohlfahrtsmessungen

Im folgenden werden einfache und doppelte Varianten der Referendumsmodelle verglichen. Hierzu werden nur Modelle ohne zusätzliche Kovariate als Vergleichsmaßstab herangezogen.

Da das vorgeschlagene Projekt eine Umweltverbesserung bewirkt, sind negative Zahlungsbereitschaften auszuschließen. Ebenso werden extrem hohe maximale Zahlungsbereitschaften ausgeschlossen (s. das fünfte Kapitel).

Diese beiden Überlegungen schränken die theoretisch konsistenten Wohlfahrtsmaße, die für Vergleiche herangezogen werden können, auf einige wenige ein. So werden additive Referendumsmodelle nur für die an den Stellen $0 und $800 zensierten Mittelwerte verwendet. Für die multiplikativen Modelle werden sowohl der Median als auch der an der Stelle $800 zensierten Mittelwert herangezogen.

Betrachtet werden zunächst additive Referendumsmodelle. In den ersten beiden Zeilen von Tabelle 8.18 sind die Wohlfahrtsmaße mit ihren Konfidenzintervallen noch einmal für die einfache Referendumsmethode und für die doppelte Referendumsmethode aufgeführt. In der letzten Zeile werden die Messungen verglichen. $E(MZB^{ER})$ bzw. $E(MZB^{DR})$ kennzeichnen dabei die zensierten Wohlfahrtsmessungen der einfachen bzw. der doppelten Referendumsmethode. Das Symbol „>>" („>") kennzeichnet eine Situation, in der die einfach-begrenzte Referendumsmethode signifikant höhere (höhere) Werte liefert als die doppelt-begrenzte. Der Unterschied ist signifikant, wenn sich die Konfidenzintervalle für mindestens ein Verfahren nicht überlappen.

Die zensierten Mittelwerte der einfach-begrenzten Referendumsmethode liegen über denen der doppelt-begrenzten Variante. Für das binäre Logit-Modell ist dieser Zusammenhang signifikant. Somit sind die Antworten prozedural variant und damit inkonsistent.

Die multiplikativen Modelle werden in Tabelle 8.19 hinsichtlich der Mediane und der an den Stellen $0 und $800 zensierten Mittelwerte der einfach-begrenzten Referendumsmodelle und der doppelte-begrenzten Varianten verglichen.

Gemäß Tabelle 8.19 sind die Mediane der einfach-begrenzten Referendumsmodelle für alle multiplikativen Modelle größer als die Mediane der doppelt-begrenzten Varianten. Im Hinblick auf die zensierten Mittelwerte sind die einfach-begrenzten Messungen - mit Ausnahme des Weibull-Modells - signifikant höher als die Messungen für die doppelt-begrenzten Modelle.

Tabelle 8.18 Vergleich der an den Stellen $0 und $800 zensierten Mittelwerte der einfachen Referendumsmethode		
	Binäre Logit-Modelle	**Binäre Probit-Modelle**
E(MZB^{ER})	$278,07 (242,2; 331,0) [248,8; 312,2]	$275,36 (239,5; 326,4) [234,8; 322,0]
E(MZB^{DR})	$217,59 (196,3; 239,8) [200,9; 234,6]	$222,89 (203,4; 243,3) [201,1; 247,0]
Folgerung	>>	>

Die theoretisch konsistenten Wohlfahrtsmessungen für einfach-begrenzte Referendumsmodelle liegen sowohl für die additiven wie für die multiplikativen Modelle statistisch signifikant über den Messungen für die doppelt-begrenzten Modelle. Somit sind die Antworten zu den Fragen nach der Zahlungsbereitschaft prozedural variant.[69] Daraus folgt, daß entweder die einfache oder die doppelte Referendumsmethode theoretisch inkonsistent sein muß (- oder sogar beide Methoden sind es).

8.5.4 Geankerte Wertschätzungen

Zur Ergründung der Ursachen dieser Inkonsistenzen wird geprüft, ob die Referendumsmethode systematisch sogenannten „Ankereffekten" ausgesetzt ist.

8.5.4.1 Ankereffekte und Startpunktverzerrungen

Ankereffekte sind statistische Verzerrungen, die entstehen, weil Fragen Bezug nehmen auf einen vorgegebenen Referenzwert. Diese Referenz ist in Befragungen mit der Referendumsmethode das vorgegebene Gebot, der „Anker", über den aus Sicht des Befragten ein Urteil zu fällen ist. Empirische Erfahrungen weisen auf die Evidenz von Ankereffekten bei Referendumsbefragungen hin [s. u. a. Boyle et al. (1998); Herriges / Shogren (1996)].

---

[69] Ähnliche Inkonsistenzen beobachten Hanemann et al. (1991).

Tabelle 8.19 Vergleich der Wohlfahrtsmaße der multiplikativen Referendumsmodelle

	Loglogit-Modell		Logprobit-Modell		Weibull-Modell	
	ER	**DR**	**ER**	**DR**	**ER**	**DR**
Median [$]	172,11	153,46	172,08	149,98	168,08	138,44
Untere Konfidenz [$]	112,80 [108,60]	91,70 [137,90]	107,50 [112,50]	132,40 [130,90]	117,20 [124,50]	123,10 [120,40]
Obere Konfidenz [$]	219,20 [221,90]	319,70 [172,40]	219,10 [220,60]	168,80 [169,20]	217,30 [347,60]	158,50 [155,80]
Folgerung	>		>		>	
Zensierter Mittelwert ($800)	319,18	229,52	318,20	235,28	325,92	246,04
Untere Konfindenz [$]	280,70 [281,10]	207,30 [219,40]	280,90 [280,80]	214,40 [215,10]	269,70 [290,20]	220,70 [221,40]
Obere Konfidenz [$]	358,80 [359,10]	252,70 [260,80]	358,60 [361,40]	262,10 [256,30]	364,20 [363,20]	276,10 [274,30]
Folgerung	>>		>>		>	

* Unter den zentralen Lageparametern sind die Konfidenzintervalle nach Park et al. (1991) aufgeführt; in runden Klammern darunter befinden sich die zugehörigen Bootstrap-Konfidenzintervalle.

Green et al. (1998, S. 110) weisen auf die psychologischen Wirkungen von vorgegebenen Geboten hin. Ihrer Meinung nach würden die Befragten dazu neigen, ihre Antworten an den Geboten - und nicht an ihren wahren Wertvorstellungen für das Projekt - orientieren. Es liegt daher nahe, Ankereffekte als eine Ursache für die in den letzten Abschnitten aufgedeckten Inkonsistenzen zu sehen.

Kern der Debatte um Ankereffekte ist der scharfe Einwand, der repräsentative Wert der MZB einer Referendumsbefragung sei abhängig von der Wahl des Gebotsdesigns.

Green et al. (1998) behaupten, daß die Ergebnisse einer Referendumsstudie manipulierbar seien. Durch die Vorgabe der Gebote könnten die Auftraggeber einer Studie das geankerte Antwortverhalten der Befragten bereits antizipieren.

Ihre Behauptung lautet konkret, hohe Erwartungswerte für die MZB könnten durch Vorgabe möglichst vieler hoher Gebote bei gleichzeitigem Verzicht auf niedrige Gebote erreicht werden; während umgekehrt niedrige Erwartungswerte der MZB durch Vorgabe niedriger Geboten erzielt werden könnten, wobei gleichzeitig auf hohe Gebote verzichtet wird. Die Richtung der Ergebnisverzerrung tendiere also mit der Höhe der vorgegebenen Gebote.

Die einfach-begrenzte Referendumsmethode liefert nur einen „Anker" für die Befragten, so daß vorliegende Verzerrungen von ein und derselben Person nicht verstärkt werden können. Die doppelt-begrenzte Referendumsmethode liefert einem Befragten bereits zwei „Anker". Je mehr Iterationen die Referendumsmethode durchläuft, um so stärker könnten Ankereffekte bei der Berechnung der repräsentativen MZB ins Gewicht fallen. Ankereffekte lassen sich daher besonders gut am Beispiel der Antwortfolgen auf doppelte Referendumsfragen erläutern [vgl. für eine allgemeine Darstellung Wagner (1998, S. 22)]:

1. Erste Antwort „Nein", zweite Antwort „Ja"

Denkt man über mögliche, durch die zweite Frage hervorgerufene Verzerrungen nach, so ist intuitiv zu vermuten, daß tendenziell auf eine Verneinung der ersten Referendumsfrage eine Bejahung der zweiten Frage nach einem niedrigeren Gebot folgt. Dieses Verhalten impliziert, daß der Antwortende dem als „Anker" für einen wahren gesellschaftlichen Wert empfundenen ersten Gebot zunächst nicht zustimmt. Der Antwortende empfindet den darauf mit dem zweiten Gebot gesenkten „Preis" als „gutes Geschäft", weshalb er zustimmt [s. Herriges / Shogren (1996, S. 120)].

2. Erste Antwort „Ja", zweite Antwort „Nein"

Ebenso ist zu vermuten, daß tendenziell auf die Bejahung der ersten Referendumsfrage eher eine Ablehnung der zweiten folgt. Ein Befragter wird zunehmend unwillig sein, immer höheren Beträgen zuzustimmen. So könnten die Befragten argwöhnen, daß auch die zu leistenden Projektkostenbeiträge durch Zustimmungen zu höheren Geldbeträgen als dem erstgenannten Betrag steigen werden, was sie zur Ablehnung des zweiten Gebots veranlaßt, auch wenn ihre wahre MZB das zweite Gebot übersteigt. Aus ökonomischer Sicht wird ein Befragter die Einwilligung in das höhere Gebot als „schlechtes Geschäft" empfinden.

3. Beide Antworten „Ja"

In der Literatur zu Startpunktverzerrungen werden „Ja"-Sager-Effekte am häufigsten thematisiert [z. B. Holmes / Kramer (1995, S. 129)]. Zur Erklärung dieses bereits in 7.3.3 erläuterten Effekts werden vier Ansätze diskutiert.

Eine psychologische Erklärung ist die des wohlwollenden Staatsbürgers, der in Übereinstimmung mit vermeintlichen gesellschaftlichen Normen vorgibt, besonders eifrig gesellschaftliche Ziele finanziell zu unterstützen. Solche Befragte sind weniger ökonomisch motiviert, sondern erhalten aus einem gesellschaftlichen Kontext heraus Anreize, eine zustimmende Antwort zu geben.

Weiter wird vermutet, daß ein Befragter sich spontan für die seiner Meinung nach „gute Sache", die in der Umweltverbesserung zum Ausdruck kommt, begeistert und mit seinen Zustimmungen seiner Euphorie Ausdruck verleihen will.

Eine dritte Erklärung, gerade auch bei Zustimmung zu einem bereits hohen ersten Gebot, könnten „Snob-Effekte" sein, durch die ein Befragter mit der Zustimmung zu extrem hohen Geboten den Interviewer über seine finanziellen Möglichkeiten beeindrucken will.[70]

Mitchell und Carson (1989, S. 235) sehen in „Ja"-Sager-Effekten Ausdruck eines Komplizenverhaltens, das ein Verhaltensmuster des Befragten unterstellt, durch das er sich - bewußt oder unbewußt - fälschlicherweise zum „Komplizen" des Fragestellers macht und glaubt, mit diesem oder dessen Auftraggebern für eine vermeintlich gemeinsame Sache einzutreten. Ziel dieses Verhaltens ist es, Nutzenminderungen aufgrund von Gruppendruck zu vermeiden [Price (1993, S. 212)].[71]

4. Beide Antworten „Nein"

Dem „Ja"-Sager-Effekt entgegengesetzt ist der ebenfalls in 7.3.3 erwähnte „Nein"-Sager-Effekt. So wird vermutet, daß „Nein"-Sager-Effekte mit der Unzufriedenheit der Befragten über den Inhalt oder über die Administrierung der Umfrage zusammenhängen. In diesem Sinne sind sie Ausdruck eines Protestverhaltens [Mitchell und Carson (1989, S. 379)].

Ein weiterer Erklärungsversuch ist, daß eine zweite „Nein"-Antwort den Unmut eines Befragten über den hartnäckigen Interviewer ausdrückt, der nach Meinung

---

[70] Jakobsson und Dragun (1996, S. 98) vermuten, daß „Ja-Sager"-Verhalten weniger ein Problem bei Telephonumfragen ist. Die Anonymität der Befragung gewährleiste, daß der Befragte zum einen dem Interviewer nicht imponieren und zum anderen auch persönliche gesellschaftliche Ziele nicht nachvollziehbar verfolgen kann.

[71] Keith und Fawson (1996) finden im Rahmen einer auf die Untersuchung von Komplizenverhalten abgestellten empirischen Studie nur geringfügige Anhaltspunkte für solches Verhalten.

des Befragten mit der zweiten Frage versucht, nach dessen Ablehnung des ersten Gebots noch einen positiven Wert aus ihm herauszulocken.

Harrison und Kriström (1995, S. 48) argumentieren drittens, der Interviewer könne aus Sicht eines Befragten durch die Ermäßigung des zweiten Gebots einen Preisnachlaß für das angebotene Projekt im Auge haben. Dies würde einen Befragten dazu motivieren, durch weitere ablehnende Antworten die erwarteten Projektkosten weiter zu senken.

Über die Richtung von Ankereffekten läßt sich demnach keine klare Aussage machen, wenn im Verlauf einer Umfrage manche Befragte als „gute" und andere als „schlechte" Antworter auftreten. Ein „guter Antworter" wird die repräsentative MZB tendenziell erhöhen, während ein „schlechter Antworter" sie tendenziell senkt.[72] Die vorgenommene Ursachenanalyse liefert demnach keine festen Anhaltspunkte für die Behauptung, daß Referendumsbefagungen durch die Vorgabe bestimmter Gebote manipulierbar seien.

Ankereffekte sind nicht konsistent mit den Annahmen der neoklassischen Haushaltstheorie. Aus der Forderung nach prozeduraler Invarianz in Abschnitt 2.3 folgt zum einen, daß die Wahrscheinlichkeit für eine Zustimmung zu einem vorgegebenen Geldbetrag b_1 und die Wahrscheinlichkeit für die Ablehnung eines geringfügig höheren Geldbetrags b_2 ($b_1 < b_2$) unabhängig von der Reihenfolge sein sollte, in der die Geldbeträge b_1 und b_2 einem Befragten offeriert werden. Das Prinzip der prozeduralen Invarianz wäre zum anderen dann verletzt, wenn das Ergebnis einer Referendumsbefragung abhängig davon sein sollte, ob das einfache oder das doppelte Format als Befragungsprozedur gewählt wird.

Im nächsten Abschnitt wird die Referendumsmethode auf Ankereffekte getestet. Dabei wird zunächst untersucht, ob die einfache und die doppelte Referendumsmethode intern konsistente Ergebnisse liefern. Anschließend wird geprüft, ob die beiden Methoden zu vergleichbaren Ergebnissen führen.

---

[72] Hervorzuheben ist, daß Zahlungsbereitschaftsanalysen im allgemeinen von gesellschaftlich angesehenen Institutionen durchgeführt werden. Daher sind tendenziell eher „gute Antworten" zu erwarten. Dies würde bedeuten, daß per Saldo durch Ankereffekte die repräsentative MZB überhöht wird.

8.5.4.2 Ein neuer Test auf Ankereffekte

Zur Durchführung des Tests auf Ankereffekte wird ein "Jackknife"-Ansatz gewählt[73] [vgl. Cooper / Loomis (1992)], um die prozedurale Invarianz der Referendumsmethode zu testen. Zur Demonstration des Tests wird das Logprobitmodell der einfach- und doppelt-begrenzten Referendumsmethode herangezogen. Auf weitere Kovariate als die Gebotsvariable wird verzichtet. Die Parameterschätzungen der einfach- und doppelt-begrenzten Logprobit-Referendumsmodelle sind bereits in den Tabellen 8.7 und 8.12 dargestellt und werden hier nicht noch einmal aufgeführt. Die beiden Modelle haben sich gemäß Tabelle 8.5 für die einfache Befragung und gemäß Tabelle 8.13 für die doppelte Befragung als Modelle mit hoher Güte empfohlen.

In Abbildung 8.4 werden die Kurvenverläufe der geschätzten Verteilungsfunktionen für die einfach- und doppelt-begrenzte Version des Logprobit-Referendumsmodells gegenübergestellt. Beide Verläufe unterscheiden sich deutlich. Die Verteilungsfunktion des einfach-begrenzten Modells konvergiert nicht und besitzt daher einen fat tail.

Da der marginale Mittelwert für das einfach-begrenzte Modell nicht definiert ist (s. Tabelle 8.8), werden als Vergleichsmaßstab die am Gebot $800 zensierten Erwartungswerte der Verteilungen verwendet.

Die Testidee beruht auf der Annahme in ihren Präferenzen für das Umweltprojekt homogener Stichproben, die den einzelnen Surveyversionen zugeteilt werden. Die Anteile an der gesamten Stichprobe, die jeweils den einzelnen Surveyversionen zugeteilt werden, unterscheiden sich hinsichtlich der Verteilungen der Präferenzen für das Umweltprojekt annahmegemäß nicht signifikant. Daher sollte die Wohlfahrtsmessung an jedem einzelnen Gebot *innerhalb* einer Methode zu Werten vergleichbarer Größenordnung führen. Wird des weiteren mit der einfachen und mit der doppelten Referendumsmethode die unbekannte repräsentative MZB der Stichprobe gemessen, sollten die Ergebnisse auch *zwischen* den Methoden in vergleichbaren Größenordnungen liegen.

Damit bei der Auswertung der Datensätze der Stichprobenumfang nicht zu gering wird und Repräsentativität der Auswahl hergestellt werden kann, wird folgender Weg eingeschlagen: Die Beobachtungen jeweils dreier Anfangsgebote werden gemeinsam zur Wohlfahrtsmessung herangezogen, während jeweils die Beobachtungen zu einem Gebot ausgeschlossen werden. Werden zum Beispiel die Be-

---

[73] Vgl. zum Ansatz des Jackknife z. B. Mooney / Duval (1993, S. 22 ff.).

obachtungen zum Gebot \$100 ausgeschlossen, werden die Wohlfahrtsmaße auf Basis der Antworten zu den Geboten \$200, \$300 und \$400 berechnet.

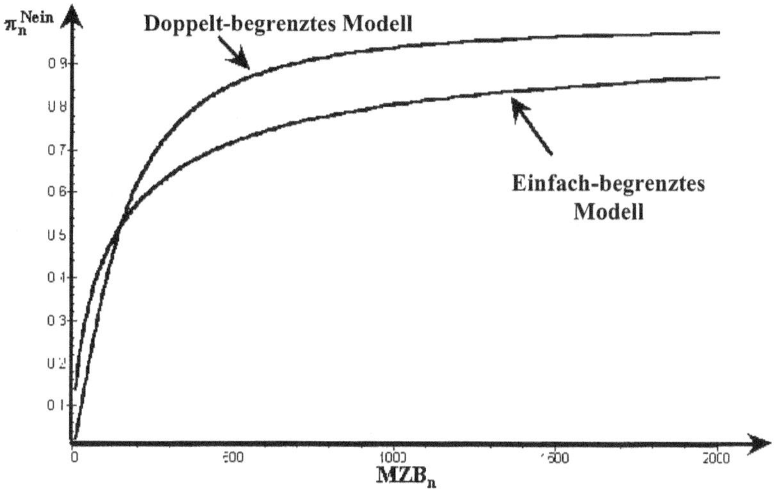

Abb. 8.4 Vergleich der einfach- und doppelt-begrenzten Logprobit-Modelle

Für die Anwendung des Tests auf Daten der doppelten Referendumsmethode werden neben den eliminierten Beobachtungen zum ersten Gebot auch Beobachtungen zu den zweiten Geboten der jeweiligen Surveyversion ausgeschlossen. Beispielsweise werden dann, wenn Beobachtungen zum Gebot in Höhe von \$100 unberücksichtigt bleiben, auch die Antworten auf die zweiten Gebote in Höhe von \$50 und \$200 vernachlässigt. Anschließend wird die Parameterschätzung auf Basis der verbleibenden Beobachtungen durchgeführt und die Wohlfahrtsmessung vorgenommen.

Die Nullhypothese lautet, daß sich die Wohlfahrtsmessungen zwischen den einzelnen Versuchsanordnungen nicht signifikant unterscheiden.

In der letzten Zeile von Tabelle 8.20 sind die Ergebnisse dargestellt, die sich ergeben, wenn die Antworten zu allen Surveyversionen berücksichtigt werden. Dies sind die Ergebnisse, wenn auf keine Beobachtungen verzichtet wird. Der an der Stelle \$800 zensierte Mittelwert auf Basis der Beobachtungen zu sämtlichen Geboten mit zugehörigem nichtparametrischen Konfidenzintervall nach der Methode von Park et al. (1991) in Klammern ist für das Logprobitmodell der einfachen Referendumsmethode mit $321,38 ($278,30; $365,70) und für die doppelte Referendumsmethode mit $224,82 ($204,20; $248,00) gegeben.[74] Der Unterschied zwischen den Wohlfahrtsmessungen der einfachen und doppelten Referendumsmethode in Höhe von $96,56, der in der Tabelle als prozedurale Varianz bezeichnet wird, und die sich nicht überlappenden Konfidenzintervalle weisen bereits darauf hin, daß sich beide Messungen statistisch signifikant unterscheiden.

In Tabelle 8.20 sind die Wohlfahrtsmessungen für die einfache und die doppelte Referendumsmethode unter Vernachlässigung zunächst der Antworten zur Surveyversion A, dann unter Vernachlässigung der Beobachtungen zur Surveyversion B, darauf unter Vernachlässigung der Beobachtungen zur Surveyversion C und schließlich unter Vernachlässigung der Beobachtungen zur Surveyversion D aufgeführt. In der vierten Spalte ist jeweils die prozedurale Varianz angegeben, die sich aus der Differenz der Wohlfahrtsmessungen gemäß der einfachen und der doppelten Referendumsmethode unter Vernachlässigung der Beobachtungen zur selben Surveyversion ergibt.

Gemäß Tabelle 8.20 führt der Verzicht auf eine bestimmte Surveyversion für beide Modellvarianten sowohl innerhalb eines Befragungsformats als auch zwischen den Befragungsformaten zu höchst unterschiedlichen zensierten Mittelwerten.

Ignoriert man bei Verwendung der **einfachen Referendumsmethode** in der zweiten Spalte von Tabelle 8.20 nacheinander die Antworten zu den Surveyversionen A mit $100, B mit $200 und C mit $300 als Anfangsgebot und schätzt die an der Stelle $800 zensierten Mittelwerte, so liegen diese Schätzungen unter dem Wert $321,38. Diesen erhält man, wenn alle Surveyversionen berücksichtigt werden und somit die Stichprobe voll ausgeschöpft wird. Ein Verzicht auf die Beobachtungen zur Surveyversion B führt dazu, daß das daraus berechnete Konfidenzintervall den Wert $321,38 überhaupt nicht mehr einschließt. Verzichtet man auf die Beobachtungen zur Surveyversion D, ergibt sich aus den verbleibenden Beobachtungen eine Wohlfahrtsänderung in Höhe von $340,75. Dieser Wert wird nun jedoch nicht mehr durch dasjenige Konfidenzintervall eingeschlossen, das sich aus einem Verzicht der Beobachtungen zur Surveyversion B ergibt. Umgekehrt schließt das durch einen Verzicht auf die Beobachtungen zur Surveyversion D berechnete Konfidenzintervall den Wert $269,79 nicht mehr

---

[74] Die Werte der Konfidenzintervalle sind aus Gründen der Übersichtlichkeit auf die zweite Nachkommastelle gerundet.

ein, der sich durch Vernachlässigung der Beobachtungen zur Surveyversion B ergibt.

Es ist zu folgern, daß sich die aus der Vernachlässigung von Beobachtungen zu einzelnen Surveyversionen berechneten zensierten Mittelwerte für die einfache Referendumsmethode statistisch signifikant voneinander unterscheiden. Offensichtlich beeinflußt die Wahl der Anfangsgebote die Ergebnisse der Wohlfahrtsmessungen. Es liegen Ankereffekte in statistisch signifikantem Ausmaß vor. Da die Ursache für Ankereffekte hier bereits im ersten Gebot (dem „Startpunkt") zu suchen ist, bezeichnet man die dadurch bewirkten Verzerrungen der Ergebnisse auch als „Startpunktverzerrungen". Einen sehr ausführlichen und richtungsweisenden Test bei offenen Befragungen mit Hilfe des Computers liefern Schluchter et al. (1991); sie finden ebenfalls starke Evidenz für Startpunktverzerrungen.

Startpunktverzerrungen spiegeln sich auch in den - in der Tabelle nicht aufgeführten - hohen prozeduralen Varianzen zwischen den Messungen wider. So ergibt sich eine prozedurale Varianz in Höhe von \$70,96, wenn die Differenz aus den Wohlfahrtsmessungen gebildet wird, die sich aus der Vernachlässigung der Beobachtungen zur Surveyversion B und aus der Vernachlässigung der Beobachtungen zur Surveyversion D resultieren.

Ähnlich verläuft die Untersuchung der Ergebnisse der **doppelten Referendumsmethode**. Es fällt auf, daß durch das jeweilige Vernachlässigen der Beobachtungen zu den drei Surveyversionen B, C und D die resultierenden zensierten Mittelwerte im Vergleich zum Wert in Höhe von \$224,82, der sich aus der Verwendung aller Beobachtungen ergibt, sehr klein sind: Die Konfidenzintervalle dieser Messungen umfassen den Wert \$224,82 nicht. Des weiteren wird der zensierte Mittelwert in Höhe von \$255,52, der resultiert, wenn auf die Beobachtungen zur Surveyversion A verzichtet wird, von den Konfidenzintervallen, die sich aus der Vernachlässigung der Beobachtungen zu den Surveyversionen B, C oder D ergeben, nicht eingeschlossen. Auch für die doppelte Referendumsmethode beeinflußt die Wahl der Anfangsgebote das Ergebnis der Wohlfahrtsmessungen statistisch signifikant. Es liegen Ankereffekte vor.

Vergleiche der Ergebnisse der Wohlfahrtsmessungen zwischen den beiden Befragungsvarianten der einfachen und doppelten Referendumsmethode zeigen, daß sich durch die zweite Fragerunde das Antwortverhalten gegenüber der ersten Fragerunde grundlegend ändert. Die einfach-begrenzte Referendumsmethode liefert durchweg höhere Wohlfahrtsgewinne als die doppelt-begrenzte Variante, wenn jeweils Beobachtungen zu denselben Surveyversionen ausgeschlossen werden. Die Konfidenzintervalle überlappen sich für dieselben Vorgehensweisen bezüglich einer Elimination der Beobachtungen zu bestimmten Anfangsgeboten immer dann nicht, wenn die in Tabelle 8.20 in der vierten Spalte aufgeführten prozeduralen Varianzen bei oder über $100 liegen. Die zensierten Mittelwerte liegen für die einfach-begrenzte Variante in diesen Fällen statistisch signifikant über denen der doppelt-begrenzten Methode. Startpunktverzerrungen sind daher in statistisch signifikanten Ausmaß zu beobachten.

Nichts aussagen läßt sich jedoch über die Richtung der Ankereffekte. Es kann beispielsweise nicht gefolgert werden, daß der Verzicht auf niedrigere Anfangsgebote zu höheren Schätzungen der Wohlfahrtsmaße führte, bzw. daß ein Verzicht auf höhere Gebote niedrigere zensierte Mittelwerte zur Folge hätte. So ist der zensierte Mittelwert für die einfache Referendumsmethode dann am höchsten, wenn auf Beobachtungen zum höchsten Anfangsgebot ($400) verzichtet wird; umgekehrt ist der zensierte Mittelwert für die doppelte Referendumsmethode dann am höchsten, wenn auf Beobachtungen zum niedrigsten Anfangsgebot ($100) verzichtet wird.

Tabelle 8.20 Schätzungen repräsentativer maximaler Zahlungsbereitschaften

Schätzungen ohne die Antworten am Anfangsgebot an der Stelle ... (Verzicht auf Surveyversion ...)	**Einfach-begrenzte Version** **An der Stelle $800 zensierter Mittelwert (EB) (Konfidenzintervall)**	**Doppelt-begrenzte Version** **An der Stelle $800 zensierter Mittelwert (DB) (Konfidenzintervall)**	**Prozedurale Varianz (EB – DB)**
... $100 (... A)	$301,94 (266,30; 341,60)	$255,52 (229,40; 286,00)	+$46,42
... $200 (... B)	$269,79 (231,40; 316,90)	$117,03 (157,20; 203,20)	+$152,76
... $300 (... C)	$297,36 (250,10; 349,00)	$185,67 (165,20; 210,00)	+$111,69
... $400 (... D)	$340,75 (274,40; 410,70)	$173,50 (153,70; 197,00)	+$167,25
Alle Surveyversionen berücksichtigt	$321,38 (278,30; 365,70)	$224,82 (204,20; 248,00)	+$96,56

So sinkt zwar der zensierte Mittelwert der doppelten Referendumsmethode um 47,27 %, wenn Beobachtungen zum höchsten Gebot ($400) nicht berücksichtigt werden, gegenüber der Situation, wenn Beobachtungen zum niedrigsten Gebot ($100) nicht in die Analyse eingehen. Umgekehrt erhöht sich jedoch der zensierte Mittelwert für die einfache Referendumsmethode um 12,85 %, wenn die Beobachtungen zum höchsten Anfangsgebot vernachlässigt werden, gegenüber dem zensierten Mittelwert, der sich ergibt, wenn auf die Beobachtungen zum niedrigsten Gebot verzichtet wird.

Dieses Ergebnis entkräftet den Verdacht von Green et al. (1998), daß Referendumsergebnisse durch die Vorgabe eines bestimmten Gebotsdesigns manipulierbar seien. Allerdings ist zu beachten, daß durch die Zensierung des Mittelwerts am höchsten Gebot der Einfluß von „Ja“-Sagern gedämpft wird.

Mit dem Test auf Ankereffekte konnten Verletzungen der prozeduralen Invarianz in statistisch signifikantem Ausmaß nachgewiesen werden. Startpunktverzerrungen liegen sowohl für die einfache wie auch für die doppelte Referendumsmethode vor. Offensichtlich ist es nicht gelungen, die Ursachen für diese Konsistenzverletzungen auszuschalten.

9 Neue Varianten der Referendumsmethode

In neueren Referendumsmodelle wird das Verhalten der Befragten ausgeprägter modelliert. Damit lassen sich einige der beobachteten Inkonsistenzen beseitigen.

Im nächsten Abschnitt werden gestutzte einfach-begrenzte Referendumsmodelle geschätzt. Diese Modelle stellen sicher, daß die Phase der Parameterschätzung und die Phase der Wohlfahrtsmessung nicht länger auseinanderfallen. In Abschnitt 9.2 werden indifferente Personen gegenüber dem Projekt berücksichtigt. Mit diesen Modellen ist man in der Lage, die Teilnehmer des Projekts von den Nichtteilnehmern zu unterscheiden (s. hierzu Unterabschnitt 3.2.3). In Abschnitt 9.3 wird untersucht, ob die Ergebnisse von Modellen mit zusätzlichen Kovariaten sich signifikant von den Modellen unterscheiden, in denen neben einer Konstanten nur die Gebotsvariable als erklärende Variable Eingang findet.

In 9.4 wird ein bivariates Probit-Modell präsentiert, mit dem Unterschiede in der Antwort zur ersten und in der Antwort zur zweiten Zahlungsbereitschaftsfrage bei doppelt-begrenzten Ansätzen modelliert werden. Mit Hilfe des nichtparametrischen Turnbull-Schätzers wird in Abschnitt 9.5 ein Retest durchgeführt. In Abschnitt 9.6 wird mit Hilfe eines weiteren nichtparametrischen Verfahrens eine völlig andere als die gewohnte Interpretation der Antworten zu Zahlungsbereitschaftsfragen vorgestellt. Abschnitt 9.7 ist der expliziten Modellierung von „Weiß nicht"-Antworten gewidmet.

9.1 Referendumsmodelle mit gestutzten Verteilungen

Mit der Stutzung der Verteilung lassen sich die maximalen Zahlungsbereitschaften bereits bei der Parameterschätzung auf dasjenige Intervall zu beschränken, auf dem sie nach ökonomischem Sachverstand definiert sein sollten. Während bei additiven Referendumsmodellen zur Vermeidung negativer und nach oben unbeschränkter maximaler Zahlungsbereitschaften eine doppelte Stutzung nötig ist, reicht bei multiplikativen Modellen eine Stutzung am oberen Ende der Verteilungen aus. Das fat tail-Problem, das z. B. bei der loglogistischen Verteilungsfunktion in Abbildung 8.3 auftritt, wird durch eine Stutzung am oberen Ende vermieden. Dies wird wieder am Beispiel des loglogistischen Modells graphisch veranschaulicht. Zunächst werden hierzu die am höchsten Gebot, $b^{max} = \$800$, gestutzten Verteilungen der Referendumsmodelle analysiert.

9.1.1 Gestutzte, additive Modelle

Zunächst werden die gestutzten binären Logit- und Probit-Modelle des einfach-begrenzten, additiven Referendumsmodells betrachtet. Als am höchsten Beobachtungspunkt gestutzte Verteilung eignet sich die gestutzte logistische Verteilung, deren Survivalfunktion sich, wie in 6.4.5 ausführlich erläutert, zu

$$(9.1) \qquad Pr\{„Ja“\} = 1 - G_{MZB}(b^{*};\theta) = \frac{1 + e^{(-\alpha + \beta \cdot b^{max})}}{1 + e^{(-\alpha + \beta \cdot b^{*})}}$$

ergibt. Auch die Parameter der gestutzten Normalverteilung mit Survivalfunktion

$$(9.2) \qquad Pr\{„Ja“\} = \frac{\Phi(\alpha - \beta \cdot b^{*})}{\Phi(\alpha - \beta \cdot b^{max})}$$

werden geschätzt.

Die Parameter werden nach der Substitution der zu (9.1) und (9.2) gehörigen Verteilungen in die Log-Likelihoodfunktion (8.3) und anschließender Maximierung der Log-Likelihoodfunktion bezüglich des Koeffizientenvektors ermittelt.

Gemäß Tabelle 9.2 sind die Gebotsvariablen in den gestutzten Modellen ohne zusätzliche Kovariate statistisch nicht signifikant. Haab und McConnell (1997, S. 263) machen darauf aufmerksam, daß gestutzte Verteilungen sehr häufig zu flachen Likelihoodfunktionen führen, deren Maxima nur sehr schwer zu bestimmen sind. In Modellen mit gestutzten Verteilungen hat man es daher oft mit singulären Varianz-Kovarianz-Matrizen zu tun. Dies bestätigt sich auch in diesen Untersuchungen. So ist es z. B. nicht möglich, Parameterschätzungen für die doppelt-begrenzten Referendumsmodelle zu erhalten, da die Iterationsverfahren nicht gegen die Maxima der Log-Likelihoodfunktionen konvergieren. Die Koeffizienten der Modelle mit zusätzlichen Kovariaten besitzen jedoch alle das erwartete Vorzeichen. Auch sind die Gebotsvariablen erwartungsgemäß signifikant.

Aus Tabelle 9.1 geht hervor, daß die gestutzten Modelle mit zusätzlichen Kovariaten die Daten geringfügig besser anpassen als die Modelle ohne zusätzliche Kovariate.

Tabelle 9.1			Gütemaße für gestutzte Referendumsmodelle	
Gütemaße	**Logit-Modelle**		**Probit-Modelle**	
	Mit Kovariaten	**Ohne Kovariate**	**Mit Kovariaten**	**Ohne Kovariate**
Log-Likelihood Endwerte	-179,87	-200,66	-179,84	-200,15
AIK	-186,87	-202,66	-186,84	-202,15

In Abb. 9.1 wird die aus Abb. 8.2 bekannte ungestutzte logistische Verteilungsfunktion mit der gestutzten logistischen Verteilungsfunktion ohne zusätzliche Kovariate verglichen. Durch die Stutzung am oberen Ende wird das Problem negativer maximaler Zahlungsbereitschaften verschärft. Ursächlich hierfür ist, daß durch die Stutzung am oberen Ende Wahrscheinlichkeitsmasse aus dem beseitigten oberen Teil auf die unteren Enden der gestutzten Verteilung transferiert wird.

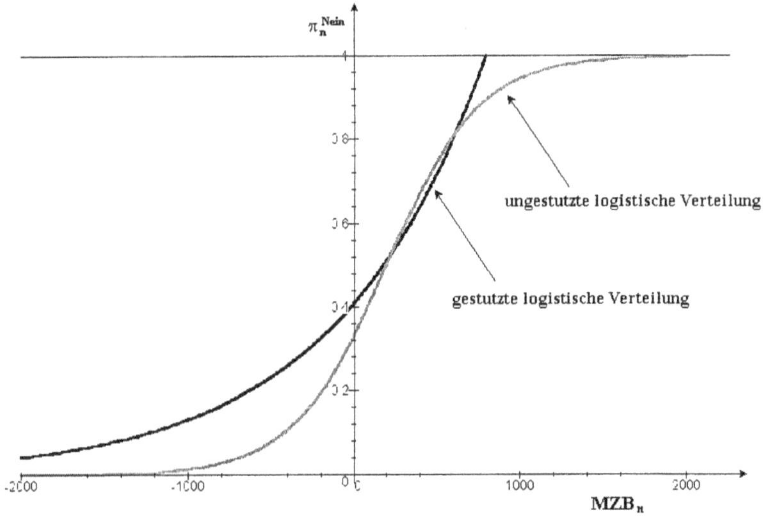

Abb. 9.1 Vergleich der gestutzten mit der ungestutzten logistischen Verteilungsfunktion der maximalen Zahlungsbereitschaften

Die gestutzte Verteilungsfunktion ragt somit weit in den negativen Orthanten hinein. Dies führt dazu, daß die gestutzten Mittelwerte negativ werden können. So ist z. B. der gestutzte Mittelwert der logistischen Verteilung, der sich aus dem Referendumsmodell ohne zusätzliche Kovariate ergibt, negativ mit $(-127,32).

Da hier jedoch ein nutzenerhöhendes Projekt betrachtet wird und darüber hinaus nach negativen Zahlungsbereitschaften nicht gefragt wurde, sind diese Werte unplausibel. Die Beseitigung des fat tail am oberen intensiviert das fat tail-Problem am unteren Ende (s. Abb. 9.1).

In Tabelle 9.3 sind daher nur die am Gebot $0 zensierten Mittelwerte angeführt, da sie negative maximale Zahlungsbereitschaften ausschließen. Die Wohlfahrtsmaße sind über die Modellvarianten hinweg von vergleichbarer Größenordnung. Die Konfidenzintervalle, die sich aus der Anwendung der Simulationsmethode nach Park et al. (1991) ergeben, sind ungewöhnlich breit. Dies ist dadurch zu erklären, daß die Wohlfahrtsmaße für viele simulierte Parameterkonstellationen wegen singulärer Hesse-Matrizen der Log-Likelihoodfunktionen nicht berechenbar sind. Die Schätzungen sind instabil. Anstatt jedoch die logistische Verteilung sowohl an ihrem oberen als auch an ihrem unteren Ende zu stutzen, bietet sich die Verwendung nichtnegativer Verteilungen und damit der Einsatz multiplikativer Referendumsmodelle an.

9.1.2 Gestutzte, multiplikative Modelle

Als am höchsten Beobachtungspunkt gestutzte Verteilungen für das multiplikative Referendumsmodell eignen sich neben dem <u>gestutzten Loglogit-Modell</u>, dessen Survivalfunktion sich zu

$$(9.3) \qquad \Pr\{\text{„Ja“}\} = 1 - G_{MZB}(b^*;\theta) = \frac{1 + e^{[-\alpha + \beta \cdot \ln(b^{max})]}}{1 + e^{[-\alpha + \beta \cdot \ln(b^*)]}}$$

ergibt, auch das <u>gestutzte Logprobit-Modell</u> mit Survivalfunktion:

$$(9.4) \qquad \Pr\{\text{„Ja“}\} = \frac{\Phi[\alpha - \beta \cdot \ln(b^*)]}{\Phi[\alpha - \beta \cdot \ln(b^{max})]}$$

sowie das <u>gestutzte Weibull-Modell</u> mit Survivalfunktion

$$(9.5) \qquad \Pr\{\text{„Ja“}\} = 1 - \frac{\exp[-e^{\alpha - \beta \cdot \ln(b^*)}]}{\exp[-e^{\alpha - \beta \cdot \ln(b^{max})}]}.$$

Tabelle 9.2	Parameterschätzungen der gestutzten additiven Modelle*			
Variablen	Gestutzte Logit-Modelle		Gestutzte Probit-Modelle	
	Mit Kovariaten	Ohne Kovariate	Mit Kovariaten	Ohne Kovariate
Konstante	-3,5458 (1,3292) [-2,668] {0,0076}	4,0900 (51,248) [0,080] {0,9364}	-2,2917 (0,8561) [-2,677] {0,0074}	0,6275 (0,1847) [3,398] {0,0007}
pt1/100	0,3941 (0,12775) [3,085] {0,0020}	0,1146 (0,1800) [0,638] {0,5236}	0,2266 (0,0930) [2,436] {0,0149}	0,1732 (0,1057) [1,639] {0,1013}
Income/ 10.000	0,23341 (0,0093) [2,497] {0,0125}		0,1431 (0,0583) [2,454] {0,0141}	
Age/10	-0,1916 (0,0912) [-2,102] {0,0356}		-0,1167 (0,0594) [-1,964] {0,0500}	
Married	-0,7030 (0,3443) [-2,042] {0,0412}		-0,4563 (0,2202) [-2,073] {0,0382}	
Concern	0,5559 (0,2277) [2,441] {0,0146}		0,3741 (0,1482) [2,525] {0,0116}	
Support	0,9814 (0,2912) [3,371] {0,0008}		0,5976 (0,1806) [3,308] {0,0009}	

* In der ersten Zeile einer Zelle stehen die für die Koeffizienten geschätzten Werte; darunter in runden Klammern ist die Standardabweichung σ abgetragen; in eckigen Klammern darunter ist der asymptotische z-Wert eingetragen; der zugehörige p-Wert befindet sich in geschweiften Klammern darunter. Der Stichprobenumfang beträgt 299 Beobachtungen.

Tabelle 9.3	Wohlfahrtsmaße für Modelle mit gestutzten Verteilungen*			
Wohlfartsmaß	**Gestutzte Logit-Modelle**		**Gestutzte Probit-Modell**	
	Mit Kovariaten	**Ohne Kovariate**	**Mit Kovariaten**	**Ohne Kovariate**
Gestutzter und zensierter Mittelwert ($0) [$]	**254,40**	**269,77**	**256,73**	**259,56**
Untere Konfidenz [$]	199,60 (229,50)	0 (239,50)	171,20 (229,50)	84,10 (227,10)
Obere Konfidenz [$]	262,80 (287,90)	239,40 (296,40)	229,50 (289,70)	276,40 (290,60)

* Unter den Wohlfahrtsmaßen sind die Konfidenzintervalle nach Park et al. (1991) aufgeführt; in runden Klammern darunter Bootstrap-Konfidenzintervalle.

Die Parameterschätzungen für die gestutzten, multiplikativen Modelle sind in Tabelle 9.4 aufgeführt. In keinem der geschätzten Modelle sind die Variablen Support und Age signifikant. Die geschätzten Koeffizienten der Modelle mit zusätzlichen Kovariaten besitzen jedoch die erwarteten Vorzeichen. Interessanterweise sind in dem gestutzten Logprobit-Modell mit Ausnahme der Gebotsvariablen keine weiteren Kovariaten signifikant. Allerdings ergibt sich aus einem Vergleich der Gütekriterien in Tabelle 9.5, daß das Logprobit-Modell gemessen am Kriterium des Log-Likelihood-Endwerts (LL) bzw. nach dem AIK die schlechteste Anpassung aller gestutzten multiplikativen Modelle liefert.

In Tabelle 9.6 sind nur die gestutzten Mittelwerte der geschätzten Verteilungen angegeben. Die Mediane fallen zu gering aus, um plausibel zu sein. Vergleicht man die Ergebnisse aus Tabelle 9.6 mit den Ergebnissen der nicht gestutzten Mittelwerte der multiplikativen, einfach-begrenzten Modelle aus Tabelle 8.8, so fällt zunächst auf, daß die gestutzten Mittelwerte alle endlich sind. Sie liegen - im Vergleich zu den bisherigen Ergebnissen anderer Modelle – alle im erwarteten Rahmen zwischen etwa $240 und $300. Umgekehrt sind die nicht gestutzten, unbeschränkten Mittelwerte für das Loglogit-, Weibull- und Logprobit-Modell entweder nicht definiert oder unrealistisch hoch. In der Berechnung der gestutzten Mittelwerte liegt der Vorteil der Stutzung von Verteilungen. Möchte man sich auf die - wie oben erläutert - etwas willkürliche Konstruktion zensierter Mittelwerte nicht verlassen, eignen sich die aus gestutzten Verteilungen berechneten gestutzten Mittelwerte.

Tabelle 9.4 Schätzungen gestutzter, multiplikativer Referendumsmodelle

Variablen	Loglogit-Modelle		Logprobit-Modelle		Weibull-Modelle	
	M. K.	**O. K.**	**M. K.**	**O. K.**	**M. K.**	**O. K.**
Konstante	0,6898 (1,9353) [0,356] {0,7215}	5,1542 (0,9088) [5,627] {0,0000}		7,8114 (0,0496) [157,43] {0,0000}	-0,9931 (0,7241) [-1,371] {0,1702}	2,1821 (1,1671) [1,870] {0,0615}
ln(pt1)	0,9510 (0,23369) [4,069] {0,0295}	0,6180 (0,3600) [1,716] {0,0861}		0,0650 (0,06890) [9,436] {0,0000}	0,1336 (0,3202) [0,417] {0,6766}	0,10267 (0,3084) [0,333] {0,7392}
Income /10.000	0,3399 (0,1562) [2,177] {0,0295}		Keine weiteren Kovariaten signifikant		0,1045 (0,0455) [2,299] {0,0215}	
Married	-1,1401 (0,52654) [-2,165] {0,0304}				-0,5543 (0,1956) [-2,834] {0,0046]	
Know					0,2619 (0,0100) [2,619] {0,00881}	
Support	1,4794 (0,4163) [3,554] {0,0004}				0,7785 (0,1641) [4,743] {0,0000}	

* In der ersten Zeile einer Zelle stehen die für die Koeffizienten geschätzten Werte; darunter in runden Klammern ist die Standardabweichung σ abgetragen; in eckigen Klammern darunter ist der asymptotische z-Wert eingetragen; der zugehörige p-Wert befindet sich in geschweiften Klammern darunter. Der Stichprobenumfang beträgt 299 Beobachtungen.

Tabelle 9.5	Gütemaße für die gestutzten multiplikativen Modelle				
	Loglogit-Modelle		**Weibull-Modelle**		**Logprobit-Modell**
	Ohne Kovariate	**Mit Kovariaten**	**Ohne Kovariate**	**Mit Kovariaten**	**Ohne Kovariate**
LL	-201,17	-189,13	-201,14	-182,10	-205,57
AIK	-203,17	-194,23	-203,14	-188,10	-207,57

Abbildung 9.2 veranschaulicht einen Vergleich des ungestutzten Loglogitmodells ohne zusätzliche Kovariate, das einen unendlichen Mittelwert liefert, mit dem entsprechenden gestutzten Loglogit-Modell, das zu einem (endlichen) gestutzten Mittelwert in Höhe von $264,59 führt. Deutlich wird, wie durch die Stutzung die loglogistische Verteilung gegen Pr{„Nein"|$800} = 1 strebt. Das fat tail-Problem wird durch die Stutzung beseitigt.

Tabelle 9.6	Wohlfahrtsmaße für die gestutzten multiplikativen Modelle*				
	Loglogit-Modelle		**Weibull-Modelle**		**Logprobit -Modell**
	Mit Kovariaten	**Ohne Kovariate**	**Mit Kovariaten**	**Ohne Kovariate**	**Ohne Kovariate**
Gestutzter Mittelwert [$]	267,35	264,59	248,39	262,73	247,46
Untere Konfidenz [$]	216,00 (235,20)	9,50 (241,30)	0,20 (0,00)	0,00 (0,00)	215,90 (221,00)
Obere Konfidenz [$]	289,30 (288,80)	275,20 (288,70)	1.080,00 (276,90)	267,30 (281,90)	271,40 (280,20)

* Unter den Wohlfahrtsmaßen sind die Konfidenzintervalle nach Park et al. (1991) aufgeführt; in runden Klammern darunter die Bootstrap-Konfidenzintervalle.

Die Verwendung gestutzter Verteilungen geht jedoch auf Kosten der ökonomischen Konsistenz des Referendumsmodells: Es existieren keine ökonomisch konsistenten Zufallsnutzenmodelle für gestutzte Verteilungen. Der Mangel an theoretischer Validität der Ergebnisse ist ein ernst zu nehmender, schwerwiegender Einwand gegen die Verwendung gestutzter Verteilungen in Referendumsmodellen.

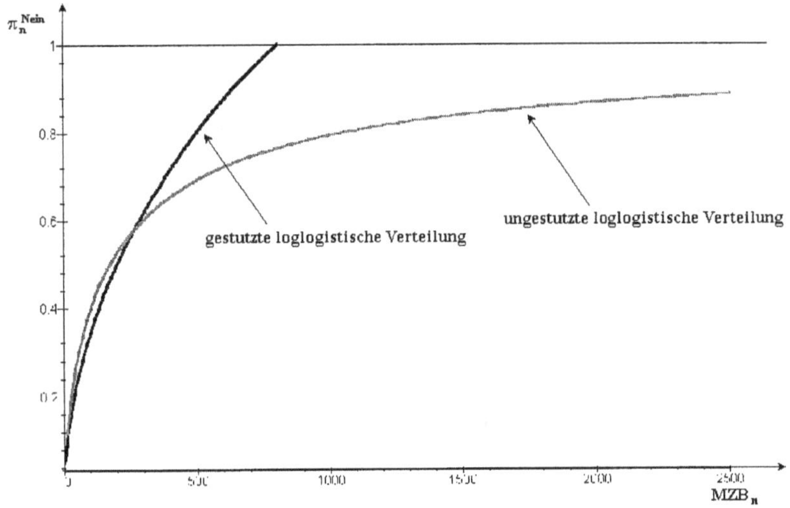

Abb. 9.2 Vergleich der ungestutzten mit der gestutzten loglogistischen Verteilung

9.2 Indifferenz gegenüber dem Projekt

9.2.1 Additive Spike-Modelle

Ein erster Ansatz zur Berechnung des Anteils an Indifferenz gegenüber dem Projekt besteht darin, die Verteilungsfunktion der maximalen Zahlungsbereitschaften an der Stelle $b^* = 0$ zu zensieren und den Wert der Verteilungsfunktion an dieser Stelle berechnen. Als ökonomische Konsequenz aus der Zensierung an der Stelle Null folgt, daß die maximalen Zahlungsbereitschaften der meisten Individuen stetig zwischen 0 und b^{max} verteilt sind. Ein diskreter Anteil der Individuen besitzt jedoch eine MZB in Höhe von genau Null. Der zugehörige diskrete

Anteil an der Wahrscheinlichkeitsmasse, γ, entspricht gerade dem Anteil an Indifferenz.

Aus den in den Abschnitten 8.1 und 8.3 geschätzten additiven, einfach- und doppelt-begrenzten Modellen lassen sich die Anteile an Indifferenz einfach durch Evaluierung der geschätzten Verteilungsfunktionen der maximalen Zahlungsbereitschaften an der Stelle $b^* = \$0$ ermitteln. γ repräsentiert dabei den an der Stelle $b^* = 0$ konzentrierten diskreten Anteil der Wahrscheinlichkeitsmasse. Man erhält daraus die in Tabelle 9.7 berechneten Anteile an Indifferenz gegenüber dem Projekt für die einfach-begrenzten (ER) und doppelt-begrenzten (DR) additiven Modelle ohne zusätzliche Kovariate (O. K.) und mit zusätzlichen Kovariaten (M. K.).

Die Anteile an Indifferenz liegen für die unterschiedlichen Modellversionen etwa zwischen 23 und 34 Prozent. Indifferenz spielt bei der einfachen Befragung offensichtlich eine bedeutendere Rolle als bei der doppelten Befragung. Des weiteren fällt auf, daß die Modelle ohne zusätzliche Kovariate systematisch höhere Anteile an Indifferenz liefern als die Modelle mit zusätzlichen Kovariaten.

Tabelle 9.7 Geschätzte Anteile an Indifferenz [%] (Additive Modelle)

Logit-Modell (ER)		**Logit-Modell (DR)**		**Probit-Modell (ER)**		**Probit-Modell (DR)**	
O. K.	**M. K.**	**O. K.**	**M. K.**	**O. K.**	**M. K.**	**O. K.**	**M. K.**
33,36	29,41	25,06	23,04	33,28	30,01	26,08	24,15

Als mit diesen Spike-Modellen konsistente Wohlfahrtsmaße bieten sich aus den Tabellen 8.4 und 8.11 die an der Stelle \$0 zensierten Wohlfahrtsmaße sowie die Mediane an.

9.2.2 Doppelt-begrenzte, multiplikative Spike-Modelle

Für den Fall doppelt-begrenzter, multiplikativer Spike-Modelle eignet sich die Schätzung von gemischten Verteilung gemäß einer in 6.3.2 erläuterten Modellspezifikation. Die zu schätzende Verteilung ist in (6.17) gegeben. Zunächst wird jedoch die Log-Likelihoodfunktion des Spike-Modells nach An und Ayala (1996a) entwickelt. In 6.3.2 wurde dargestellt, daß die Wahrscheinlichkeit für eine „Nein"-Antwort sowohl von der Anzahl der Teilnehmer, für die die Indikatorvariable ϖ gemäß (6.11) gleich 1 ist, und der Anzahl der Nichtteilnehmer des Projekts, für die $\varpi = 0$ gilt, abhängt. Dabei gilt:

$$(9.6) \qquad \Pr\{\text{„Nein"} | \varpi = 1 \vee \varpi = 0\} = \gamma + (1 - \gamma) \cdot G^{+}_{MZB}(b^{*})$$

Da nur Teilnehmer des Projekts potentiell mit „Ja" antworten, ergibt sich die marginale Wahrscheinlichkeit für eine „Ja"-Antwort aus der Wahrscheinlichkeit für eine Projektteilnahme multipliziert mit der Wahrscheinlichkeit einer „Ja"-Antwort:

$$(9.7) \qquad \Pr\{\text{„Ja"} | \varpi = 1\} = (1 - \gamma) \cdot [1 - G^{+}_{MZB}(b^{*})]$$

Bei der Aufstellung der Log-Likelihoodfunktion für das doppelt-begrenzte Modell ist zu beachten, daß eine „Ja"-Antwort zwingend die Projektteilnahme voraussetzt. Eine Nichtteilnahme am Projekt kann also nur dann erwartet werden, wenn eine Person zweimal mit „Nein" antwortet. Die abhängigen Variablen des doppelt-begrenzten Spike-Modells sind dann in der Notation von Abschnitt 6.3 unter expliziter Einbeziehung des Parametervektorsder Verteilung der maximalen Zahlungsbereitschaften, θ^{SM}, die Wahrscheinlichkeiten:

$$(9.8) \qquad \pi_n^{Ja,Ja} = (1 - \gamma) \cdot [1 - G^{+}_{MZB}(b_n^h; \theta^{SM})]$$

$$(9.9) \qquad \pi_n^{Ja,Nein} = (1 - \gamma) \cdot [G_{MZB}(b_n^n; \theta^{SM}) - G^{+}_{MZB}(b_n; \theta^{SM})]$$

$$(9.10) \qquad \pi_n^{Nein,Ja} = (1 - \gamma) \cdot [G_{MZB}(b_n; \theta^{SM}) - G_{MZB}(b_n^h; \theta^{SM})]$$

$$(9.11) \qquad \pi_n^{Nein,Nein} = \gamma + (1 - \gamma) \cdot G_{MZB}(b_n^n; \theta^{SM})$$

Einsetzen der Beziehungen (9.8) bis (9.11) in die Log-Likelihoodfunktion des doppelt-begrenzten Modells (8.14) liefert die gesuchte Zielfunktion. Diese ist nach dem Parametervektor θ^{SM}, der nun um γ ergänzt wird, zu maximieren. An und Ayala (1996a) weisen nach, daß auch dann sämtliche Parameter des Modells identifiziert und konsistent geschätzt werden können, wenn keine Informationen über Nichtteilnehmer des Projekts vorliegen, wie dies für den vorliegenden Datensatz der Fall ist.

In Tabelle 9.9 sind die Koeffizientenschätzungen für die doppelt-begrenzten multiplikativen Spike-Modelle dargestellt. Die Variable Married erweist sich in keiner der geschätzten Modellvarianten als signifikant. Alle Variablen besitzen jedoch die erwarteten Vorzeichen. Der Indifferenzparameter γ ist in allen Modellen signifikant. Die durch den Parameter γ geschätzten Anteile an Indifferenz bewegen sich zwischen 16,5 % für das lognormale Modell und 25,5 % für das Weibull-Modell. Es fällt auf, daß in den Modellen mit zusätzlichen Kovariaten der Anteil an Indifferenz etwas geringer ausfällt als in den Modellen ohne zusätzlichen Kovariate mit derselben Verteilungsannahme. Dies bestätigt Ergebnisse aus 9.2.2. Im Unterschied zur Modellspezifikation aus 9.2.2 wird der Anteil an Indifferenz bei den doppelt-begrenzten multiplikativen Modellen jedoch tendenziell niedriger geschätzt als bei den additiven Modellen.

Das Logprobit-Modell weist gemäß Tabelle 9.8 die höchste Güte der geschätzten Modelle auf.

Tabelle 9.8 — Gütemaße für doppelt-begrenzte, multiplikativen Spike-Modelle

	Loglogit-Modell		**Logprobit-Modell**		**Weibull-Modell**	
	Mit Kovariaten	**Ohne Kovariate**	**Mit Kovariaten**	**Ohne Kovariate**	**Mit Kovariaten**	**Ohne Kovariate**
LL	-377,39	-396,01	-376,76	-394,87	-383,97	-396,47
AIK	-384,39	-399,01	-383,76	-397,87	-389,97	-399,47

In Spike-Modellen ist der marginale Mittelwert aus einer Mischverteilung zu bestimmen. Den beiden Ausgängen für die Indikatorvariable ϖ (= 1 für Projektteilnahme; = 0 für Nichtteilnahme) ist dabei Rechnung zu tragen. Es ist:

$$E[MZB_n] = \underbrace{E[MZB_n \mid \varpi = 0]}_{=0} \cdot \gamma + E[MZB_n \mid \varpi = 1] \cdot (1 - \gamma)$$

$$(9.12) \qquad \Rightarrow \quad E[MZB_n] = E[MZB_n \mid \varpi = 1] \cdot (1 - \gamma)$$

Tabelle 9.9 Schätzungen doppelt-begrenzter, multiplikativer Spike-Modelle

Varia-blen	Loglogit-Modell Mit Kovariaten	Loglogit-Modell Ohne Kovariate	Logprobit-Modell Mit Kovariaten	Logprobit-Modell Ohne Kovariate	Weibull-Modell Mit Kovariaten	Weibull-Modell Ohne Kovariate
Konstan-te	7,3594 (1,4626) [5,032] {0,0000}	10,925 (1,2636) [8,646] {0,0000}	4,3099 (0,8713) [4,947] {0,0000}	6,7386 (0,7261) [9,281] {0,0000}	5,3404 (0,91031) [5,867] {0,0000}	8,0541 (0,6996) [11,512] {0,0000}
ln(pt)	2,104 (0,2029) [10,366] {0,0000}	2,0255 (0,2162) [9,367] {0,0000}	1,2337 (0,1101) [11,207] {0,0000}	1,2432 (0,1218) [10,210] {0,0000}	1,6312 (0,1339) [12,186] {0,0000}	1,5602 (0,1317) [11,848] {0,0000}
Income/ 10.000	0,1509 (0,0630) [2,394] {0,0167}		0,0920 (0,0368) [2,499] {0,0125}			
Age/10	-0,2293 (0,0777) [-2,951] {0,0032}		-0,1359 (0,04503) [-3,019] {0,0004}			
Know					0,2253 (0,1020) [2,209] {0,0272}	
Concern	0,6967 (0,2031) [3,431] {0,0143}		0,3944 (0,1193) [3,306] {0,0010}		0,3876 (0,1440) [2,692] {0,0071}	

(weitere Ergebnisse s. nächste Seite)

Tabelle 9.9						Fortsetzung von oben
	Loglogit-Modell		Logprobit-Modell		Weibull-Modell	
Varia-blen	Mit Kovariaten	Ohne Kovariate	Mit Kovariaten	Ohne Kovariate	Mit Kovariaten	Ohne Kovariate
Support	0,5970 (0,2436) [2,451] {0,0143}		0,3613 (0,1448) [2,495] {0,0126}		0,4114 (0,1644) [2,503] {0,0123}	
γ	0,1682 (0,0460) [3,655] {0,0003}	0,2139 (0,0474) [4,514] {0,0000}	0,1654 (0,0471) [3,514] {0,0004}	0,2272 (0,0463) [4,905] {0,0000}	0,2418 (0,0356) [6,782] {0,0000}	0,2553 (0,0365) [6,985] {0,0000}

* In der ersten Zeile einer Zelle stehen die für die Koeffizienten geschätzten Werte; darunter in runden Klammern ist die Standardabweichung σ abgetragen; in eckigen Klammern darunter ist der asymptotische z-Wert eingetragen; der zugehörige p-Wert befindet sich in geschweiften Klammern darunter. Der Stichprobenumfang beträgt 299 Beobachtungen.

(9.12) liefert eine sehr komfortable Handhabe zur Berechnung der Wohlfahrtsmaße eines Spike-Modells. Es besagt, daß die in Tabelle 5.2 zusammengestellten Ausdrücke für die Mittelwerte und Mediane nur mit dem Faktor $(1 - \gamma)$, der als die Wahrscheinlichkeit für eine Projektteilnahme interpretierbar ist, multipliziert werden müssen, um zu den Wohlfahrtsmaßen der Spike-Modelle zu gelangen. In Tabelle 9.10 sind die wichtigsten Wohlfahrtsmaße zusammengefaßt.

In Abbildung 9.3 wird das doppelt-begrenzte Weibull-Spikemodell mit dem doppelt-begrenzten Weibull-Modell ohne zusätzliche Kovariate aus Abschnitt 8.4 verglichen. Der Anteil an Indifferenz gegenüber dem Projekt, der Spike, beträgt etwa 25,5 %, wie auch an der Ordinate der Graphik zu sehen ist.

9.3 Vergleich von Modellen mit Kovariaten und ohne Kovariate

Zur Berechnung eines repräsentativen Werts für die maximale Zahlungsbereitschaft ist die Verwendung zusätzlicher Kovariaten zur Gebotsvariablen nicht nötig.

Tabelle 9.10	Wohlfahrtsmaße für die multiplikativen Spike-Modelle*					
Wohlfartsmaße	**Loglogit-Modell**		**Logprobit-Modell**		**Weibull-Modell**	
	M. K.	**O. K.**	**M. K.**	**O. K.**	**M. K.**	**O. K.**
Mittelwert [$]	**252,02**	**286,36**	**231,92**	**241,33**	**298,02**	**322,30**
Untere Konfidenz [$]	102,80	214,90 (233,20)	205,00	231,60 (213,40)	106,60	258,60 (257,10)
Obere Konfidenz [$]	841,90	308,50 (311,30)	266,50	281,70 (274,80)	673,60	462,80 (415,80)
Median [$]	**168,24**	**172,99**	**166,99**	**174,63**	**162,57**	**164,41**
Untere Konfidenz [$]	76,80	149,20 (153,20)	147,20	155,00 (156,10)	67,20	149,20 (147,70)
Obere Konfidenz [$]	450,60	185,30 (194,30)	184,70	193,80 (194,40)	287,20	183,30 (183,30)
Zensierter Mittelwert ($800) [$]	**219,20**	**224,52**	**218,33**	**223,75**	**221,78**	**224,62**
Untere Konfidenz [$]	100,60	198,40 (203,70)	198,60	201,60 (200,80)	200,30	*)
Obere Konfidenz [$]	456,30	241,40 (247,80)	238,00	247,80 (246,70)	233,20	*)

* Unter der Wohlfahrtsmaßen sind die Konfidenzintervalle nach Park et al. (1991) aufgeführt; in runden Klammern darunter die Bootstrap-Konfidenzintervalle.

*) Wegen Konvergenzproblemen konnten die Konfidenzintervalle nicht berechnet werden.

In einer repräsentativen Stichprobe sind alle statistischen Informationen gebündelt, um den *marginalen* Wert der repräsentativen MZB aus den Gebotsvariabeln und einer Konstanten für die funktionale Form der repräsentativen Nutzendifferenz zu ermitteln. In den Worten von McFadden / Leonard (1993, S. 178): *"(...) if the assumptions of CV are valid, then it is unnecessary to introduce additional covariates in order to estimate mean WTP, because the unconditional average of WTP over a representative sample takes the effects of covariates into account and is a consistent estimate of mean WTP in the population."*

Aus einem Vergleich der Wohlfahrtsmaße der bisher geschätzten Modelle in den Tabellen 8.4, 8.8, 8.11, 8.14, 9.3, 9.6 und 9.10 wird deutlich, daß sich die Messungen in Modellen mit zusätzlichen Kovariaten von Modellen ohne zusätzliche

Kovariate unterscheiden. Meist sind die Messungen in Modellen mit zusätzlichen Kovariaten etwas kleiner als die Messungen in Modellen ohne zusätzliche Kovariate.

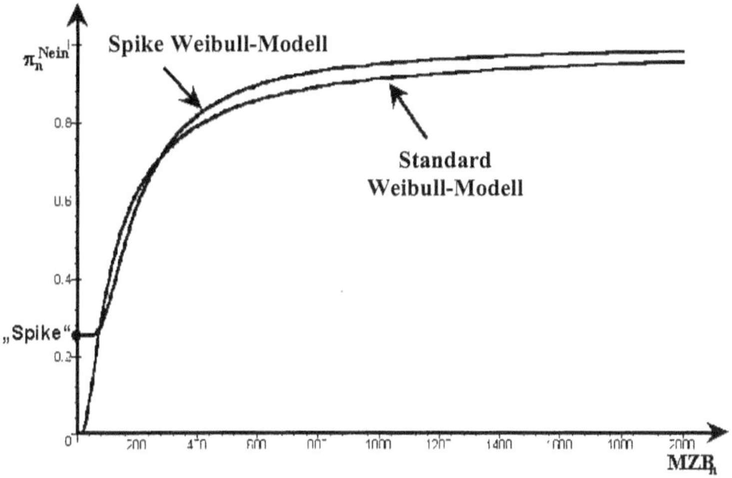

Abb. 9.3 Vergleich doppelt-begrenzter Weibull-Modelle [Spike-Modell versus Standard Weibull-Modell aus Abschnitt 8.4]

Zum Vergleich der Modelle ohne zusätzliche Kovariate mit den Modellen mit zusätzlichen Kovariaten wird berücksichtigt, daß die Modelle ohne zusätzliche Kovariate geschachtelte Modelle der Modelle mit zusätzlichen Kovariaten sind. Mit Hilfe eines LR-Tests läßt sich daher die Nullhypothese H_0 überprüfen, daß zwischen den Modellen mit zusätzlichen Kovariaten und den Modellen ohne zusätzliche Kovariate keine statistisch signifikanten Unterschiede bestehen:

(9.13) $H_0 : \theta(\text{Income}/10.000) = \theta(\text{Age}/10) = \theta(\text{Married}) = \theta(\text{Know}) = \theta(\text{Concern}) = \theta(\text{Support}) = 0$

Die Ergebnisse der LR-Tests sind für verschiedene Modelle in den Tabellen 9.11 bis 9.14 dargestellt.

Die Nullhypothese ist gemäß den Tabelle 9.11 bis 9.14 für alle Modellvarianten zurückzuweisen. Die Modelle mit zusätzlichen Kovariaten passen die Beobachtungen für alle Modelle signifikant besser an als die Modelle ohne zusätzliche Kovariate. Nach McFadden und Leonard (1993) sind die Referendumsergebnisse somit inkonsistent mit der ökonomischen Theorie.

Tabelle 9.11 — Additive, ungestutzte Modelle

	Logit-Modelle		Probit-Modelle	
	Einfach	**Doppelt**	**Einfach**	**Doppelt**
χ^2 – Wert (Freiheitsgrade) [p-Wert]	46,56 (6) [0,0000]	44,65 (5) [0,0000]	44,76 (6) [0,0000]	49,66 (6) [0,0000]

Tabelle 9.12 — Multiplikative, ungestutzte Modelle

	Loglogit		Logprobit		Weibull	
	Einfach	**Doppelt**	**Einfach**	**Doppelt**	**Einfach**	**Doppelt**
χ^2 - Wert (Freiheitsgrade) [p-Wert]	36,01 (4) [0,0000]	50,29 (6) [0,0000]	43,42 (6) [0,0000]	49,92 (6) [0,0000]	48,28 (4) [0,0000]	44,51 (5) [0,0000]

Tabelle 9.13 — Einfach-begrenzte gestutzte Modelle

	Logit	Probit	Logprobit	Loglogit	Weibull
χ^2 - Wert (Freiheitsgrade) [p-Wert]	41,58 (5) [0,0000]	40,62 (5) [0,0000]	-	24,09 (3) [0,0000]	38,09 (4) [0,0000]

Tabelle 9.14 — Doppelt-begrenzte Spike-Modelle

	Loglogit	Logprobit	Weibull
χ^2 - Wert (Freiheitsgrade) [p-Wert]	37,24 (4) [0,0000]	36,21 (4) [0,0000]	25,00 (3) [0,0000]

9.4 Das bivariate Probit-Referendumsmodell

9.4.1 Zur Kontroverse um das bivariate Referendumsmodell

Die vorangegangenen Überlegungen zeigen, daß das Antwortverhalten Inkonsistenzen ausgesetzt ist. In einer empirischen Studie zur doppelt-begrenzten Referendumsmethode geben Cameron und Quiggin (1994) die Annahme identischer maximaler Zahlungsbereitschaften eines Individuums zu beiden Geboten auf. Sie folgern aus ihren Ergebnissen, daß sich die MZB eines Befragten bereits während der Befragung ändern kann. Manche Befragte beziehen sich demnach im Verlauf eines Interviews auf zwei verschiedene maximale Zahlungsbereitschaften. Die Annahme einer eindeutigen MZB als Grundlage der Antworten ist nach Meinung der Autorinnen nicht plausibel (S. 233).

Die Autorinnen empfehlen statt dessen, ein bivariates Referendumsmodell mit einer zweigipfligen Verteilung zu verwenden. In diesem Modell wird der unvollkommenen Korrelation zwischen der MZB zur ersten Frage und der MZB zur zweiten Frage durch die Einführung eines Korrelationsparameters, ρ, Rechnung getragen: *"It is critically important when analyzing responses from a dichotomous choice with follow-up contingent-valuation survey to acknowledge the imperfect correlation between the responses to the first and second valuation questions"* (S. 232).

Mit einer imperfekten Korrelation zwischen den beiden Antworten, d. h. $\rho \neq 1$, nehmen die Autorinnen implizit an, daß sich entweder die Präferenzen plötzlich, d. h. zwischen zwei Fragen eines etwa fünfzigminütigen Interviews, ändern können, oder daß sich einige Befragte bei Verwendung eines doppelt-begrenzten Formats strategisch verhalten.

Ist jedoch die Korrelation zwischen den beiden Zahlungsbereitschaften imperfekt, werden sich in der Regel die Wohlfahrtsmessungen sowie deren Varianzen für die erste und die zweite Fragerunde unterscheiden. Dies wäre jedoch mit der Annahme stabiler Präferenzen unvereinbar.

Allerdings fehlspezifizieren die Autorinnen die Log-Likelihoodfunktion des Intervalldatenmodells. Haab (1998) revidiert die Ergebnisse und zeigt, daß sich die Parameterschätzungen ihres Intervalldatenmodells nicht signifikant von denen des bivariaten Modells unterscheiden.

Dies bestätigt Monte Carlo-Simulationen von Alberini (1995c), die mit dem Intervalldatenmodell die repräsentativen Zahlungsbereitschaften schätzt, wenn das wahre Modell bivariat normalverteilt ist mit Korrelationsparametern $\rho \in \{0,2;\ 0,6;\ 0,9;\ 1\}$; das Intervalldatenmodell liefert auch dann noch gute Ergebnisse, wenn das wahre Modell bivariat normalverteilt ist mit dem niedrigen Korrelationswert $\rho = 0,2$: *"(...) the interval-data estimates for the mean / median WTP can be surprisingly robust to low values for ρ, even though the interval-data model is technically wrong"* (S. 179).

Dennoch sehen Cameron und Quiggin (1998, S. 199) ihre grundsätzlichen Aussagen durch die Korrekturen von Haab nicht in Zweifel gezogen. Trotz der ermutigenden Ergebnisse von Haab und Alberini ist das bivariate Referendumsmodell Gegenstand weiterer Untersuchungen [z. B. Alberini et al. (1997); Haab (1997)]. Für die Ursache dieses Interesses seien zwei Gründe angeführt:

Erstens erhöht ein freier Korrelationsparameter die Flexibilität der Modellspezifikation und verbessert nicht selten statistische Güteeigenschaften [Haab (1998)].

Ein freier Korrelationsparameter schärft zweitens das Wissen über das Antwortverhalten der befragten Individuen. Ready et al. (1995) vermuten, daß manche Individuen ambivalent auf das ihnen präsentierte Szenario reagieren könnten und zunächst nicht in der Lage seien, das abstrakte Projekt exakt zu bewerten.

Anstatt ihre Wertschätzung eindeutig zu evaluieren, würden die Befragten intern bestimmte Bandbreiten formulieren, innerhalb derer sie zwischen verschiedenen geforderten Zahlungen indifferent seien. Die Befragten verhielten sich so, daß sie auf Beträge innerhalb dieser Indifferenzregion willkürlich einmal mit „Ja“ und ein anderes mal mit „Nein“ antworteten.

Ein bivariates Probit-Modell eignet sich zur Modellierung der beiden Antworten auf die zwei Fragen nach der Zahlungsbereitschaft aufgrund der bekannten Eigenschaften der bivariaten Normalverteilung.[75] Alberini (1995b, S. 179) rät: *"CV*

[75] Eine etwas andere Sicht des Konsistenzproblems zwischen der ersten und zweiten Antwort liefern León und Vázquez-Polo (1998) mit Hilfe eines Bayesschen Ansatzes.

practitioners are adviced to estimate both interval-data and bivariate probit models as part of the initial specification searches for the WTP model."

9.4.2 Spezifikation des bivariaten Probit-Modells

Ausgangspunkt der hier formulierten Spezifikation ist die Annahme, daß die Befragten sich im Rahmen einer Befragung mit der doppelten Referendumsmethode auf die zwei Fragen nach ihrer Zahlungsbereitschaft nicht mehr auf ein und dieselbe MZB beziehen.

Für das bivariate Referendumsmodell sind in Abhängigkeit von der Höhe des Korrelationsparameters, ρ, drei Fälle zu unterscheiden:

1. Fall: $\rho = 1$

Für $\rho = 1$ erhält man das traditionelle Intervalldatenmodell des achten Kapitels, in dem die maximalen Zahlungsbereitschaften eines Befragten zu beiden Geboten identisch sind, als Spezialfall des bivariaten Modells.

2. Fall: $0 < \rho < 1$

Im zweiten Fall ist die Korrelation zwischen den beiden maximalen Zahlungsbereitschaften zur ersten und zweiten Frage nicht perfekt. Für $\rho \neq 1$ stimmt die MZB zur zweiten Frage (MZB_2) nicht mit der MZB zur ersten Frage (MZB_1) überein. MZB_2 kann als revidierte Version von MZB_1 aufgefaßt werden.

3. Fall: $\rho = 0$

Für $\rho = 0$ sind die MZB_1 und die MZB_2 völlig unabhängig voneinander. Dies entspricht einer Totalrevision der Antwort auf die erste Frage nach der Zahlungsbereitschaft im Hinblick auf die zweite Frage.

Cameron und Quiggin (1994, S. 221 ff.) modellieren das bivariate Probit-Modell in Form von Ausgabendifferenzen. Hier wird statt dessen das lineare Modell des Hanemannschen Nutzendifferenzenansatzes verwendet.

Daraus ergibt sich das bivariate Modell in Form zweier Gleichungen. Die Nutzendifferenz für die erste Antwort ist:

$$(9.14) \qquad \Delta v(b_1) + \varepsilon_1 = \alpha_1 + \beta_1 \cdot b_1 + \varepsilon_1,$$

und entsprechend lautet die Nutzendifferenz für die zweite Antwort:

(9.15) $\Delta v(b_2) + \varepsilon_2 = \alpha_2 + \beta_2 \cdot b_2 + \varepsilon_2$

$\Delta v(b_1) = (\alpha_1 + \beta_1 \cdot b_1)$ ist die systematische Komponente der ersten Antwort mit der Gebotsvariablen b_1 und einem Koeffizientenvektor $[\alpha_1, \beta_1]^T$. Entsprechend bezeichnet $\Delta v(b_2) = (\alpha_2 + \beta_2 \cdot b_2)$ die systematische Komponente der zweiten Antwort zum Gebot b_2, und $[\alpha_2, \beta_2]^T$ repräsentiert den Koeffizientenvektor für die Modellierung der zweiten Antwort.

Ist die Korrelation zwischen erster und zweiter Antwort ungleich 0 und ungleich 1, können nach der obigen Fallunterscheidung die beiden Verteilungen der Nutzendifferenzen auf die erste und die zweite Frage weder unabhängig voneinander noch identisch sein. Seien daher die marginalen Verteilungen der Zufallsterme, ε_1 bzw. ε_2, normalverteilt mit Erwartungswert Null und Varianz σ_1^2 bzw. σ_2^2. Weiter wird angenommen, daß die Zufallsvariablen ε_1 und ε_2 gemeinsam bivariat normalverteilt (BVN) sind mit Mittelwerten in Höhe von 0 und Varianzen σ_1^2 und σ_2^2 sowie einem Korrelationsparameter ρ, so daß formal gilt:

(9.16) $(\varepsilon_1, \varepsilon_1) \sim \text{BVN}(0, 0, \sigma_1^2, \sigma_2^2, \rho)$

Das Nutzendifferenzenmodell läßt sich demnach in Form einer gemeinsamen Verteilung für $[\Delta v(b_1), \Delta v(b_2)]$ modellieren. Das Paar ist bivariat-normalverteilt.[76] Eine wichtige Eigenschaft der bivariaten Normalverteilung ist, daß ihre marginalen Verteilungen $f_1[\Delta v(b_1)]$ für die erste und $f_2[\Delta v(b_2)]$ für die zweite Fragerunde normalverteilt sind, mit [Greene (1993, S. 73)]:

(9.17) $f_1[\Delta v(b_1)] = N(\mu_1, \sigma_1^2)$

und

(9.18) $f_2[\Delta v(b_2)] = N(\mu_2, \sigma_2^2)$.

---

[76] Für eine ausführliche Erläuterung der Eigenschaften der bivariaten Normalverteilung siehe Greene (1993, S. 72f.). Vgl. zur Struktur des bivariaten Probit-Modells S. 660 ff. desselben Autors.

(9.17) und (9.18) ermöglichen eine direkte Berechnung der marginalen Mittelwerte, $E[\Delta v(b_r)]$, und marginalen Mediane, $M[\Delta v(b_r)]$, aus den Parametern α_r und β_r ($r = 1, 2$) der Nutzendifferenzen (9.14) und (9.15). Sie ergeben sich zu:

(9.19) $$E[\Delta v(b_r)] = M[\Delta v(b_r)] = \mu_r = -\alpha_r/\beta_r, \quad r = 1, 2,$$

wobei r für r = 1 die erste und für r = 2 die zweite Fragerunde symbolisiert. Mittelwert und Median sind für die jeweilige Fragerunde gleich.

Die Varianzen, V, sind:

(9.20) $$V[\Delta v(b_r)] \equiv \sigma_r^2 = -1/\beta_r, \quad r = 1, 2$$

Das Intervalldaten-Probitmodell ist für die obige Spezifikation durch $\beta_1 \equiv \beta_2$, $\alpha_1 \equiv \alpha_2$ und $\rho = 1$ gegeben. In diesem Fall unterscheidet sich die MZB_1 des Individuums nicht von MZB_2, so daß $E(MZB_1) = E(MZB_2)$ gilt. Insofern kann das Intervalldaten-Probitmodell als Spezialfall des allgemeineren bivariaten Probit-Modells aufgefaßt werden.

Wie im Fall des Intervalldaten-Probitmodells werden die beiden Antworten der Befragten vier Kategorien der maximalen Zahlungsbereitschaften zugeordnet. Dies erlaubt es, die Notation des Intervalldatenmodells bis auf die explizite Einführung des Korrelationsparameters ρ beizubehalten.

In Übersicht 9.1 werden die Spezifikationen des Intervalldaten-Probitmodells und des bivariaten Probit-Modells miteinander verglichen [vgl. Alberini (1995c, S. 171)]. Man beachte, daß das erste Gebot b_1 exogen, das zweite Gebot b_2 jedoch - wegen der Abhängigkeit von der Antwort auf das erste Gebot - endogen ist. Ferner ist ε_2 sowohl mit b_2 als auch mit ε_1 korreliert. Cameron und Quiggin (1994, S. 221) warnen, daß die Nichtbeachtung dieser Abhängigkeiten in eine Endogenitätsverzerrung bezüglich des Parametervektors der zweiten Fragerunde münden kann

Zur Modellierung des Antwortverhaltens werden zwei Indikatorvariablen I_1 bzw. I_2 für die erste bzw. zweite Fragerunde eingeführt. $I_1 = 1$, wenn die Antwort auf die erste Frage „Ja“ und $I_1 = 0$, wenn die erste Antwort „Nein“ ist. Analog ist die Indikatorvariable I_2 für die zweite Fragerunde definiert. Die vier möglichen Antwortpaare auf die beiden Fragen sind $(I_1, I_2) \in \{(1, 1), (1, 0), (0, 1), (0, 0)\}$.

Antwortsequenzen (1. Antwort, 2. Antwort)	Antwortwahrscheinlichkeiten	Intervalldaten-Probitmodell	Bivariates Probit-Modell
„Nein", „Nein"	$\pi_n^{Nein,Nein}$	$\Phi[v(b_1)]$	$\Phi[v(b_1), v(b_2), \rho]$
„Nein", „Ja"	$\pi_n^{Nein,Ja}$	$\Phi[v(b_1)] - \Phi[v(b_2)]$	$\Phi[v(b_1)] - \Phi[v(b_1), v(b_2), \rho]$
„Ja", „Nein"	$\pi_n^{Ja,Nein}$	$\Phi[v(b_2)] - \Phi[v(b_1)]$	$\Phi[v(b_2)] - \Phi[v(b_1), v(b_2), \rho]$
„Ja", „Ja"	$\pi_n^{Ja,Ja}$	$1 - \Phi[v(b_2)]$	$1 - \Phi[v(b_1), v(b_2), \rho]- \Phi[v(b_1)] - \Phi[v(b_2)]$

Übersicht 9.1

Die Log-Likelihoodfunktion des bivariaten Probit-Modells, $\ln L^{BP}$, lautet [Alberini et al. (1997, S. 317)]:

(9.21)
$$\ln L^{BP} = \sum_n (1 - I_1) \cdot (1 - I_2) \cdot \pi_n^{Nein,Nein} + (1 - I_1) \cdot I_2 \cdot \pi_n^{Nein,Ja} + + I_1 \cdot (1 - I_2) \cdot \pi_n^{Ja,Nein} + I_1 \cdot I_2 \cdot \pi_n^{Ja,Ja}$$

Die Wahrscheinlichkeiten der Antwortpaare ergeben sich aus der bivariaten Normalverteilung gemäß Übersicht 9.1.

9.4.3 Ergebnisse des bivariaten Probit-Modells

Das bivariate Probit-Modell wird zunächst geschätzt, wenn alle Parameter frei variieren können. In einem weiteren Ansatz werden den Parametern die Restriktionen $\alpha_1 \equiv \alpha_2$ und $\beta_1 \equiv \beta_2$ auferlegt, was wegen (9.19) und (9.29) zu $\mu_1 \equiv \mu_2$ und $\sigma_1 \equiv \sigma_2$ führt; ρ variiert jedoch frei. Die Schätzergebnisse sind in Tabelle 9.16 dargestellt.

Dem Endwert der Log-Likelihoodfunktion (LL) läßt sich entnehmen, daß das nicht restringierte Modell die Daten etwas besser anpaßt als das restringierte Modell. Beide Modellvarianten liefern jedoch kontraintuitive Ergebnisse.

Während für die **Modellvariante der nicht restringierten Parameter** zwar wie erwartet die Vorzeichen der Koeffizienten von pt1/100 und pt2/100 negativ sind, ist der geschätzte Koeffizient von pt2/100 nicht signifikant. Darüber hinaus ist die geschätzte Konstante der zweiten Fragerunde ebenfalls negativ. In Verbindung mit dem negativen Vorzeichen des Koeffizienten von pt2/100 ergibt sich eine negative repräsentative MZB für die zweite Fragerunde (vgl. hierzu Tabelle 9.17). Der Korrelationsparameter ρ ist nicht signifikant und liegt nur bei etwa 0,05. Dies stellt die Tauglichkeit entweder des bivariaten Probit-Modells zur Erklärung des Antwortverhaltens oder aber die doppelte Referendumsmethode per se in Frage. Ein Vergleich mit anderen qualitativ hochwertigen Surveys mit der doppelten Referendumsmethode zeigt, daß auch dort der Wert des Korrelationsparameters zwischen 0,39 und 0,97 schwankt. Ferner korrelieren die beiden Antworten häufig nicht hoch [s. die Übersicht bei Alberini et al. (1997, S. 316)].

Tabelle 9.16 Schätzungen des bivariaten Probit-Modells

Variable	Nicht restringiertes Modell			Restringiertes Modell ($\alpha_1 \equiv \alpha_2$; $\beta_1 \equiv \beta_2$)		
	Koeffizient θ	**σ**	**$z = \theta/\sigma$ (p-Wert)**	**Koeffizient θ**	**σ**	**$z = \theta/\sigma$ (p-Wert)**
α_1	0,4303	0,1863	2,309 (0,0209)	-0,0230	0,1424	-0,162 (0,8716)
pt1/100	-0,2208	0,0674	-3,275 (0,0011)	-0,1312	0,0492	-2,666 (0,0077)
α_2	-0,4778	0,2003	-2,385 (0,0171)	-0,0230	0,1424	-0,162 (0,8761)
pt2/100	-0,0581	0,0647	-0,897 (0,3697)	-0,1312	0,0492	-2,666 (0,0077)
ρ**(1,2)**	0,0510	0,1785	0,336 (0,7370)	0,1807	0,1514	1,193 (0,2327)
LL	-375,04			-383,92		

Ähnliche Ergebnisse erhält man für **das restringierte Modell**. In diesem sind die Parameter der ersten und zweiten Fragerunde so restringiert, daß die Varianzen und Erwartungswerte übereinstimmen, der Korrelationsparameter jedoch frei variieren kann. Beide Koeffizienten der Gebotsvariablen sind nun signifikant. Die Konstanten und die Koeffizienten der Gebotsvariablen sind jedoch beide negativ. Dies führt zu negativen repräsentativen maximalen Zahlungsbereitschaften für beide Fragerunden (s. Tabelle 9.17). ρ ist auch für das restringierte Modell nicht signifikant. Mit einem Wert von etwa 0,18 liegt ρ weit entfernt vom theoretisch erwarteten Wert 1.

In Tabelle 9.17 sind die unbeschränkten Mittelwerte und Mediane, die an den Stellen \$0 und \$800 zensierten Mittelwerte sowie die Standardabweichungen für die beiden Modelle dargestellt. Die Ergebnisse erhärten bestehende Zweifel an der doppelten Referendumsmethode.

Tabelle 9.17	Wohlfahrtsmessungen für das bivariate Probit-Modell	
	Nicht restringiertes Modell	**Restringiertes Modell** ($\alpha_1 \equiv \alpha_2$; $\beta_1 \equiv \beta_2$)
μ_1	\$194,86	-\$17,54
Zensierter Mittelwert (\$0; \$800)$_1$	\$167,89	\$178,41
σ_1	\$21,28	\$27,60
μ_2	-\$822,95	-\$17,54
Zensierter Mittelwert (\$0; \$800)$_2$	\$168,08	\$178,41
σ_2	\$41,50	\$27,60

Im **nicht restringierten Modell** driften Mittelwert und Median für beide Fragerunden drastisch - um ca. \$1.000 - auseinander. Die Wohlfahrtsmaße sind darüber hinaus für die zweite Fragerunde entgegen ökonomischer Plausibilität mit \$(-822,95) negativ. Die Standardabweichung der repräsentativen MZB der zweiten gegenüber der ersten Fragerunde verdoppelt sich fast von $\sigma_1 = \$21,28$ auf $\sigma_2 = \$41,50$. Das **Modell mit restringierten Koeffizienten und freiem Kor-**

relationsparameter liefert eine negative repräsentative MZB in Höhe von \$(-17,54) für das umweltverbessernde Projekt.[77]

Räumte man den Ergebnissen eine gewisse Plausibilität ein, würde das Rationalitätspostulat der Präferenzordnung in Zweifel gezogen (s. hierzu Kapitel 2). Wird beispielsweise durch die Äußerung der zweiten Zahlungsbereitschaft die erste MZB nach unten revidiert, ist nicht auszuschließen, daß für bestimmte Werte von ρ eine paradoxe Situation eintritt: Ein Individuum, das dem ersten Gebot zugestimmt hat, lehnt auf die zweite Frage hin einen geringeren Betrag für dasselbe Projekt ab. Befragte würden sich bei diesem Befragungsformat in unauflösbare Widersprüche verwickeln [s. Alberini (1995a)]. Man stelle sich die Situation vor, in der sie auf ein Gebot zunächst mit „Ja" und anschließend auf ein niedrigeres Gebot mit „Nein" antworteten - oder umgekehrt auf ein Gebot zunächst mit „Nein" und anschließend auf ein höheres Gebot mit „Ja". Eine Befragungsstrategie, in der auf ein mit „Ja" beantwortetes hohes Gebot ein niedrigeres Gebot folgt - bzw. auf ein mit „Nein" beantwortetes Gebot ein höheres – ist jedoch aus offensichtlichen Gründen nicht praktikabel.

Trotz all dieser bedrückenden Ergebnisse sollte nicht übersehen werden, daß der an der Stelle \$0 und an der Stelle \$800 zensierte Mittelwert für die erste und zweite Zahlungsbereitschaftsfrage des nicht restringierten bivariaten Probit-Modells fast identische Ergebnisse um \$168 liefert. Das Ergebnis weicht auch nur um ca. \$10 vom zensierten Mittelwert des restringierten Modells ab. Werden negative maximale Zahlungsbereitschaften ausgeschlossen und plausible Obergrenzen für die MZB gewählt, liefern die Evaluierungen der statistischen Wohlfahrtsmaße also erfreulicherweise vergleichbare Ergebnisse.

9.5 Retests mit dem Turnbull-Schätzer

Die NOAA-Kommission empfiehlt generell Wiederholungsstudien. Fragwürdig erscheinen jedoch ihre Forderungen im Umgang mit den daraus erhaltenen Datensätzen. Sie fordert, die Datensätze zwischen den beiden Zeitpunkten zu glätten: *"Time dependent noise should be reduced by averaging across independently drawn samples taken at different points in time. A clear and substantial time*

---

[77] Schätzungen des bivariaten Probit-Modells mit logarithmischen Transformationen der Gebote schließen von vornherein negative Werte aus und werden daher von manchen Autoren empfohlen [z. B. von Cameron / Quiggin (1994, S. 225f.)]. Ein solches Vorgehen stellt hier jedoch keine wesentliche Verbesserung dar, da sich Mediane in Höhe von \$172,29 und \$5,96 für die erste bzw. zweite Zahlungsbereitschaftsfrage ergeben; ρ ist lediglich 0,08.

trend in the responses would cast doubt on the "reliability" of the findings" [Arrow et al. (1993, S. 4609)].

NOAA-Panel-Mitglied Schuman (1996, S. 77) fordert zur Überprüfung der zeitlichen Reliabilität eine Wiederholungsstudie in gewissem zeitlichen Abstand zur ersten Umfrage. Für Schuman besteht der Kern eines zeitlichen Reliabilitätsnachweises dann darin, zu zeigen, daß Schätzungen der repräsentativen maximalen Zahlungsbereitschaft (MZB), die man zu einem bestimmten Zeitpunkt erhalten hat, im wesentlichen dieselben Schätzungen sind, die man zu einem späteren Zeitpunkt erhält. Ein Reliabilitätsnachweis ist erbracht, wenn der Wert der repräsentativen MZB nicht signifikant zwischen den beiden Befragungszeitpunkten schwankt.

Ein Reliabilitätsnachweis im Sinne der NOAA-Kommission verlangt nicht, daß auch die individuellen Antworten zwischen den beiden Befragungen nicht schwanken. Abgehoben wird vielmehr auf die zeitliche Stabilität der repräsentativen MZB.

Carson et al. (1997, S. 152f.) kritisieren implizit den Reliabilitätsbegriff Schumans sowie explizit die von der Kommission vorgeschlagene zeitliche Glättung. Sie sehen die Bewertungen vielmehr in Abhängigkeit vom ökonomischen und damit vom zeitlichen Kontext. Mit Änderungen im zeitlichen Kontext würden sich auch die Bewertungen von Umweltprojekten ändern.

Diese Argumentation ist plausibel, sind doch auch Marktgüter durchaus drastischen zeitlichen Änderungen ihres Wertes ausgesetzt; man denke hierbei beispielsweise an die Volatilitäten von Kakaopreisen an Warenterminbörsen oder an die Kursschwankungen bei Aktien. Aus meiner Sicht gibt es daher keinen Grund, warum sich nicht auch die Bewertungen eines Umweltprojekts zwischen zwei zeitlich auseinandergelagerten Messungen signifikant unterscheiden sollten. Die von der Kommission geforderte zeitliche Glättung ist vor diesem Hintergrund zumindest ebenso unüblich. So bestimmt sich beispielsweise auch der aktuelle Wert einer Aktie nicht einfach durch die Bildung eines Durchschnittswerts zwischen zwei Zeitpunkten.

Carson et al. (1997, S. 157) interpretieren die Empfehlungen der Kommission in dem Sinne, daß die Kommission spontane Reaktionen auf ein bestimmtes Umweltereignis vermeiden möchte. Wichtiger als die Forderung nach zeitlicher Reliabilität der repräsentativen MZB erscheine demnach die Frage nach dem richtigen Zeitpunkt einer Befragung. In der Tat äußert sich die Kommission auch zum Timing einer Umfrage. Handelt es sich beispielsweise um Bewertungen von Katastrophenereignissen wie die durch ein Tankerunglück verursachten Umweltschäden, so fordert sie, zwischen dem Katastrophenereignis und der Befragung hinreichend Zeit verstreichen zu lassen: "*The survey must be conducted at a time sufficiently distant from the date of the environmental insult that respondents regard the scenario of complete restoration probabilities as plausible*" [Arrow et al. (1993, S. 4613)].

Hintergrund dieser Empfehlung ist, die Wertschätzung für die Beseitigung der Umweltschäden aus einer gewissen zeitlichen Distanz zu dem emotionalisierenden Ereignis zu ermitteln. Kurzfristige Einflüsse auf die repräsentative MZB sollten die Ergebnisse nicht verzerren.

Meines Erachtens sind jedoch auch diese NOAA-Empfehlung sowie die in dieselbe Richtung zielenden Überlegungen Carsons et al. zu überdenken. So zeigt die Erfahrung, daß gerade infolge von Katastrophenereignissen wie Hochwasser oder Dammbrüchen die realen maximalen Zahlungsbereitschaften von Individuen besonders hoch sind. Man denke in diesem Zusammenhang nur an die überschwengliche Spendenbereitschaft der deutschen Bevölkerung infolge des Oderhochwassers im Sommer des Jahres 1997.

Mit Retests können dennoch bestimmte Ziele effizient verfolgt werden. So erfährt man mit ihrer Hilfe etwas über die zeitliche Konsistenz der Projektbewertungen. Man weiß bisher noch sehr wenig darüber, wie sich die Bewertung von Umweltgütern im Zeitablauf ändert. Mit diesem Wissen würde man jedoch über Informationen zu Komplementaritäts- und Substitutionsbeziehungen von Umwelt- zu Marktgütern verfügen. Man erfährt mit Retests auch etwas über die zeitliche Änderung der Wahrnehmung von Umweltproblemen in der Bevölkerung sowie über den Wandel des Stellenwerts von Umweltqualität in der von Umweltmaßnahmen betroffenen Bevölkerung. Ferner liefern Wiederholungsstudien Aussagen darüber, in welchem Ausmaß sich Bewertungen von Umweltprojekten nach Katastrophenereignissen mit der zeitlichen Distanz zu den Ereignissen ändern.

Wissen über die genannten Zusammenhänge ist für eine effiziente Bereitstellung öffentlicher Güter für den Staat von entscheidender Bedeutung. So können durch Informationen über die zeitliche Konsistenz von Bewertungen beispielsweise Reaktionen auf Katastrophenereignisse gezielter geplant und den Bedürfnissen der Bevölkerung angepaßt werden.

Bei der Durchführung von Retests sind jedoch einige Dinge zu beachten. So kommt es dabei nicht, wie oben erwähnt, auf die zeitliche Stabilität der individuellen Antworten, sondern allein auf die zeitliche Konsistenz der repräsentativen MZB an. Dies bedeutet, daß die Verteilung der maximalen Zahlungsbereitschaften keiner zeitlichen Kontinuität unterworfen sein muß. Es wird daher auf den in Abschnitt 5.5 vorgestellten verteilungsfreien Turnbull-Schätzer zur Durchführung des Reliabilitätstests zurückgegriffen.

Mit dem Turnbull-Maß werden Wohlfahrtsmaße für die 1993 durchgeführte Pamlico-Studie in 9.5.1 und für die 1995 durchgeführte Pamlico-Studie in 9.5.2 berechnet. 9.5.3 ist der Durchführung des Reliabilitätstests gewidmet. In 9.5.4 werden die Ergebnisse diskutiert.

9.5.1 Anwendung auf die Pamlico-Studie von 1993

In Tabelle 9.18 sind die wichtigsten deskriptiven Statistiken zur 1993er Pamlico-Studie bezüglich des Antwortverhaltens auf die sechs unterbreiteten Gebote dargestellt.[78] Zunächst fällt auf, daß zum Gebot $200 mit 40,21 % der Befragten prozentual weniger Befragte mit „Nein" antworten als zum Gebot $100 mit 45,76 %. Diese Inkonsistenz führt dazu, daß zur Berechnung des Turnbull-Schätzers die Zellen zu den Geboten $100 und $200 gepoolt werden müssen. Nur so kann eine monoton steigende Verteilungsfunktion der maximalen Zahlungsbereitschaften gewährleistet werden.

Tabelle 9.18 Antworten zu den Geboten der 1993er Pamlico-Umfrage: Absolute (und relative) Häufigkeiten

	$5	**$25**	**$50**	**$100**	**$200**	**$300**	**Σ**
„Ja"	72 (83,72)	75 (79,79)	68 (64,76)	64 (54,24)	58 (59,79)	48 (46,60)	**385 (63,85)**
„Nein"	14 (16,28)	19 (20,21)	37 (35,24)	54 (45,76)	39 (40,21)	55 (53,40)	**218 (36,15)**
Σ	**86 (14,26)**	**94 (15,59)**	**105 (17,41)**	**118 (19,57)**	**97 (16,09)**	**103 (17,08)**	**603**

[78] Informationen und Ergebnisse zur 1993 durchgeführten Studie mit Erläuterungen zum Befragungsaufbau finden sich bei Whitehead et al. (1998). Man beachte auch den von Whitehead und Hoban (1999) durchgeführten Retest für ein anderes Untersuchungsobjekt.

Tabelle 9.19	Berechnung des Turnbull-Schätzerss für die 1993er Pamlico-Studie	
MZB-Kategorie	**Verteilungsfunktion F_k (Standardabweichung)**	**Dichtefunktion π_k (Standardabweichung)**
\$0 - \$5	0,1628 (0,0398)	0,1628 (0,0398)
\$5 - \$25	0,2021 (0,0414)	0,0393 (0,0812)
\$25 - \$50	0,3524 (0,0467)	0,1503 (0,0880)
\$50 - \$100	0,4576 (0,0459)	0,1052 (0,0819)
\$100 - \$200	gepoolt	gepoolt
\$200 - \$300	0,5300 (0,0353)	0,0724 (0,0701)
> \$300	1	0,4700 (0,0353)

Die 64 „Nein"-Antworten zum Gebot \$100 werden also zu den 58 „Nein"-Antworten zum Gebot \$200 addiert und anschließend mit den Antworten zum Gebot \$300 zur Bildung einer Kategorie der maximalen Zahlungsbereitschaften kombiniert. Dies liefert einen Anteil von 53 % „Nein"-Antworten für die kombinierte Zelle in Tabelle 9.19.

Tabelle 9.19 dient der Vorbereitung der Berechnung des Turnbull-Schätzers. Hierzu werden die Standardabweichungen der einzelnen Intervalle der Verteilungs- bzw. Dichtefunktion aus (5.70) bzw. (5.71) ermittelt.

9.5.2 Anwendung auf die Pamlico-Studie von 1995

Nach einem Blick auf die Verteilung der Antworten auf die Gebote der 1995er-Pamlico-Studie in Tabelle 9.20 wird man zunächst eine Inkonsistenz in den Antworten zu den Geboten \$100 und \$200 feststellen. Dabei liegt der Anteil an

„Nein"-Antworten zum $200-Gebot mit 51,65 % deutlich unter dem entsprechenden Anteil des $100-Gebots mit 62,82 %.

Tabelle 9.20	Antworten auf die erste Frage (Pamlico-Studie von 1995)*				
	$100	**200**	**300**	**400**	**Gesamt**
„Ja"	58 (37,18)	44 (48,35)	25 (29,07)	25 (25,77)	**152** **(35,35)**
„Nein"	98 (62,82)	47 (51,65)	61 (70,93)	72 (74,23)	**278** **(64,65)**
Gesamt	**156** **(36,28)**	**91** **(21,16)**	**86** **(20,00)**	**97** **(22,56)**	**430**

* In den Klammern der zweiten und dritten Zeile sind die Spaltenprozente, in der vierten Zeile die Zeilenprozente wiedergegeben.

Zur Berechnung des Turnbull-Schätzers müssen demnach die Antworten zum Gebot $100 und $200 gepoolt werden. Tabelle 9.21 liefert die nötigen Informationen zur vollständigen Berechnung des LBM für die 1995er P-Studie.

9.5.3 Ergebnisse und Folgerungen

Aus den Tabellen 9.20 und 9.21 werden gemäß (5.73) die beiden Turnbull-Schätzer LBM^{1993} und LBM^{1995} für die Pamlico-Studien von 1993 und 1995 mit ihren zugehörigen Varianzen und Standardabweichungen, die sich aus (5.74) ergeben, berechnet. Wählt man zur Berechnung der Konfidenzintervalle gemäß (5.75) $\alpha = 0{,}05$, ist $z_{\alpha/2} = 1{,}96$, was es erlaubt, 95 %-Konfidenzintervalle für die geschätzten Erwartungswerte zu bestimmen. Die Ergebnisse sind in Tabelle 9.22 gegenübergestellt.

Die Wertschätzung für die Umweltverbesserung hat sich gemäß obiger Überlegungen zwischen 1993 und 1995 von $157,45 auf $137,44 vermindert. Die 95 %-Konfidenzintervalle um die Erwartungswerte zwischen den beiden Befragungszeitpunkten überlappen sich jedoch. Daher fallen die beiden Bewertungen nicht statistisch signifikant unterschiedlich aus. Allerdings ist zu beachten, daß die jeweiligen Konfidenzintervalle des einen Jahrgangs nicht den LBM des jeweils anderen Jahrgangs einschließen.

Tabelle 9.21	Berechnung der Turnbull Dichte- und Verteilungsfunktion (P-Studie 1995)	
Kategorie der MZB	**Turnbull-Verteilung F_k (Standardabweichung)**	**Turnbull-Dichte π_k (Standardabweichung)**
\$0 - \$100	gepoolt	gepoolt
\$100 - \$200	0,5870 (0,0313)	0,5870 (0,0313)
\$200 - \$300	0,7093 (0,0490)	0,1223 (0,0803)
\$300 - \$400	0,7423 (0,0444)	0,0330 (0,0934)
≥ \$400	1	0,2577 (0,0444)

Um beide Erwartungswerte auf einen gemeinsamen Zeitpunkt zu beziehen, wird der wird Consumer Price Index (CPI) zur Inflationsbereinigung verwendet, der die durchschnittlichen Veränderungen in den Preisen für einen festen Warenkorb bestehend aus Marktgütern und Dienstleistungen mißt.[79] Der CPI-Index für die Periode 1993 ist 144,5; der CPI-Index für 1995 ist entsprechend 152,4, was einer absoluten Indexänderung von 6,1 entspricht. Die prozentuale Indexänderung beträgt 5,47 %. Drückt man die 1995 ermittelten Werte in Preisen von 1993 aus, erhält man einen revidierten LBM^{1995*} = \$130,22 mit zugehörigem 95 %-Konfidenzintervall [\$113,40; 147,24]. Auch für diesen Fall überlappen sich die Konfidenzintervalle für die 1995er und die 1993er-Studie. Die Erwartungswerte liegen nun jedoch noch weiter auseinander.

Meines Erachtens würde man einen Irrtum begehen, würde man die Ergebnisse der Pamlico-Studien aufgrund dieses Befunds theoretisch anzweifeln, oder - wie von der NOAA-Kommission vorgeschlagen - die Ergebnisse zeitlich glätten. Wie Carson et al. (1997, S. 160) bemerken, geht das Umweltbewußtsein seit Beginn der 90er Jahre in der Bevölkerung der USA zurück. Eine geringere repräsentative MZB im Jahr 1995 als im Jahr 1993 für dasselbe Umweltprojekt sollte demnach nicht als ein Indiz für eine mangelnde Reliabilität der Referendumsmethode an-

---

[79] Die hier verwendeten CPI-All Urban Consumers (CPI-U) Werte zur Basis 1982-84 = 100 sind erhältlich im World Wide Web unter http://stats.bls.gov:80/cpihome.htm.

gesehen werden, sondern als ökonomische Evidenz für einen gesellschaftlichen Trend. Beachtenswert ist die geringe Änderung des Werts der Umweltbewertung relativ zu weitaus drastischeren Preisschwankungen bei vielen Marktgütern, wie z. B. Strom [s. hierzu Walls (1999)]. Dies läßt auf eine relativ konstante Wertschätzung der Bevölkerung für Umweltverbesserungen schließen.

Tabelle 9.22 Vergleich der Ergebnisse für die 1993er- und 1995er-Pamlico-Studie

	1993-er P-Studie	**1995-er P-Studie**
LBM	\$157,45	\$137,44
Varianz (Standardabweichung)	119,44 (\$10,93)	82,96 (\$9,11)
95 %-Konfidenzintervall	[\$142,34; \$185,18]	[\$119,59; \$155,29]

9.6 Die "Minimal Legal"-Interpretation der MZB

9.6.1 Die Idee des impliziten Kontraktwerts

Harrison und Kriström (1995, S. 41 ff.) liefern die konservativste Schätzung einer repräsentativen MZB der Stichprobe. In ihrem Ansatz werden zustimmende Antworten als Einwilligung in einen <u>juristisch bindenden Kaufvertrag für das hypothetische Projekt</u> interpretiert. Jede Surveyversion $\boldsymbol{S} \in \{A, B, C, D\}$ stellt einen anderen impliziten Kontrakt dar, in den ein Befragter mit seiner Zustimmung zu einem Gebot entweder einwilligt, oder den er ablehnt.

Diese Interpretation verläßt den Rahmen der neoklassischen Haushaltstheorie, da das Prinzip der prozeduralen Invarianz nun nicht mehr zwingend gilt. So führen die Autoren Inkonsistenzen zwischen der einfachen und doppelten Referendumsmethode in der Berechnung der repräsentativen MZB darauf zurück, daß jede administrierte Referendumsversion ein *anderer* impliziter Vertrag sei, der den Befragten unterschiedliche rechtliche Bedingungen setze. Der ökonomische Kontext der Befragung ändert sich gemäß dieser Sicht in Abhängigkeit von administrierten Surveyversionen und verwendeten Befragungsmethoden. Der so geänderte Kontext wirkt wiederum zurück auf die geäußerten Zahlungsbereitschaften.

Die Befragten werden gemäß dieses Ansatzes auf die Zahlung desjenigen Geldbetrags verpflichtet, dem sie höchstens zustimmen. So löst man sich bei dieser Interpretation von der Vorstellung einer „begrenzten“ Referendumsmethode, die die Antwort eines Befragten in ein bestimmtes Intervall der maximalen Zahlungsbereitschaften klassifiziert. Die individuell zu leistende Zahlung steht mit dem höchsten Gebot, dem ein Befragter zustimmt, exakt fest. Sowohl im einfachen, wie im doppelten Fall, bildet stets die untere Grenze des Intervalls der maximalen Zahlungsbereitschaften die Berechnungsgrundlage zur Ermittlung eines repräsentativen Werts der Zahlungsbereitschaft. Ein Individuum muß keine Zahlungen leisten, wenn es keinem Gebot zustimmt.

Der Erwartungswert für das doppelte Referendumsmodell liegt hier im allgemeinen über dem des einfachen Modells. Denn bei der doppelten Methode wird den befragten Personen zusätzlich die Möglichkeit eingeräumt, einem höheren Betrag zuzustimmen, wenn die erste Antwort „Ja“ ist, bzw. einem geringeren Betrag zuzustimmen, wenn die erste Antwort „Nein“ ist. Bei Verwendung der doppelten Referendumsmethode bietet sich einem Befragten damit die Möglichkeit, seine Zahlung gegenüber der einfachen Befragung zu erhöhen. Daraus folgt zwingend, daß eine mit der einfachen Referendumsmethode ermittelte repräsentative MZB nicht niedriger ausfallen kann als eine mit der doppelten Referendumsmethode berechnete MZB. Daher wird der aus der einfachen Befragung berechnete Wert als untere Grenze der repräsentativen MZB aufgefaßt. Da die durch die Befragung abgeschlossenen Kontrakte als juristisch bindend aufgefaßt werden, ergibt sich die repräsentative Zahlungsbereitschaft der einfachen Referendumsmethode als "Minimal Legal"-Zahlungsbereitschaft [Harrison / Kriström (1995, S. 36)].

9.6.2 Berechnung der "Minimal Legal"-MZB

Die "Minimal Legal"-Interpretation erlaubt eine sehr einfache Berechnung der repräsentativen Zahlungsbereitschaft sowohl für die einfache wie für die doppelte Referendumsmethode. Zur Berechnung der repräsentativen Zahlungsbereitschaften ist es nur wichtig zu wissen, wie häufig die einzelnen Surveyversionen zugeteilt wurden und mit welcher Häufigkeit die Befragten den einzelnen Beträgen jeder Surveyversion zustimmten.

Für die Albermale Pamlico-(AP-)Studie gemäß Tabelle 7.5 wird der implizite Kontraktwert der Umweltverbesserung für die einfache Referendumsmethode in Tabelle 9.23 berechnet.

Hierzu wird zunächst das Produkt aus der Wahrscheinlichkeit, daß nach einer bestimmten Surveyversion gefragt wird, mit der Wahrscheinlichkeit, daß dem in dieser Surveyversion gestellten Gebot zugestimmt wird, berechnet. Dieses Produkt wird mit der Gebotshöhe multipliziert.[80] Nach dem Konzept der bedingten Wahrscheinlichkeit erhält man daraus die erwartete Zahlungsbereitschaft für jede Surveyversion.

Die erwarteten Zahlungsbereitschaften für die einzelnen Surveyversionen werden daraufhin über alle Surveyversionen summiert. Die Summe dieser bedingten Erwartungswerte führt zur "Minimal Legal"-Zahlungsbereitschaft. Es ergibt sich der (auf die zweite Nachkommastelle gerundete) Wert $95,01.

In Tabelle 9.24 werden entsprechend der Antworten für die doppelte Referendumsmethode die Anteile der repräsentativen Zahlungsbereitschaften zu den einzelnen Surveyversionen berechnet. Aus der Summation der bedingten Erwartungswerte ergibt sich für die doppelte Referendumsmethode ein repräsentativer Wert der Zahlungsbereitschaft in Höhe von $137,43 (auf die zweite Nachkommastelle gerundet).

Tabelle 9.23 "Minimal Legal"-Zahlungsbereitschaft (nur erstes Gebot)

Survey-version	**Wahrscheinlichkeit, befragt zu werden**	×	**Pr{„Ja“}**	×	**Gebote**	=	**Erwartete Zahlungs-bereitschaft**
A	0,2320	×	0,5476	×	$100	=	**$12,70**
B	0,2099	×	0,4079	×	$200	=	**$17,12**
C	0,3066	×	0,3964	×	$300	=	**$36,46**
D	0,2514	×	0,2857	×	$400	=	**$28,73**
Σ	1,00						**$95,01**

Ein Vergleich der "Minimal Legal"-Zahlungsbereitschaft der einfachen mit der repräsentativen Zahlungsbereitschaft der doppelten Befragungsmethode verdeut-

---

[80] Anstelle der relativen Häufigkeiten der gültigen Antworten zu den einzelnen Surveyversionen eignet sich alternativ auch die Verwendung der Prozentzahlen der administrierten Fragebögen pro Surveyversion, die in Abschnitt 7.1 angegeben wurden.

licht, daß sich durch Vorgabe eines zweiten Gebots der Projektwert um $42,40 erhöht. Somit betrifft die Minimaleigenschaft die erwartete repräsentative Zahlungsbereitschaft der einfachen, nicht aber die der doppelten Referendumsmethode.

9.6.3 Parametrische Schätzung von "Minimal Legal"

Verwendet man parametrische Survivalmodelle zur Schätzung der "Minimal Legal"-Zahlungsbereitschaft, werden die Gebote als Zensierungspunkte der unbekannten Verteilung der maximalen Zahlungsbereitschaften definiert. Die Verteilung der maximalen Zahlungsbereitschaften ist nach dieser Sichtweise rechtszensiert. Es ist unbekannt, von welchem Geldbetrag an eine mit „Ja" zu einem Gebot antwortende Person mit „Nein" antworten wird. Mit $pt = b_{min}^{Ja}$ wird die niedrigste Offerte bezeichnet, der ein Befragter noch zustimmt.

Mit Hilfe loglinearer Modelle der Ereignisanalyse lassen sich die Parameter der Survivalfunktionen schätzen. Diese Schätzungen werden anhand des einfachen Referendumsmodells in seiner "Minimal Legal"-Interpretation gemäß

(9.22) $$\ln(pt) = \alpha + \sigma \cdot \omega,$$

demonstriert. α ist hierin die Konstante des Koeffizientenvektors; σ symbolisiert den Skalierungsparameter der geschätzten Verteilung; ω ist eine Zufallsvariable. Auf eine explizite Heranziehung weiterer sozioökonomischer Charakteristiken der Befragten kann zur Berechnung der "Minimal Legal"-Zahlungsbereitschaft verzichtet werden, da es hier um den marginalen Erwartungswert der Stichprobe geht. Für ω wird eine Standardnormalverteilung, eine Standardlogistikverteilung und eine Weibull-Verteilung unterstellt. Berücksichtigt man die Transformation:

(9.23) $$\omega = [\ln(pt) - \alpha]/\sigma,$$

lauten die Dichte- und Survivalfunktionen für die oben genannten Verteilungen wie in Tabelle 9.25 angegeben [s. Greene (1995)].

Für die einfache Referendumsmethode impliziert eine „Nein"-Antwort eine Zahlungsbereitschaft in Höhe von $b_{min}^{Ja} = \$0$; für die doppelte Referendumsmethode bedeutet eine zweifache Verneinung der angebotenen Beträge $b_{min}^{Ja} = \$0$. Um zu vermeiden, daß der natürliche Logarithmus aus 0 gezogen wird, werden Nullgebote mit $0,001 berücksichtigt. Dies führt zu einer geringfügigen Überschätzung der Wohlfahrtsgewinne. Als Wohlfahrtsmaß wird der an der Stelle des höchsten Gebots ($800) zensierte Mittelwert verwendet.

lle 9.24 Repräsentativer impliziter Kontraktwert (erste und

ey-ion	Wahrschein-lichkeit, befragt zu werden	×	Pr{„Ja"}	Pr{„Nein"}	×	Pr{„JJ"}	Pr{„JN"}	Pr{„NJ"}	×	Niedrigste Gebot, de zugestimm wurde [$
	0,2320	×	0,5476		×	0,1548			×	200
	0,2320	×	0,5476		×		0,3929		×	100
	0,2320	×		0,4524	×			0,0714	×	50
	0,2099	×	0,4079		×	0,0658			×	400
	0,2099	×	0,4079		×		0,3421		×	200
	0,2099	×		0,5921	×			0,2105	×	100
	0,3066	×	0,3964		×	0,1261			×	600
	0,3066	×	0,3964		×		0,2703		×	300
	0,3066	×		0,6036	×			0,1892	×	150
	0,2514	×	0,2857		×	0,044			×	800
	0,2514	×	0,2857		×		0,2418		×	400
	0,2514	×		0,7143	×			0,1209	×	200
	Σ(A,B,C) = 1,00									

Die Parameterschätzungen für das einfache (ER) und für das doppelte Referendumsmodell (DR) sind in Tabelle 9.27 angegeben. Die höchste Modellgüte für das einfache Referendumsmodell wird gemäß Tabelle 9.27 für die Annahme einer Normalverteilung erreicht; für die doppelte Referendumsmethode ist es die Annahme einer Weibull-Verteilung.

Tabelle 9.25 Verteilungsannahmen

Verteilungsannahme	**Dichtefunktion f(ω)**	**Survivalfunktion S(ω)**
normal	$(2\,\pi)^{-1/2}\exp(-\omega^2/2)$	$\Phi(-\omega)$
logistisch	$e^{\omega}\exp(1+e^{\omega})^{-2}$	$1/\exp(1+e^{\omega})$
Weibull	$\exp(\omega - e^{\omega})$	$\exp(-e^{\omega})$

Tabelle 9.26 Wohlfahrtsmaße mit Konfidenzintervallen

	normal	**logistisch**	**Weibull**
An der Stelle $800 zensierter Mittelwert (ER)	$84,85 (50,50; 142,00) [60,80; 90,70]	$87,38 (45,90; 159,90) [55,90; 93,80]	$88,09 (70,10; 109,60) [66,50; 91,50]
An der Stelle $800 zensierter Mittelwert (DR)	$126,23 (104,30; 154,20) [104,50; 132,90]	$146,98 (121,90; 179,00) [118,30; 158,20]	$115,90 (77,00; 165,50) [96,40; 118,20]

*) Konfidenzintervalle gemäß der Simulationsmethode in runden, gemäß der Bootstrapmethode in eckigen Klammern

Die "Minimal Legal"-Zahlungsbereitschaft liefert eine plausible Antwort auf die Frage nach einem konservativen Schätzer für die repräsentative MZB. Die Berechnung des "Minimal Legal" sollte fester Bestandteil einer Referendumsstudie sein. Der "Minimal Legal" sollte auch der Aggregation der Wohlfahrtsänderungen zugrundegelegt werden (s. Kapitel 11).

Die Wohlfahrtsänderungen liegen generell unter dem "Minimal Legal"-Betrag, wenn die einfache Referendumsmethode betrachtet wird. Die Ergebnisse für das doppelte Referendumsmodell weichen vom impliziten Kontraktwert in Höhe von $137,4 ebenfalls ab; so wird der implizite Kontraktwert vom logistischen Modell über-, vom Weibull-Modell und dem normalen Modell hingegen unterschätzt. Die Konfidenzintervalle der Wohlfahrtsmaße nach der Simulationsmethode sind in runden, die nach der Bootstrapmethode in eckigen Klammern unter dem zensierten Mittelwert in Tabelle 9.26 angegeben.

Tabelle 9.27 Schätzungen loglinearer Survival-Modelle

	normal	**logistisch**	**Weibull**
Einfache Referendumsmethode:			
α	-1,9402 (1,1444) [-1,695] {0,0900}	-2,4539 (1,665) [-1,474] {0,1405}	1,2573 (0,3638) [3,181] {0,0015}
σ	6,0173 (2,8050) [2,145] {0,0319}	3,8196 (2,1989) [1,737] {0,0824}	5,5912 (1,6894) [3,310] {0,0009}
LL	-1163,11	-1188,20	-1185,62
Doppelte Referendumsmethode:			
β	-0,3333 (0,4595) [-0,725] {0,4682}	-0,0677 (0,5776) [-0,117] {0,9071}	2,5236 (0,5945) [4,245] {0,0002}
σ	5,9074 (1,7083) [3,459] {0,0005}	3,7974 (1,2536) [3,029] {0,0025}	4,6700 (0,6776) [6,892] {0,0000}
LL	-1156,64	-1183,49	-1141,35

* In der ersten Zeile einer Zelle die für die Koeffizienten geschätzten Werte; darunter in runden Klammern die Standardabweichung σ; in eckigen Klammern darunter der asymptotische z-Wert; der zugehörige p-Wert in geschweiften Klammern darunter.

9.7 Analysen von „Weiß-nicht"-Antworten

9.7.1 Vorgehensweise

In der AP-Studie von 1995 sind die in Tabelle 9.28 dargestellten Antworten zu beobachten, wenn „Weiß nicht"-Stimmen in die Analyse miteinbezogen werden.

Der Anteil der „Weiß nicht"-Stimmen beläuft sich insgesamt auf 7,67 %, pro Gebot auf etwa 6 % bis 9 %, wobei er gleichmäßig auf höhere und niedrigere Gebote verteilt ist. Die Umfrage ist hinsichtlich der „Weiß nicht"-Antworten im Vergleich zu den in der Literatur sonst zu findenden Studien mit einem „Weiß nicht"-Anteil von etwa 20 Prozent relativ gut konditioniert.

Tabelle 9.28 Antworten bei Berücksichtigung von „Weiß nicht"-Stimmen in der AP-Studie von 1995 (einfache Befragung)*

	$100	**200**	**300**	**400**	**Σ**
„Nein"	22 (30,99)	30 (46,15)	46 (51,11)	44 (54,46)	**142** **(47,33)**
„Weiß nicht"	6 (0,08)	6 (0,09)	5 (0,06)	6 (0,08)	**23** **(7,67)**
„Ja"	43 (60,56)	29 (44,61)	38 (43,33)	24 (32,43)	**134** **(45,00)**
Σ	**71** **(23,75)**	**65** **(21,74)**	**89** **(29,77)**	**74** **(24,75)**	**299**

* In (·) sind in den ersten drei Zeilen Spaltenprozente aufgeführt; in der letzten Zeile Zeilenprozente.

Vier Strategien, mit diesen „Weiß nicht"-Antworten umzugehen, werden im folgenden behandelt. Die erste Strategie basiert auf dem Schumannschen Vorschlag (1996, S. 88), „Weiß nicht"-Antworten als Äußerungen gegen den Projektplan zu werten. Die zweite Strategie ist, „Weiß nicht"-Antworten einfach aus der weiteren Analyse auszuschließen und nur gültige „Ja"- bzw. „Nein"-Antworten zu verwenden. Eine dritte Strategie besteht darin, „Weiß nicht"-Antworten explizit im Rahmen eines geordneten Discrete Choice-Modells zu berücksichtigen. Im Rahmen einer vierten Strategie werden „Weiß nicht"-Antworten explizit modelliert.

Im nächsten Unterabschnitt wird zunächst auf die haushaltsheoretische Modellierung von Angebotsunsicherheit eingegangen. Anschließend wird ein geordnetes Discrete Choice-Modells vorgestellt. In Unterabschnitt 9.7.4 werden „Weiß nicht"-Antworten in einem binären Discrete Choice-Modell modelliert; 9.7.5 dient der Präsentation und der Diskussion der Ergebnisse.

9.7.2 Angebotsunsicherheit und Antwortverhalten

Im Sinne Sventos (1993 und 1999) seien die Individuen über die durch das Projekt realisierbare Umweltqualität unsicher. Zentrale Idee dieser Modellierungsform ist, daß der Unsicherheitsbereich um so breiter sein kann, je ungenauer das Projekt spezifiziert ist. Innerhalb des Unsicherheitsbereichs hält das Individuum alle realisierbaren Umweltzustände für gleichwahrscheinlich.

Zum Verständnis der Modellierung dieses Unsicherheitsbereichs lohnt sich der Blick auf Abbildung 9.4. Die indirekte Nutzenfunktion des Individuums sei wie üblich mit $v^{\#}(z, y)$ bezeichnet. Der vorgeschlagene Zustand erhöhter Umweltqualität werde mit z^1 bezeichnet, der Umweltzustand der Ausgangssituation sei z^0 ($z^1 > z^0$). Der Gebotsvektor der (einfachen) Referendumsmethode sei durch die Menge $\boldsymbol{B}^{ER} = \{b_1, b_2, ..., b_K\}$ gegeben, wobei $b_k > b_{k-1}$ (k = 1, ..., K) gelte. Aus Abschnitt 2.3 ist bekannt, daß die maximale Zahlungsbereitschaft (MZB) des Individuums gleich dessen Kompensierendem Surplus, mit $b^* = CS_{MZB}$, ist. Es gilt: $v^{\#}(z^1, y - b^*) = v^{\#}(z^0, y)$ gilt. Die Nutzenniveaus sind in Abbildung 9.4 entlang der oberen, das Einkommen, y, ist abzüglich der Gebote entlang der mittleren und Umweltqualität, z, ist entlang der unteren Zahlengeraden abgetragen.

Angenommen, das Individuum sei von der Projektbeschreibung nicht überzeugt. Es halte statt dessen eine Umweltqualität wahrscheinlich, die um das vorgeschlagene Qualitätsniveau z^1 schwankt. $z1^O$ sei die obere Grenze für die vermutlich realisierbare Umweltqualität und $z1^U$ die untere Grenze, so daß gilt:

$$(9.24) \qquad z1^U \leq z^1 \leq z1^O$$

Solange das Individuum nach einem so geringen Betrag gefragt wird, dessen Zahlung ihm selbst bei Realisation der von ihm als die geringstmöglich erachtete Umweltqualität $z1^U$ noch einen nutzwerten Vorteil sichert, wird die Antwort **"Ja"** sein. Dies ist z. B. bei dem Gebot b_1 der Fall, an dem gilt: $v^{\#}(z^1, y - b_1) > v^{\#}(z^0, y) = v^{\#}(z^1, y - b^*)$.

Von Gebot b_2 an ist das Individuum unsicher, ob es dem Projekt noch zustimmen soll, oder nicht. Zwar liegen gemäß Abb. 9.4 Forderungen aus dem Intervall

$[b_2, b^*)$ *unter* seiner MZB für den Umweltzustand z^1. Wird jedoch nur die aus der Sicht des Individuums als schlechtestmöglichst erachtete Umweltqualität $z1^U$ realisiert, ist das damit realisierbare Nutzenniveau $v^{\#}(z1^U, y - b_2)$ gerade so hoch wie das Nutzenniveau der Ausgangssituation (s. den zugehörigen Pfeil in Abb. 9.4 von rechts oben nach links unten). Das Individuum antwortet **„Weiß nicht"**, da es zur Forderung b_2 indifferent zwischen Ist- und projiziertem Soll-Zustand ist, wenn gilt: $v^{\#}(z1^U, y - b_2) = v^{\#}(z^0, y)$.

In der Menge $\boldsymbol{Z^U}$ befinden sich die gegenüber der vorgeschlagenen Umweltqualität z^1 schlechteren Umweltzustände. Für jedes Gebot aus dem Intervall $[b_2, b^*)$ kann nun genau ein Qualitätszustand der Umwelt im Intervall $[z1^U, z^1)$ gefunden werden. Somit ist das Individuum gerade indifferent zwischen einer Zahlung des Gebots bei Realisierung einer verbesserten Umweltqualität und der Ausgangssituation. Das Individuum wird wieder zu jedem Betrag aus dem Intervall $[b_2, b^*)$ mit **„Weiß nicht"** antworten.

Werden dem Individuum umgekehrt Gebote offeriert, deren Beträge *über* seiner MZB bei Verwirklichung der Umweltqualität z^1 liegen, ist seine Antwort potentiell „Nein". Allerdings kann das Individuum nun für jedes Gebot aus dem Intervall $(b^*, b_3]$ mit Geboten, die über seinem Kompensierenden Surplus bei Realisation der Umweltqualität z^1 liegen, mögliche Qualitätsänderungen von z identifizieren, die größer sind als das vorgeschlagene z^1. Seine MZB wäre größer als b^*, wenn es wüßte, daß eine Umweltqualität realisiert würde, die er im Vergleich zu z^1 als besser einschätzen würde.

In der Menge $\boldsymbol{Z^O}$ befinden sich nun die gegenüber der projizierten Umweltqualität z^1 verbesserten Umweltzustände, zu denen das befragte Individuum indifferent ist, wenn es bestimmte Gebote aus dem Intervall $(b^*, b_3]$ angeboten bekommt. In $(b^*, b_3]$ liegen gerade diejenigen Gebote, deren Beträge höher sind als die MZB des Individuums für z^1. Auf deren Vorgabe antwortet das Individuum ebenfalls mit **„Weiß nicht"**.

Überschreitet der geforderte Geldbetrag den Betrag b_3, zu dem gerade noch die maximal verwirklichbare Umweltqualität $z1^O$ in Verbindung gebracht werden kann (s. den Pfeil von links oben nach rechts unten in Abb. 9.4), und lautet beispielsweise b_4, ist $v^{\#}(z^1, y - b_4) << v^{\#}(z^1, y - b^*) = v^{\#}(z^0, y)$. Das Individuum wird mit **„Nein"** antworten. Es existiert kein Umweltqualitätsniveau, das es für den Einkommensverlust in Höhe des geforderten Gebots b_4 entschädigen könnte.

Man beachte, daß bei dieser Modellierungsform der Angebotsunsicherheit keine Verletzung der strengen Monotonie der Präferenzordnung auftritt. Indifferenzsituationen der Art

$$(9.25) \qquad v^{\#}(z1^{O}, y - b_k) = v^{\#}(z1^{U}, y - b_k), \; b_k \in [b_2, b_3], \; b_2 \neq b_3$$

und

$$(9.26) \qquad v^{\#}(z, y - b_2) = v^{\#}(z, y - b_3), \; z \in [z1^{U}, z1^{O}]$$

werden ausgeschlossen.

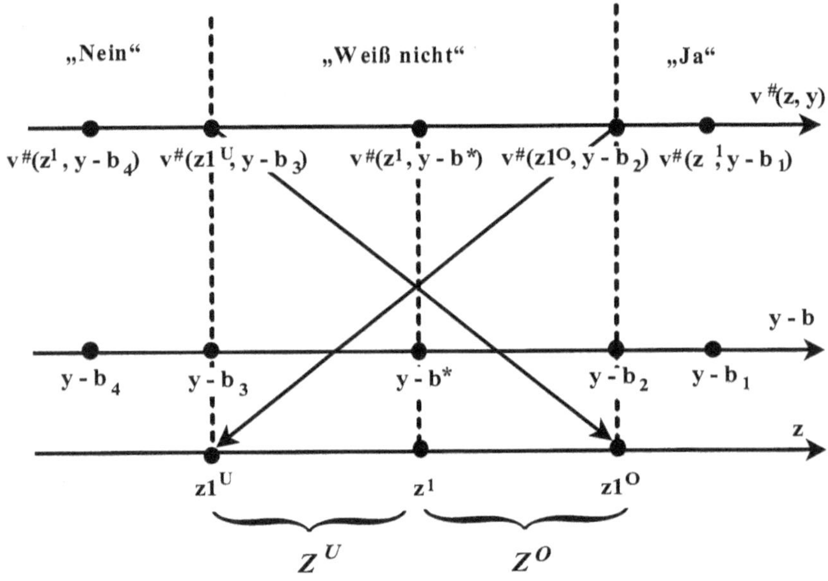

Abb. 9.4

Definiert man die obere bzw. untere Grenze der Unsicherheitsregion mit:

$$(9.27) \qquad \gamma^{O} \equiv z1^{O} - z^{1} \quad \text{bzw. mit} \quad \gamma^{U} \equiv z^{1} - z1^{U},$$

bestimmt sich der gesamte Indifferenzbereich bezüglich der realisierbaren Umweltsituation zu:

$$(9.28) \qquad \gamma \equiv \gamma^{O} + \gamma^{U}$$

Im Falle einer symmetrischen Indifferenzregion gilt $\gamma^{O} = \gamma^{U}$ und $\gamma = 2 \cdot \gamma^{U} = 2 \cdot \gamma^{O}$. Das Antwortverhalten des Individuums in Abhängigkeit von den Projektwirkungen auf sein Nutzenniveau ist in Tabelle 9.29 dargestellt. Darin ist b_n der dem n-ten Individuum unterbreitete Geldbetrag. Wie aus der Tabelle hervorgeht, wird Unsicherheit nicht in der indirekten Nutzenfunktion des Individuums selbst modelliert. Dies unterscheidet das Modell von dem Wangs (1997), welche die Unsicherheit - im Widerspruch zur neoklassischen Haushaltstheorie - auf die Präferenzen der Individuen bezieht.

Tabelle 9.29	Antwortverhalten bei Angebotsunsicherheit
Antworten	**Projektwirkungen auf das Nutzenniveau**
„Nein“	$v^{\#}(z^1, y - b_n) < v^{\#}(z^0, y) - \gamma$
„Ja“	$v^{\#}(z^1, y - b_n) < v^{\#}(z^0, y) + \gamma$
„Weiß nicht“	$v^{\#}(z^0, y) - \gamma \leq v^{\#}(z^1, y - b_n) \leq v^{\#}(z^0, y) + \gamma$

Die Analysten kennen die Präferenzen der Individuen nicht. Die Wahrscheinlichkeit für verschiedene Antworten ergeben sich aus Sicht der Betrachter gemäß diesem Modell wie folgt:

(9.29) $$\Pr\{\text{“Ja”}\} = \Pr\{v(z^1, y - b_n) - \gamma + \varepsilon_1 > v(z^0, y) + \varepsilon_0\}$$

$$= \Pr\{\eta < (\Delta v - \gamma)\},$$

wobei $\eta \equiv (\varepsilon_0 - \varepsilon_1)$ und $\Delta v \equiv [v(z^1, y - b_n) - v(z^0, y)]$ zur Vereinfachung der Notation gewählt wird. Es gilt weiter:

(9.30) $$\Pr\{\text{„Nein“}\} = \Pr\{\eta < -(\Delta v + \gamma)\}$$

und

(9.31) $$\Pr\{\text{„Weiß nicht“}\} = \Pr\{(\Delta v - \gamma) \leq \eta \leq (\Delta v + \gamma)\},$$

wobei Pr{„Weiß nicht“} die Wahrscheinlichkeit für eine „Weiß nicht“-Antwort angibt.

9.7.3 Das geordnete Discrete Choice-Modell

Eine ökonometrische Modellierung liefert das geordnete Discrete Choice (DC)-Modell [Greene (1993, S. 672 ff.)]. Hierzu werden die möglichen Antworten der Befragten mit Hilfe einer Indiaktorvariablen I^{GDC} zunächst wie folgt kodiert:

$$(9.32)\qquad I^{GDC} = \begin{cases} 0 & \text{für eine "Ja"-Antwort} \\ 1 & \text{für eine "Weiß nicht"-Antwort} \\ 2 & \text{für eine "Nein"-Antwort} \end{cases}$$

Das Nutzendifferenzenmodell wird linear in der Form

$$(9.33)\qquad \Delta v + \eta^* = \alpha + \beta \cdot b^* + \eta^*,$$

spezifiziert, wobei η^* eine Zufallsvariable ist. Der Zusammenhang zwischen den Indikatorvariablen des geordneten DC-Modells, I^{GDC}, und den Nutzendifferenzen läßt sich in der Parametrisierung von Greene (1993, S. 672f.) wie folgt schreiben:

$$(9.34)\qquad I^{GDC} = \begin{cases} 0 & \text{für } \Delta v \leq 0 \\ 1 & \text{für } 0 < \Delta v \leq \mu \\ 2 & \text{für } \mu < \Delta v \leq \infty \end{cases}$$

Mit Hilfe von I^{GDC} wird die reelle Zahlengerade, auf der die Nutzendifferenzen definiert sind, in drei voneinander unabhängige Bereiche aufgeteilt. Da diese Bereiche einer natürlichen Ordnungsrelation folgen, handelt es sich um ein geordnetes DC-Modell [Maier / Weiss (1989, S. 230)]. Ist η^* eine logistischverteilte Zufallsvariable, so ergeben sich die Antwortwahrscheinlichkeiten unter Berücksichtigung der logistischverteilten Nutzendifferenzen, $\Lambda(\Delta v)$, zu:[81]

$$(9.35)\qquad \Pr\{I^{GDC} = 0\} = 1 - \Lambda(\Delta v),$$

$$(9.36)\qquad \Pr\{I^{GDC} = 1\} = \Lambda(\mu - \Delta v) - \Lambda(-\Delta v),$$

$$(9.37)\qquad \Pr\{I^{GDC} = 2\} = 1 - \Lambda(\mu - \Delta v).$$

μ ist hierbei ein Schwellenwertparameter, der die Breite der Indifferenzregion, d. h. das Ausmaß der Nutzenänderung zwischen der Situation „Projekt und Zahlung“ und der Situation „kein Projekt und keine Zahlung“ [s. Svento (1993, S. 541f.)], mißt. In den genannten Situationen wechselt die Antwort von „Weiß nicht“ zu „Ja“ bzw. von „Weiß nicht“ zu „Nein“. Im Rahmen geordneter DC-Modelle ist von einem symmetrischen Indifferenzbereich auszugehen.

[81] Vgl. Greene (1993, S. 673) für eine graphische Darstellung der Indifferenzregion anhand einer normalverteilten Dichtefunktion. Ausführliche technische Details zum geordneten Logit-Modell finden sich bei Ronning (1991, S. 55 ff.).

Der Aufbau des geordneten Logit-Referendumsmodells ähnelt einem Kontingenten Rangordnungsmodell, welches von Garrod / Willis (1998) besprochen wird. Im Unterschied zur KEM werden bei Anwendungen der Kontingenten Rangordnungsmethode (KRM) *mehrere* Projekte zur Auswahl gestellt, die sich gegenseitig ausschließen. Aufgabe der befragten Individuen ist es, diese Projekte gemäß ihren Präferenzen in die Reihenfolge ihrer Beliebtheit zu bringen. Auch Modelle der KRM werden mit geordneten DC-Modellen analysiert.

9.7.4 Das "Trichotomous Choice Discrete Valuation"-Modell

Die Annahme einer symmetrischen Unsicherheitsregion kann gelockert werden, indem der Übergang von einer „Ja"- zu einer „Weiß nicht"-Antwort, bzw. von einer „Weiß nicht"- zu einer „Nein"-Antwort explizit modelliert wird.

Zur expliziten Modellierung der Antwortwahrscheinlichkeiten beachte man, daß die Wahrscheinlichkeiten in (9.29) bis (9.31) zur Definition einer Survival-Funktion der Nutzendifferenzen $[1 - F_\eta(\Delta v - \gamma)]$ korrespondieren. Diese ist, wie in Abschnitt 5.2 gezeigt - vgl. die Formeln (5.17a und b) - äquivalent zu einer Verteilungsfunktion der maximalen Zahlungsbereitschaften, $G_{MZB}(b^* - \zeta)$. Die Indifferenzregion wird mittels eines Parameters ζ definiert. Das "Trichotomous Choice Discrete Valuation"-Modell nach Svento (1993) kann in folgender Form spezifiziert werden:

(9.38) $\quad Pr\{„Ja"\} = 1 - G_{MZB}(b^* + \zeta),$

(9.39) $\quad Pr\{„Nein"\} = G_{MZB}(b^* - \zeta),$

(9.40) $\quad Pr\{„Weiß\ nicht"\} = G_{MZB}(b^* + \zeta) - G_{MZB}(b^* - \zeta).$

Die Indikatorvariablen für die Antworten der Befragten sind wie folgt definiert:

(9.41) JA = 1 für eine „Ja"-Antwort; 0 sonst,

(9.42) NEIN = 1 für eine „Nein"-Antwort; 0 sonst,

(9.43) WN = 1 für eine „Weiß nicht"-Antwort; 0 sonst.

Die Log-Likelihoodfunktion ergibt sich dann daraus zu [Wang (1997, S. 225)]:

$$(9.44) \qquad \ln L = \sum_n$$

$$[JA \cdot \ln(Pr\{\text{„Ja"}\}) + NEIN \cdot \ln(Pr\{\text{„Nein"}\}) + WN \cdot \ln(Pr\{\text{„Weiß nicht"}\})],$$

wobei über alle N (n = 1, ..., N) Individuen zu summieren ist und für Pr{„Ja“}, Pr{„Nein“} und Pr{„Weiß nicht“} die Spezifikationen in (9.38) bis (9.40) gelten.

Die Verteilung der maximalen Zahlungsbereitschaften folgt einer logistischen Verteilung mit der linearen Nutzendifferenz $\Delta v = (\alpha - \beta \cdot b^*)$, so daß gilt:

$$(9.45) \qquad \ln L = \sum_n [\, JA \cdot \ln(1 - 1/[1 + \exp(\alpha - \beta \cdot b_n - \zeta)])$$

$$+ NEIN \cdot \ln(1/[1 + \exp(\alpha - \beta \cdot b_n + \zeta)])$$

$$+ WN \cdot \ln(1/[1 + \exp(\alpha - \beta \cdot b_n - \zeta)] - 1/[1 + \exp(\alpha - \beta \cdot b_n + \zeta)])\,]$$

Der Parameter ζ läßt sich nach einem Vorschlag Wangs (1997, S. 226) modelliere. Hierzu untersucht man mit Hilfe binomialer Regressionsmodelle, welche Variablen einen signifikanten Einfluß auf „Weiß nicht“-Antworten ausüben.

In Tabelle 9.30 sind ferner die Parameterschätzungen für das binäre Logit-Modell

$$(9.46) \qquad \text{Logit}\{\text{„Weiß nicht"}\} = \iota \cdot \text{WarmGlow} + o,$$

dargestellt. o folgt einer logistischen Verteilung mit Erwartungswert Null. Es werden „Weiß nicht“-Antworten mit 1 kodiert und andere Antworten mit 0. Die Variable WarmGlow ist wie folgt definiert:

$$(9.47) \qquad \text{WarmGlow} = \ln(\text{Income}) \cdot \text{Support}.$$

Die mit WarmGlow bezeichnete Variablenverknüpfung ist signifikant, wie aus Tabelle 9.30 hervorgeht.

Tabelle 9.30	Identifikation der Schwellenwertvariablen			
Variable	**Koeffizient ι**	**σ**	**z = ι/σ (p-Wert)**	**Mittelwert**
WarmGlow	-0,0746	0,0067	-11,206 (0,0000)	32,5396
LL	-86,56			

Die geschätzte Beziehung lautet:

(9.48) $\quad \text{Logit}\{\text{„Weiß nicht“}\} = -0{,}075 \cdot \text{WarmGlow}$

Das negative Vorzeichen vor WarmGlow weist darauf hin, daß mit steigendem Einkommen und bei konstanter Unterstützung bzw. bei konstantem Einkommen und steigender Unterstützung die Wahrscheinlichkeit für eine „Weiß nicht“-Antwort sinkt. Nicht bekannt ist, ob die Befragten eher zu einer „Ja“- oder zu einer „Nein“-Antwort tendieren werden. Postuliert man einen Zusammenhang zwischen dem Grenzübergang von einer „Weiß nicht“- zu einer „Ja“-Antwort bzw. von einer „Weiß nicht“- zu einer „Nein“-Antwort der Art

(9.49) $\quad \delta = \delta_0 \cdot \text{WarmGlow},$

so läßt sich dieses Schwellenwertdesign in die Formeln (9.29) bis (9.31) für ζ substituieren. Der Koeffizient δ_0 wird simultan mit den anderen Koeffizienten des Modells geschätzt und auf Signifikanz geprüft.

9.7.5 Präsentation der Ergebnisse

In Tabelle 9.31 sind die ML-Schätzungen für die Modelle der Strategien 1 bis 4 dargestellt. Alle geschätzten Koeffizienten haben das erwartete Vorzeichen. Das negative Vorzeichen des Koeffizienten der Gebotsvariablen des geordneten Logit-Modells erklärt sich aus der internen Spezifizierung der Nutzendifferenz der Form (9.33), die dem LIMDEP-Algorithmus zugrunde liegt, und ist zu erwarten [s. Wang (1997, S. 229)]. Des weiteren prognostiziert das geordnete Logit-Modell 142,47 „Ja"-, 23,08 „Weiß nicht“- und 135,45 „Nein“-Antworten, was mit Blick auf die realen Antworthäufigkeiten aus Tabelle 9.28 einer ausgezeichneten Vorhersagegüte entspricht.

Tabelle 9.31				Multivariate Analysen der Referendumsdaten
Variablen	Modellierung der „Weiß nicht"-Antworten **(Modell 1)**	Geordnetes Logit-Modell **(Modell 2)**	Logit-Modell ohne „Weiß nicht"-Antworten **(Modell 3)**	Logit-Modell („Weiß nicht"-Antworten als „Nein"-Antworten kodiert) **(Modell 4)**
Konstante	0,8807 (0,2933) [3,003] {0,0027}	1,0293 (0,2971) [3,465] {0,0005}	0,9565 (0,3184) [3,004] {0,0027}	0,6931 (0,2978) [2,328] {0,0199}
pt1/100	0,3609 (0,1052) [3,430] {0,0006}	-0,3590 (0,1054) [-3,415] {0,0006}	0,3935 (0,1144) [3,441] {0,0006}	0,3556 (0,1086) [3,274] {0,0011}
WarmGlow	0,0049 (0,0010) [4,971] {0,0000}			
μ		0,3195 (0,6432) [4,967] {0,0000}		
LL	-265,91	-266,92	-185,69	-200,11
AIK	-268,91	-269,92	-187,69	-202,11
N	299	299	277	299

* In der ersten Zeile einer Zelle stehen die für die Koeffizienten geschätzten Werte; darunter in runden Klammern ist die Standardabweichung σ abgetragen; in eckigen Klammern darunter ist der asymptotische z-Wert eingetragen; der zugehörige p-Wert befindet sich in geschweiften Klammern darunter.

In Modell 3 führt die Vernachlässigung von „Weiß nicht"-Stimmen zu einem um mehr als 20 Beobachtungen verringerten Stichprobenumfang und damit zu einem Verlust an Informationen. Sowohl in Modell 1 als auch in Modell 2 haben „Weiß nicht"-Antworten einen hochsignifikanten Einfluß auf die Indifferenzregion und damit auf die Schätzergebnisse. Mit Hilfe des geordneten Logit-Modells läßt sich die Breite dieser Indifferenzregion schätzen, indem der Parameter μ durch den negativen Wert des Koeffizienten der Gebotsvariablen dividiert und so zu einer in Geldeinheiten gemessenen Indifferenzregion konvertiert wird [s. Svento (1993, S. 542)].

Zur Wohlfahrtsmessung für die Modelle 1 und 2 ist der Indifferenzregion jeweils Rechnung zu tragen. So ist für Modell 1 die WarmGlow-Variable an ihrem Mittelwert zu evaluieren und zusammen mit der geschätzten Konstanten als Grand Constant bei der Berechnung der Wohlfahrtsmaße zu berücksichtigen [Wang (1997)].

Für das geordnete Logit-Modell 2 ist der Schwellenwertparameter μ bei der Berechnung der Wohlfahrtsmaße zu berücksichtigen. Die Indifferenzregion umfaßt dabei gemäß Tabelle 9.32 ca. 31 Prozent des Umfangs der Wohlfahrtsänderung, die als Mittelwert gemessen wird. Neben dem Mittelwert fallen zudem für alle geschätzten Modelle die an der Stelle $0 und $800 zensierten Mittelwerte nicht statistisch signifikant unterschiedlich aus.

Es ist eine äußerst konservative Strategie, „Weiß nicht"-Stimmen als Äußerungen gegen den Projektplan zu werten. Dies geht aus der vergleichbar geringen MZB in Modell 4 aus Tabelle 9.32 hervor. Es mangelt jedoch an einer überzeugenden theoretischen Begründung dafür; Projektverweigerer sollten sich sinnvollerweise durch Abgabe von „Nein"-Antworten gegen das Projekt stellen.

Der umgekehrte Weg, „Weiß nicht"-Stimmen zu ignorieren, indem Modell 3 Anwendung findet, führt zu einer relativ hohen repräsentativen MZB; diese Strategie ist nicht konservativ und sollte daher nicht verwendet werden.

Es ist durchaus sinnvoll, wie in den Modellen 1 und 2 geschehen, wahre „Weiß nicht"-Antworten weder als Ausdruck von Präferenzen für oder gegen den Projektplan zu werten, sondern als Indifferenz. Sowohl für das erste Modell wie auch für das geordnete DC-Modell ergeben sich fast identische marginale Mittelwerte und an der Stelle $800 zensierte Mittelwerte. Die Stabilität der repräsentativen maximalen Zahlungsbereitschaften über beide Modelle hinweg kann als Indiz für die Richtigkeit des Vorgehens gewertet werden.

Anhand von Modell 1, in dem der Indifferenzbereich explizit modelliert wird, läßt sich überprüfen, ob "Warm Glow"-Effekte vorliegen. Kahneman und Knetsch (1992) vermuten, daß die Äußerung von Zahlungsbereitschaften für Umweltverbesserungen bei vielen Befragten lediglich ein Surrogat für eine moralische Bedürfnisbefriedigung sei. Da Umwelt von vielen als etwas Positives bewertet würde, würde die Äußerung einer Zahlungsbereitschaft bei ihnen ein

„gutes Gefühl“ erzeugen. Somit beziehe sich eine geäußerte Zahlungsbereitschaft nicht auf das Bewertungsobjekt selbst, sondern auf „eine gute Sache“ im weitesten Sinne. Diese Bewertung sei unabhängig vom konkreten Umweltprojekt. Das wichtigste sei, einen "warm glow of giving" zu verspüren.[82]

Für die Evidenz von "Warm Glow"-Effekten größeren Ausmaßes empfiehlt die NOAA-Kommission, die geäußerten Zahlungsbereitschaften als nicht valide anzusehen [Arrow et al. (1993, S. 4605)].

Tabelle 9.32 Wohlfahrtsmaße (Konfidenzintervalle)

Wohlfahrts-maße	**Modell 1**	**Modell 2**	**Modell 3**	**Modell 4**
Mittelwert	$197,83 (169,1; 300,0)	$195,48 (109,5; 250,2)	$243,10 (185,2; 298,4)	$194,81 (105,2; 252,6)
Zensierter Mittelwert ($0 und $800)	$277,70 (244,4; 320,9)	$276,62 (243,0; 321,7)	$298,81 (261,7; 345,2)	$278,07 (242,2; 331,0)
Indifferenz-bereich	–	$88,44 (60,6; 195,0)	–	–

Der Einfluß der kombinierten Wirkung des logarithmierten Einkommens und der Support-Variablen übt einen signifikanten Einfluß aus, wenngleich der absolute Wert des geschätzten Koeffizienten gering ist. Die Hypothese, daß steigende Unterstützung („Support“) in Verbindung mit konstantem Einkommen bzw. konstante Support-Werte in Verbindung mit steigenden Einkommen die Indifferenzzone erhöhen, wird unterstützt. Dies deutet auf einen sehr geringfügigen "Warm Glow"-Effekt hin.

---

[82] Willis (1995, S. 131f.) sieht "warm glow"-Zahlungen als legitime und im realen Leben üblicherweise durch unvorbereitete Aufforderungen hervorgerufene Zahlungen an: *"Such values are created almost randomly, by someone knocking at your door"* (S. 132). "Warm glow"-Effekte würden daher die Ergebnisse einer Referendumsstudie nicht verzerren.

10 Tests auf deskriptive Invarianz: Die Embeddinghypothese

Kahneman und Knetsch (1992) testen die KEM auf deskriptive Invarianz und verwerfen die Hypothese, daß Individuen dasselbe Projekt - im Falle der Studie der Autoren die Errichtung einer Anlage zur Behandlung toxischen Abfalls - unter verschiedenen Repräsentationen des Szenarios identisch bewerten.[83] Die Autoren bezeichnen die gegen das Postulat der deskriptiven Invarianz der Theorie rationaler Wahlhandlungen gerichteten Einflüsse als „Embeddingeffekte".

Im nächsten Abschnitt werden Embeddingeffekte charakterisiert. Danach werden mögliche Ursachen für ihr Erscheinen diskutiert. Abschnitt 10.4 ist dem „Komponenten-Sensitivitätstest" gewidmet. In Abschnitt 10.5 werden verschiedene statistische Verfahren vorgestellt, mit denen die AP- und P-Studien auf Embedding geprüft werden. In Abschnitt 10.6 wird ein neues sequentielles Testverfahren vorgestellt, das es erlaubt, auf Embedding bereits in der Pretestphase zu testen.

10.1 Charakterisierung von Embeddingeffekten

Embeddingeffekte treten zum einen dann auf, wenn Individuen bei gleicher Befragungsprozedur *denselben* Betrag zu zahlen bereit sind für Güter, die in ihren Mengen bzw. in ihren Qualitäten variieren. Zum anderen liegen sie dann vor, wenn sie *unterschiedliche* Beträge zu zahlen bereit sind für identische Güter, die unter verschiedenen Repräsentationen des Szenarios bewertet werden. Im ersten Fall sind die Bewertungen deskriptiv invariant, obwohl sie deskriptiv variant sein sollten; im zweiten Fall ist es genau umgekehrt.

Embedding stellt nach Einschätzung der NOAA-Kommission eine der gravierendsten methodologischen Einwände gegen die KEM dar [Arrow et al. (1993, S. 4607)]. Als Ursache für Konsistenzverletzungen wird die Nichtexistenz von individuellen Präferenzen für die in Frage gestellten öffentlichen Güter gesehen, bzw. eine mangelnde theoretische Konsistenz der Präferenzen.

---

[83] Auf Details der Ergebnisse dieser Studie soll hier wegen ihrer nachgewiesenen methodischen Mängel [vgl. Nickerson (1995); Hanemann (1994, S. 34f.); Bateman / Langford (1997, S. 1216)] nicht eingegangen werden.

10.2 Die meßtechnische Herausforderung

Ein fehlspezifiziertes Szenario kann nach Carson und Mitchell (1995, S. 163 ff.) zu "amenity misspecification biases" führen, die Embeddingbefunde auslösen.

In Verbindung mit der Diskussion strategischen Verhaltens wurde bereits darauf hingewiesen, daß die von den Befragten subjektiv empfundene *Implementierungswahrscheinlichkeit* für das Projekt von der in der Umfrage mitgeteilten Wahrscheinlichkeit abweichen kann. Ein Embeddingeffekt tritt auf, wenn Befragte die Wahrscheinlichkeit der Umsetzung eines Großprojektes als geringer einschätzen als die Wahrscheinlichkeit der Umsetzung eines kleineren Projekts. Der Wert größerer Projekte wird dabei mit einer geringen Umsetzungswahrscheinlichkeit quasi „diskontiert". Daher kann der Fall auftreten, daß Individuen ein nicht mit der Umsetzungswahrscheinlichkeit diskontiertes kleineres Projekt höher bewerten als ein diskontiertes umfassenderes Projekt [Carson / Mitchell (1995, S. 164)]. *Symbolische Verzerrungen* ergeben sich, wenn das unterbreitete Projekt symbolisch als ein größeres als das tatsächlich geplante Unterfangen empfunden wird. Damit wird eine umfassendere als die geplante Maßnahme bewertet.

"Part-whole"-Verzerrungen entstehen aus Überlegungen der Befragten im Hinblick auf den Umfang des zu bewertenden Projekts. Solche Überlegungen können dazu führen, daß Individuen dazu angeregt werden, der vorgeschlagenen Maßnahme Aspekte hinzuzugewinnen, die nicht Gegenstand des Projekts sind. Ursache für "part-whole"-Verzerrungen ist daher Projektphantasie. *Metrische Verzerrungen* entstehen, wenn die Vermittlung von nicht alltäglichen und vielen Befragten unbekannten Einheiten naturwissenschaftlicher Maßstäbe nicht gelingt. Die Umweltänderungen werden subjektiv falsch eingeschätzt und damit auch monetär falsch bewertet.

Die hier vorgestellten Verzerrungen können ursächlich auf eine mangelnde Transparenz des Bewertungsobjekts zurückgeführt werden. Diese führt bei den Befragten dazu, daß individuelle Bewertungen entlang psychometrischer Skalen nicht robust sind. Psychometrische Skalen basieren auf subjektiven Einschätzungen. Individuen unterliegen potentiell Illusionen und Täuschungen, wenn die Bewertungsobjekte unzureichend spezifiziert sind.

Durch Fehlspezifikationen des Szenarios verursachte Verzerrungen zu vermeiden, ist die meßtechnische Herausforderung der KEM. Ein Verfahren zur Identifizierung von Embedding in der Pretestphase ist Gegenstand von Abschnitt 10.6.

Lassen sich Embeddingeffekte jedoch trotz eines wohlspezifizierten Szenarios nicht vermeiden, ist die KEM theoretisch in Frage zu stellen. Dies führt zur methodischen Frage des nächsten Abschnitts.

10.3 Die methodische Fragestellung

Kern der methodischen Debatte um Embeddingeffekte ist, ob diese durch Korrekturen am Surveydesign ausgeschaltet werden können, oder ob Embeddingeffekte systemimmanent und damit unvermeidlich sind. Letztere, pessimistische Sicht wird von einer Reihe von Ökonomen und Psychologen vertreten. Z. B. von Schulze et al. (1998, S. 163): *"We reject the view that increased market context can solve the embedding problem."*

Betrachtet werden im folgenden zwei Umweltprojekte, die verschiedene Effekte auslösen. Die beiden Varianten des Surveydesigns werden sich hinsichtlich des ökonomischen Bewertungskontextes ebenfalls unterscheiden. Zunächst ist zu erwarten, daß Preise im Hinblick auf sich ändernde ökonomische Rahmenbedingungen keineswegs konstant bleiben. Statt dessen ist es charakteristisch für die durch Informationen aus Präferenzen und Technologien sowie über Knappheitssignale determinierten Preise, daß sie sich mit Änderungen im ökonomischen Kontext ebenfalls ändern. Randall und Hoehn (1996, S. 369) bezeichnen die kontextspezifische Variabilität der Preise als „fundamentales ökonomisches Prinzip".

Wenn Preise und andere ökonomische Werte vom ökonomischen Bewertungskontext abhängen, sollten auch die geäußerten Zahlungsbereitschaften der Individuen mit dem jeweiligen Embeddingkontext variieren. Entscheidend aus ökonomisch-methodischer Sicht ist daher die Frage, ob infolge des geänderten Kontexts bei den Individuen andere Präferenzen angesprochen werden, was zu Änderungen in den geäußerten Zahlungsbereitschaften führen sollte, oder nicht.

Um verstehen zu können, welche Arten von Embeddingeffekten an der Konsistenz der KEM mit der ökonomischen Theorie tatsächlich rühren, und welche Kontexteffekte im Rahmen der ökonomischen Theorie umgekehrt zu erwarten sind, werden Embeddingeffekte zunächst unter methodischen Gesichtspunkten in vier Kategorien systematisiert.

Empirische Untersuchungen zeigen erstens, daß ein Gut je nach seiner Stellung in einer Bewertungsreihenfolge signifikant unterschiedlich bewertet wird [Carson / Mitchell (1995, S. 162)]. *Reihenfolgeeffekte* treten auf, wenn substituierbare Güter von verschiedenen Individuen in unterschiedlichen Reihenfolgen bewertet werden, wobei die einzelnen Güter in den Nutzenfunktion der Individuen als *verschiedene* Argumente auftreten. Durch die Einführung von verschiedenen Bewertungsreihenfolgen variiert nicht die Beschreibung der Umweltänderung, sondern es ändert sich die Befragungsprozedur. Verletzungen der *prozeduralen* Invarianz in Form solcher Frageordnungs- bzw. Reihenfolgeffekte ergeben sich, wenn die Ordnung bzw. die Reihenfolge der in einem Survey an die Probanden gerichteten Fragen unbeabsichtigterweise die Schätzungen beeinflußt [Boyle / Welsh / Bishop (1993, S. 82)].

Zur Illustration dieses Sachverhalts seien zwei Umweltgüter z_1 und z_2 betrachtet, die – neben dem Hicksschen kompositen Gut - in die direkte Nutzenfunktion $\tilde{u}(x^H, z_1, z_2, s_n)$ eines Konsumenten eingehen. Sind z_1 und z_2 Hickssche Substitute, sinkt per definitionem der Grenznutzen von z_2, wenn z_1 erhöht wird [vgl. Fisher (1996, S. 29)], d. h.:

$$(10.1) \qquad \frac{\partial\left(\dfrac{\partial \tilde{u}(x^H, z_1, z_2, s_n)}{\partial z_2}\right)}{\partial z_1} < 0$$

Es sinkt gleichzeitig die marginale Zahlungsbereitschaft für z_2, wenn die Qualität von z_1 sich erhöht [Hanemann (1994, S. 35f.)]. Ein *einzelnes* Umweltgut sollte demnach um so niedriger bewertet werden, je weiter hinten es in der Bewertungsreihenfolge steht. Umgekehrt sollte ein Gut um so höher bewertet werden, je früher es aufgeführt wird.[84]

Allerdings verlangt die ökonomische Theorie, daß die *Gesamt*bewertung einer bestimmten Anzahl in einer Befragung aufeinanderfolgender Güter unabhängig ist von der Reihenfolge, in der die Güter präsentiert werden [Carson / Mitchell (1995, S. 158)]. So sollte die aggregierte Bewertung der Änderungen in z_1 und z_2 unabhängig davon sein, in welcher Reihenfolge die Änderungen in z_1 und z_2 bewertet werden.

Zweitens werde von einer Gruppe sowohl eine Änderung in z_1 als auch eine Änderung in z_2 bewertet; diese Bewertung geschehe jedoch so, daß zwei verschie-

---

[84] So ist zu erwarten, daß ein Gut (z. B. ein sanierter Tagebau) höher bewertet wird, wenn es an erster Stelle in der Reihenfolge genannt wird, als wenn es an zehnter Stelle zu bewerten ist (, d. h. wenn bereits neun sanierte Tagebaue zuvor zu bewerten waren). Randall und Hoehn (1996) zeigen, daß Reihenfolgeeffekte auch bei Marktgütern auftreten. Carson et al. (1998) liefern eine vertiefte Diskussion von Reihenfolgeneffekten.

dene Projekte betrachtet werden. Damit finden die Bewertungen unabhängig voneinander statt. Eine zweite Gruppe bewerte die Änderungen jedoch wie ein einziges Projekt. Ein *Sub-Additivitätseffekt* liegt dann vor, wenn die Summe der Einzelbewertungen der ersten Gruppe signifikant höher ausfällt als die Gesamtbewertung des Projekts durch die zweite Gruppe.

Gemäß der Diskussion von Reihenfolgeeffekten wird die Bewertung eines nachrangig geordneten Umweltguts geringer ausfallen, als wenn dieses Gut an vorderster Stelle bewertet werden würde. Daher ist zu erwarten, daß die aufeinanderfolgende Bewertung von z_1 und z_2 geringer ausfällt als die Summe der Einzelbewertungen, in der beide Güter quasi an erster Stelle bewertet werden. Damit gilt in Übereinstimmung mit der ökonomischen Theorie, - wieder unter Berufung auf Substitutionseffekte und auf eine abnehmende Grenzrate der Substitution - daß Sub-Additivitätseffekte keine Konsistenzprobleme aufwerfen [s. Hanemann (1994, S. 35f.)].

Zum dritten können sich *zeitliche Embeddingeffekte* sowohl auf die zeitlichen Zahlungsbedingungen als auch auf die Zugangsbeschränkungen zu den bewerteten Gütern beziehen.

Sind die Befragten zum einen nicht in der Lage, adäquat zwischen verschiedenen *Zahlungshorizonten* zu differenzieren und können somit nicht zwischen einer einmaligen Zahlung und mehrmaligen, bzw. in regelmäßigen Abständen wiederkehrenden Zahlungen systematisch unterscheiden, liegen *starke zeitliche Embeddingeffekte* vor [Kahneman und Knetsch (1992)]. Z. B. sollte sich eine Aufforderung zur Nennung einer einmaligen Zahlung signifikant von der Aufforderung zur Nennung von einer von insgesamt zwölf monatlichen Zahlungen unterscheiden. Sind zwar signifikante Unterschiede zwischen einmaligen und mehrmaligen, über verschiedene Zeiträume hinweg verteilte Zahlungen zu beobachten, reflektieren diese Unterschiede jedoch keine „geeigneten" Diskontierungsraten[85], tritt zum anderen *schwaches zeitliches Embedding* auf.[86] Stevens et al. (1997) sowie Bateman und Langford (1997) überprüfen Hypothesen dieser Art, finden jedoch nur wenige Hinweise auf starke zeitliche Embeddingeffekte. Indizien für schwache zeitliche Embeddingeffekte stellen jedoch Stevens et al. fest.

---

[85] Siehe zur Diskussion „geeigneter" Diskontierungsraten Kapitel 11 zur Aggregationsproblematik.

[86] Die Unterscheidung zwischen starkem und schwachem zeitlichem Embedding stammt von Stevens et al. (1997, S. 140).

Eine zweite Art zeitlichen Embeddings liegt vor, wenn sich *zeitliche Zugangsbeschränkungen* nicht in signifikanten Minderungen der maximalen Zahlungsbereitschaften niederschlagen. So stellten Crocker und Shogren (1993) Inkonsistenzen in der zeitlichen Bewertung fest, als sie die Auswirkungen von vorübergehenden zeitlichen Zugangsbeschränkungen zu Skilifts auf die maximale Zahlungsbereitschaft für Skiabfahrten untersuchten. Zeitliche Embeddingeffekte konnten in jüngsten empirischen Studien nicht in signifikantem Umfang nachgewiesen werden.

Aus Sicht der NOAA-Kommission stellen viertens Skalierungs- oder Bereichseffekte die wichtigsten Embeddingeffekte dar.

Skalierungs- oder Bereichseffekte verzerren die theoretisch erwarteten Ergebnisse, wenn die Befragten nicht in der Lage sind, ein Gut in seinen metrischen oder geographischen Ausmaßen adäquat zu unterscheiden.

Ist von den Individuen dasselbe Gut in zwei unterschiedlichen *metrischen* Ausmaßen zu bewerten, so kann nach der ökonomischen Theorie erwartet werden, daß das in seinen quantitativen Dimensionen umfassendere und damit größeren Nutzen stiftende Gut höher bewertet wird als das im umfassenderen Gut eingeschlossene, geringeren Nutzen stiftende Gut. Hierbei geht das zu bewertende Gut in seinen unterschiedlichen quantitativen Ausmaßen als *ein Gut* in die Nutzenfunktion eines Individuums ein. Ein *Skalierungseffekt* wird beobachtet, wenn die repräsentative MZB für ein einzelnes Umweltgut genauso hoch, oder gar höher ist, wie für ein aggregiertes Umweltgut-Paket, in dem das zuerst genannte Gut lediglich als eine Teilkomponente enthalten ist. In Abhängigkeit vom Aggregationsgrad des umfassenderen Gutes sollte jedoch das aggregierte Güterbündel signifikant höher bewertet werden als ein einzelnes, in dem aggregierten Güterbündel enthaltenes Gut [Carson (1998, S. 19)]. Ein Beispiel für einen metrischen Embeddingeffekt ist, wenn Individuen Lärmminderung in einer Durchgangsstraße einer Stadt um 10 Dezibel nicht höher bewerten als eine Lärmberuhigung um 1 Dezibel.

Bereichseffekte beziehen sich hingegen auf *die räumliche oder geographische Größenordnung der Projektwirkungen* [Boyle / Desvogues et al. (1993, S. 65)]. Sie liegen vor, wenn ein räumlich umfassenderes Umweltprojekt, das höhere Benefits abwirft, nicht höher bewertet wird als ein im räumlichen Umfang kleineres, im umfassenderen Projekt enthaltenes Projekt, das geringere Benefits bewirkt. Sie treten beispielsweise dann auf, wenn die Probanden eine Lärmminderung gleichen Ausmaßes in einer Durchgangsstraße nicht anders bewerten als Lärmminderungen in der ganzen Stadt.[87]

Als *theoretisch relevante Embeddingtests* werden heute solche Skalierungs- und Bereichstests angesehen [Carson / Mitchell (1995, S. 156)]. Nach den Richtlinien der NOAA-Kommission hat die Überprüfung dieser Effekte für Schadensersatzansprüche eine herausragende Bedeutung erlangt. Das Panel fordert von den Initiatoren einer KEM-Studie, den Nachweis zu erbringen, daß keine Bereichseffekte vorliegen [Arrow et al. (1993, S. 4609)]. Tests auf Bereichseffekte ("Scope Tests") haben bei weitem auch die größte Aufmerksamkeit der angewandten KEM-Literatur auf sich gezogen. Mit "Scope Tests" wird die Sensitivität der Ergebnisse auf Änderungen im Ausmaß der Umweltänderung überprüft. Carson et al. (1996, S. 2) sehen es als Lackmustest für KEM-Studien an, den Nachweis der Bereichsreagibilität von KEM-Ergebnissen zu erbringen. Die Durchführung von Tests auf Bereichseffekte ist eine notwendige Bedingung für eine erfolgreiche KEM-Studie.

Mit Hilfe eines von Carson und Mitchell (1995) entwickelten Testschemas lassen sich die Hypothesen theoretisch relevanter "Scope"-Embeddingtests formulieren und empirisch mit Hilfe des Komponenten-Sensitivitätstests“ überprüfen.

10.4 Der Komponenten-Sensitivitätstest

Zum Verständnis der Testidee des Komponenten-Sensitivitätstests genügt es, sich auf den Fall genesteter Güter zu beschränken. Genestete Güter sind Teilmengen eines umfassenderen Guts, welches die Komponenten anderer Güter auf sich vereint.[88] Die einzelnen Komponenten des kompletten Guts werden als *Teile*

---

[87] Schulze et al. (1998, S. 167) vertreten im Unterschied zu ökonomischen Annahmen die Auffassung, daß Umweltgüter im Bewußtsein und Verständnis vieler Menschen nur als Ganzes verstanden würden, so daß Umweltgüter sich, integriert in ökologische und gesellschaftliche Zusammenhänge, nicht einzeln, sondern nur als Einheit bewerten ließen. Mit diesen Einstellungen befragte Personen würden Umweltgüter immer nur ganzheitlich bewerten. Die Autoren vermuten, sogenannte psychologische "joint product mental"-Modelle, die dieser Sicht Rechnung tragen, würden das Antwortverhalten besser erklären als ökonomische Modelle. Dies ist allerdings eine offene empirische Frage.

[88] Carson und Mitchell behandeln auch gewöhnliche Güter, d. h. Güter, die nicht genestet sind; sie halten Embeddingtests für diese Güter jedoch für problematisch (S. 162). Da gewöhnliche Güter in der Embeddingdiskussion eine sehr untergeordnete Rolle spielen, werden nur genestete Güter betrachtet.

("parts") und das umfassendere Gut wird entsprechend als *Ganzes* ("whole") bezeichnet. Ist das Gut B (der „Teil") eine quantitative Komponente des Guts A (das „Ganze"), so kann man diese beiden Güter in unterschiedlichen Reihenfolgen von Subpopulationen (bzw. „Gruppen") der ausgewählten Stichprobe bewerten lassen. Um einen Embeddingtest durchzuführen, genügt es, die Stichprobe in zwei Gruppen, die mit I und II bezeichnet werden, zu unterteilen.

Tabelle 10.1 Anordnung der Teilstichproben und Bewertungsreihenfolgen

	Teilstichprobe I	**Teilstichprobe II**
Erste Bewertung	A_I^1	B_{II}^1
Zweite Bewertung	B_I^2	A_{II}^2

Die Befragten der beiden Gruppen bewerten die genesteten Güter in unterschiedlichen Reihenfolgen. Sei das komplette Gut A das „obere Gut" und entsprechend das Teilgut B das „untere Gut". Die erste Gruppe I bewertet die beiden Güter in der Reihenfolge „zuerst das Ganze (A_I^1) und dann den Teil (B_I^2)", wobei die oberen Indizes die Reihenfolge der Bewertung anzeigen und die unteren Indizes die Gruppenzugehörigkeit. Die Bewertungsreihenfolge für die erste Gruppe ist daher „von oben nach unten" ("top-down"). Die zweite Gruppe bewertet die beiden Güter in der umgekehrten Reihenfolge „zuerst den Teil (B_{II}^1) und dann das Ganze (A_{II}^2)". Die Bewertungsreihenfolge für die zweite Gruppe ist „von unten nach oben" ("bottom-up"). Unabhängig davon, in welcher Reihenfolge und von welcher Gruppe bewertet wird, handelt es sich bei A und B natürlich stets um dieselben Güter. Dieser Sachverhalt ist in Tabelle 10.1 dargestellt.

Bei *internen Tests* werden Vergleiche innerhalb einer Teilstichprobe, die sich aus einer Spalte in Tabelle 10.1 ergibt, angestellt. Vergleiche zwischen den Teilstichproben über die Spalten hinweg sind *externe Tests.*

Interne Tests sollten ergeben, daß die zusammengesetzten Güterbündel unabhängig von der Bewertungsreihenfolge höher bewertet werden als Teilkomponenten daraus. Mit Hilfe der in Abschnitt 2.1 bekannten Binärrelation „wird besser geschätzt als", $\succsim$, folgt:[89]

(10.2) (a) $A_I^1 \succsim B_I^2$ und (b) $A_{II}^2 \succsim B_{II}^1$.

Ferner - vgl. die Argumentation zu Reihenfolgeneffekten - sollte die erste Gruppe das umfassendere Gut A, das sie vor dem Teil B bewertet, im Wert höher schätzen als die zweite Gruppe, die das umfassendere Gut A erst nach dem Teil B bewertet. Externe Tests sollten zu folgendem Ergebnis führen:[90]

(10.3) $A_I^1 \succsim A_{II}^2$

Wegen der Eigenschaft der Transitivität der Präferenzordnung muß dann folgender Zusammenhang gelten:

(10.4) $A_I^1 \succsim A_{II}^2 \wedge A_{II}^2 \succsim B_{II}^1 \Rightarrow A_I^1 \succsim B_{II}^1$

Die Überprüfung dieser Hypothese wird von den Autoren als Komponenten-Sensitivitätstest bezeichnet. Der Test hat den Vorteil, daß er auch dann durchführbar ist, wenn auf die Tests der Hypothesen (10.2a und b) und (10.3) verzichtet wird. Teilstichprobe I kann damit insbesondere die in Alltagserfahrungen ungewohnte Bewertungsreihenfolge „von oben nach unten" erspart bleiben, von der Carson und Mitchell (1995, S. 162) eindringlich abraten.

Zur Durchführung der Embeddingtests werden die Albermale-Pamlico-(AP-) Sunds als „Ganzes" und der Pamlico-(P-)Sund als „Teil" aufgefaßt. Die Antworten auf die ersten Gebote der P-Studie von 1995 sind bereits in Tabelle 9.20 aufgeführt. Die Antworten auf die zweiten Gebote sind in den Tabellen 10.2 und 10.3 dargestellt. Für die AP-Studie von 1995 sind wie üblich die Tabellen 7.5 bis 7.7 maßgeblich.

---

[89] Indifferenz kann stets ausgeschlossen werden, wenn angenommen werden kann, daß die Individuen Nutzen aus den Gütern und ihren Komponenten ziehen [Carson / Mitchell (1995, S. 160)].

[90] Des weiteren, derselben Logik folgend, sollte die zweite Teilstichprobe, die „von unten nach oben" wertet, den Teil höher bewerten als die erste Gruppe, die „von oben nach unten" wertet, so daß $B_{II}^1 \succsim B_I^2$ gilt.

Tabelle 10.2 Antworten auf die zweite Frage, wenn die erste Frage bejaht wurde (Pamlico-Studie)*

	$200	400	600	800	Gesamt
„Ja"	87 (25,89)	14 (31,82)	2 (08,00)	2 (0,800)	**105 (24,42)**
„Nein"	249 (74,11)	30 (68,18)	23 (92,00)	23 (92,00)	**325 (75,58)**
Gesamt	**336 (78,14)**	**44 (10,23)**	**25 (5,81)**	**25 (5,81)**	**430**

* In den Klammern der zweiten und dritten Zeile Spaltenprozente, was den relativen Häufigkeiten der Antworten zu den zweiten Geboten entspricht. In den Klammern der letzten Zeile sind die Zeilenprozente aufgeführt.

Tabelle 10.3 Antworten auf die zweite Frage, wenn die erste Frage verneint wurde (Pamlico-Studie)*

	$50	100	150	200	Gesamt
„Ja"	61 (24,40)	15 (31,91)	11 (18,03)	18 (25,00)	**105 (24,42)**
„Nein"	189 (75,60)	32 (68,09)	50 (81,97)	54 (75,00)	**325 (75,58)**
Gesamt	**250 (5,81)**	**47 (10,93)**	**61 (14,19)**	**72 (16,74)**	**430**

* In den Klammern der zweiten und dritten Zeile Spaltenprozente, was den relativen Häufigkeiten der Antworten zu den zweiten Geboten entspricht. In den Klammern der letzten Zeile sind die Zeilenprozente aufgeführt.

10.5 Tests auf Bereichseffekte ("Scope Tests")

10.5.1 Der Vierfelder-χ^2-Test

Ein Signifikanztest, mit dem Unterschiede in den Wahrscheinlichkeitsverteilungen der maximalen Zahlungsbereitschaften zwischen den Szenarien AP und P für jede Surveyversion aufgedeckt werden können, ist der Vierfelder-χ^2-

Test [s. Lorenz (1996, S. 160 ff.)]. Seine Anwendung beruht auf (2×2)-Kontingenztabellen, den sogenannten Vierfeldertafeln.

Tabelle 10.5 Vierfelder-χ^2-Tests auf Embeddingeffekte

Surveyversion (Gebotshöhe)		„Ja"-Antworten Σ (in %) [Σ der Antworten]	„Nein"-Antworten Σ (in %)	χ^2 (p-Wert)	Folgerung:
A (\$100)	**Pamlico (P)**	58 (37,18) [156]	98 (62,82)	6,87	H_0 verwerfen
	Albermale-Pamlico (AP)	46 (54,76) [84]	38 (45,24)	(0,0087)	(Kein Embedding)
B (\$200)	**P**	44 (48,35) [91]	47 (51,56)	0,69	H_0 nicht verwerfen
	AP	31 (40,79) [76]	45 (59,21)	(0,3279)	(Embedding)
C (\$300)	**P**	25 (29,07) [86]	61 (70,93)	2,38	H_0 nicht verwerfen
	AP	44 (39,64) [111]	67 (60,36)	(0,1230)	(Embedding)
D (\$400)	**P**	25 (25,77) [97]	72 (74,23)	0,19	H_0 nicht verwerfen
	AP	26 (28,57) [91]	65 (71,43)	(0,6663)	(Embedding)

Es wird die Hypothese überprüft, daß der beobachtete Anteil an „Ja"-Antworten auf ein bestimmtes Anfangsgebot unabhängig vom offerierten Szenario [Pamlico (P) vs. Albermale-Pamlico (AP)] ist. Die Nullhypothese H_0 besagt, daß sich die Antworthäufigkeiten zu den beiden Szenarien auf vorgegebene Anfangsgebote statistisch nicht signifikant unterscheiden, mithin Embeddingeffekte vorliegen. Die zugehörige Teststatistik ist unter H_0 approximativ $\chi^2(1)$-verteilt [Büning /

Trenkler (1994, S. 222 ff.)]. Der Gesamtumfang beider Stichproben sollte für jede Surveyversion mindestens 30 sein, was hier erfüllt ist [Lorenz (1996, S. 161)].[91]

Die Vierfelder-χ^2-Tests sind für die verschiedenen Surveyversionen mit den zugehörigen $\chi^2(1)$-Statistiken einschließlich der Signifikanzniveaus in Tabelle 10.5 dargestellt. Bezüglich des umfangreicheren Umweltprojekts (der AP-Studie) verfügt man nach Elimination der als Protest gewerteten Antworten über 362 gültige Beobachtungen, bezüglich des in dem Großprojekt enthaltenen Pamlico-Projekts über 430 Beobachtungen.

Die Embeddinghypothese kann nur einmal zum Gebot \$100 verworfen werden. Die Antworten auf die Gebote \$200, \$300 und \$400 unterscheiden sich statistisch nicht signifikant. Mit weiteren Tests ist zu prüfen, ob hier von Embeddingeffekten in signifikantem Ausmaß gesprochen werden kann.

10.5.2 Likelihood Ratio (LR)-Tests

Mit Hilfe eines LR-Tests läßt sich auf die Gleichheit der geschätzten Koeffizientenvektoren $\tilde{\theta}^{AP}$ und $\tilde{\theta}^{P}$ beider Szenarien AP und P testen. Die Nullhypothese besagt, daß sich die Koeffizientenschätzungen nicht signifikant unterscheiden, mithin Embeddingeffekte vorliegen.

Zur Demonstration dieser Technik werden die Schätzungen des doppelt-begrenzten Weibull-Modells aus Abschnitt 8.4 verwendet. In Spalte 2 von Tabelle 10.6 sind die Schätzungen für die AP-Studie eingetragen, die bereits aus Tabelle 8.13 bekannt sind, in der dritten Spalte diejenigen für die P-Studie. Des weiteren sind in der vierten Spalte die Schätzergebnisse für die kombinierten Datensätze („gepooltes Szenario I") angegeben. Man beachte, daß die Stichprobenumfänge mit dem jeweiligen Szenario variieren.

Zur Durchführung des Tests wird der Wert LL^{Pool} der Log-Likelihoodfunktion, der sich ergibt, wenn die Daten aus beiden Szenarien gepoolt werden, verglichen mit der Summe der Log-Likelihoodendwerte LL^{AP} und LL^{P}, die sich für die Schätzungen der individuellen Szenarien (AP und P) ergeben.

Die Prüfgröße des LR-Tests

---

[91] Für kleinere Stichprobenumfänge sollte der exakte Test von Fisher verwendet werden [vgl. hierzu Büning / Trenkler (1994, S. 228 ff.)].

(10.5) $LR = 2 \cdot [(LL^{AP} + LL^{P}) - LL^{Pool}] \sim \chi^2(\nu)$

ist approximativ $\chi^2(\nu)$ verteilt, wobei ν die Anzahl der Freiheitsgrade angibt, die gleich der Anzahl der Gleichheitsbedingungen unter der Nullhypothese ist.

Tabelle 10.6 Weibull-Parameterschätzungen für die doppelte Referendumsmethode

	AP-Szenario	**P-Szenario**	**Gepooltes Szenario I**	**Gepooltes Szenario II**
Konstante	4,7525 (0,3730) [12,741] {0,0000}	4,4329 (0,3591) [12,344] {0,0000}	4,4984 (0,25654) [17,535] {0,0000}	4,7305 (0,2684) [17,626] {0,0000}
ln(pt)	1,0382 (0,0815) [12,735] {0,0000}	1,0312 (0,0816) [12,644] {0,0000}	1,0188 (0,0573) [17,774] {0,0000}	1,0339 (0,0577) [17,927] {0,05767}
Pamlico				-0,2854 (0,0960) [-2,974] {0,0029}
N	299	346	645	645
LL	-414,21	-491,13	-909,10	-905,339

* In der ersten Zeile einer Zelle stehen die für die Koeffizienten geschätzten Werte; darunter in runden Klammern ist die Standardabweichung σ abgetragen; in eckigen Klammern darunter ist der asymptotische z-Wert eingetragen; der zugehörige p-Wert befindet sich in geschweiften Klammern darunter.

Anwendung des Tests ergibt, daß die geschätzten Verteilungen der maximalen Zahlungsbereitschaften für den großen und den kleinen Projektumfang sich auf dem 5 %-Signifikanzniveau unterscheiden. Ein $\chi^2(2)$-Wert in Höhe von $LR = 7{,}52$ korrespondiert zu einem p-Wert in Höhe von 0,0233 ($< 0{,}05$). Das AP- und das P-Projekt üben einen signifikant unterschiedlichen Effekt auf die Verteilung der maximalen Zahlungsbereitschaften aus.

10.5.3 Eine "Treatment Dummy"-Spezifikation

In Tabelle 10.6 sind in der fünften Spalte die Schätzergebnisse eines zweiten, über beide Stichproben gepoolten Szenarios mit Einschluß der Pamlico-Variablen („gepooltes Szenario II") eingetragen. Zur Durchführung des Komponenten-Sensitivitätstests wird die Dummy-Variable „Pamlico" eingeführt, dann das über beide Szenarien gepoolte Modell geschätzt und die Pamlico-Variable anschließend auf Signifikanz überprüft. Der Testaufbau wird auch als "Treatment Dummy"-Spezifikation bezeichnet [Nape et al. (1995, S. 5)]. Die Signifikanz der Pamlico-Variablen weist darauf hin, daß sich durch die unterschiedlichen Behandlungen in beiden Teilstichproben die Bewertungen ändern. Der asymptotische z-Wert für den Koeffizienten der Dummy-Variablen Pamlico ist (-2,974), was bedeutet, daß die Embeddinghypothese auf dem 0,01-Niveau verworfen werden kann.

In Abbildung 10.1 werden die geschätzten Weibull-Survivalfunktionen für die AP- und P-Studie des doppelt-begrenzten Modells graphisch miteinander verglichen.

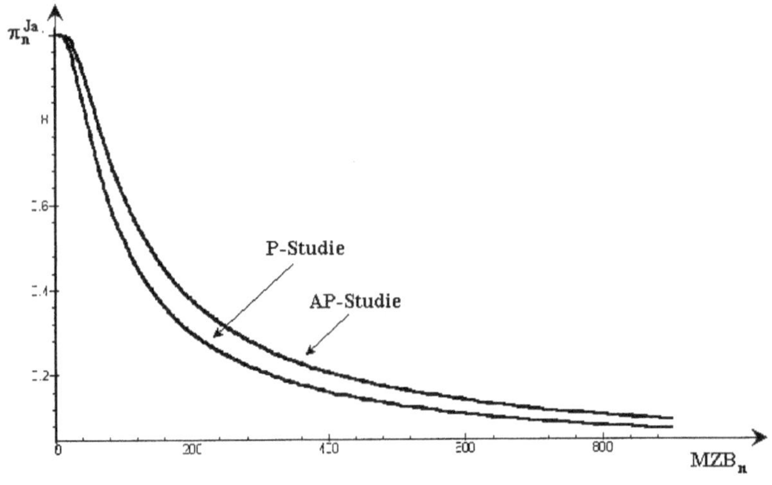

Abb. 10.1 Vergleich der Weibull-Survivalfunktionen der AP- und P-Studie von 1995

10.5.4 Ein Kolmogorov Smirnov-Anpassungstest

Der nichtparametrische Kolmogorov Smirnov-Anpassungstest basiert ebenfalls auf einem Vergleich der empirischen Verteilungen der maximalen Zahlungsbereitschaften der AP- und der P-Studie. Diese Verteilungen werden dabei als „Stichproben-Summenfunktionen" bezeichnet. Schaich (1990, S. 234) weist darauf hin, daß eine Klasseneinteilung der Stichprobenwerte „unschädlich" ist, „wenn beiden Stichproben dieselbe Klassenbildung zugrundeliegt", so daß der Test hier anwendbar ist.

Die Nullhypothese lautet, daß sich die empirischen Verteilungsfunktionen für die P- und die AP-Studie nicht statistisch signifikant unterscheiden. Der hier für die einfache Referendumsmethode durchgeführte Test beruht auf einem Vergleich der Ordinatenabstände zwischen den Stichproben-Summenfunktionen für die beiden Studien basierend auf den Tabellen 7.5 und 9.20. Die Funktionsverläufe sind in Abbildung 10.2 dargestellt. Hierbei ist zu beachten, daß in der Abbildung zwischen den Beobachtungspunkten an den Geboten die Funktionen linear interpoliert werden.

Als Prüfgröße wird die „supremale absolute Ordinatendifferenz" d_{N_{AP},N_P} „zwischen den beiden relativierten Stichproben-Summenfunktionen" [s. Schaich (1990, S. 233)] verwendet. Die Stichprobenumfänge sind für die AP-Studie $N_{AP} = 362$ und für die P-Studie $N_P = 430$ Beobachtungen. Die Nullhypothese ist beim Signifikanzniveau α abzulehnen, wenn

(10.6) $$d_{N_{AP},N_P} > d_{N_{AP},N_P}(1-\alpha).$$

ist. Die Werte d_{N_{AP},N_P} (1 - α) sind für übliche α-Werte bei konservativem Testen beispielsweise bei Schaich (1990, S. 327) klassifiziert.

Den beiden empirischen Verteilungsfunktionen kann entnommen werden, daß an der Stelle $200 der größte ordinale Abstand zwischen den beiden Verteilungsfunktionen in Höhe von

(10.7) $$d_{430,\,362} = 0{,}1387$$

besteht. Für einen zweiseitigen Test zum Signifikanzniveau $\alpha = 0{,}05$ ergibt sich der kritische Wert für die Prüfvariable $d_{430,\,362}(0{,}95)$ aus der Näherungsformel [s. Schaich (1990, S. 328)]:

$$(10.8) \qquad d_{430,\,362}(0{,}95) = 1{,}36 \cdot \sqrt{\frac{N_{AP} + N_P}{N_{AP} \cdot N_P}} = 0{,}097$$

Da damit $d_{430,\,362} > d_{430,\,362}(0{,}95)$ ist, kann Embedding auf dem $\alpha = 0{,}05$-Niveau abgelehnt werden.

In KEM-Studien besitzt dieser Test große Popularität [s. z. B. Kriström (1993)]. Allerdings wird er von McFadden und Leonard (1993, S. 206) wegen seiner schlechten Trennschärfe kritisiert.

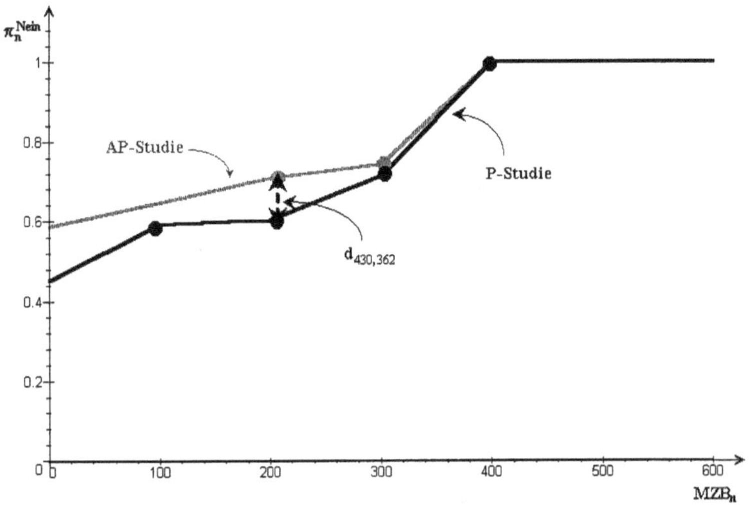

Abb. 10.2 Vergleich der empirischen Verteilungsfunktionen für die AP- und die P-Studie

10.5.5 Das Konfidenzintervallkriterium

Signifikante Unterschiede in den geschätzten Verteilungen bedeuten jedoch noch nicht, daß sich auch die repräsentativen Lagemaße der Verteilungen der maximalen Zahlungsbereitschaften wie die Mediane oder die Mittelwerte signifikant unterscheiden. So können zwei unterschiedliche Verteilungen sich so überlappen, daß sie statistisch nicht unterscheidbare Mittelwerte oder Mediane aufweisen.

Das Konfidenzintervallkriterium überprüft die Frage, ob sich die Mittelwerte und Mediane der Verteilungen statistisch signifikant zwischen den Szenarien unterscheiden. Wenn sich die Konfidenzintervalle zweier repräsentativer Lagemaße der maximalen Zahlungsbereitschaften für die AP- und die P-Studie überlappen, wird gefolgert, daß Embedding vorliegt.

Die geschätzten Wohlfahrtsmaße sind in Tabelle 10.7 mit den zugehörigen 90 %-Konfidenzintervallen wiedergegeben. Letztere werden mit Hilfe des von Park et al. (1991) entwickelten Simulationsverfahren bestimmt. Die Konfidenzintervalle für den Median für das umfassendere AP- und das darin eingeschlossene P-Projekt überlappen sich nicht. Somit unterscheiden sich die zentralen Lagemaße der maximalen Zahlungsbereitschaften für das AP- und das P-Projekt nach diesem Kriterium statistisch signifikant. Die Embeddinghypothese kann verworfen werden. Für den an der Stelle $800 zensierten Mittelwert überlappen sich die Konfidenzintervalle jedoch, so daß Embedding nicht verworfen kann.

Tabelle 10.7 Wohlfahrtsmaße und Konfidenzintervalle

	Median (Konfidenzintervall)	**An der Stelle $800 zensierter Mittelwert (Konfidenzintervall)**
AP-Studie	$134,44 (123,74; 158,10)	$246,04 (220,70; 276,12)
P-Studie	$105,04 (94,64; 117,54)	$202,23 (184,39; 231,18)
Folgerung:	Kein Embedding	Embedding

Dieser Test wird in der Literatur kritisiert, da die α's in $(1 - \alpha)$-Konfidenzintervallen nicht zu Signifikanzniveaus üblicher Teststatistiken korrespondieren. Das tatsächliche Signifikanzniveau wird statt dessen, wie Poe et al. (1994, S. 906f.) zeigen, im allgemeinen systematisch überschätzt. Daher sind Lagemaßevergleiche auf Basis des Konfidenzintervallkriteriums statistisch im Hinblick auf eine Annahme der Nullhypothese verzerrt. Dies bedeutet, daß die Embeddinghypothese öfter angenommen wird, als dies nötig wäre. Tests, die auf dem Vergleich von Konfidenzintervallen beruhen, sollten daher immer auch mit anderen Testergebnissen verglichen werden.

10.5.6 Simulation von Differenzen

Poe et al. (1994 und 1997) zeigen, daß eine direkte Simulation der Differenz $E(MZB^{P}) - E(MZB^{AP})$ statistisch aussagekräftiger ist als ein Vergleich der Konfidenzintervalle um $E(MZB^{P})$ und $E(MZB^{AP})$. Verwendet wird hier eine Variation des Tests der Autoren, um auf Basis des an der Stelle $800 zensierten Mittelwerts die Embeddinghyothese zu überprüfen.

Zunächst wird nach der Simulationsmethode von Park et al. (1991) jeweils ein an der Stelle $800 zensierten Mittelwert des oben geschätzten Weibull-Modells für die P-Studie und ein an derselben Stelle zensierter Mittelwert für die AP-Studie berechnet. Anschließend wird die Differenz dieser beiden Werte gebildet. Dieser Vorgang wird $N^{sim} = 1.000$ mal wiederholt, so daß man schließlich einen Vektor simulierter Differenzen erhält. Dieser Vektor wird nach der Größe seiner Elemente sortiert, so daß schließlich ein Konfidenzintervall um diese simulierte Differenzen gebildet werden kann, indem auf die 50 niedrigsten und 50 höchsten Werte verzichtet wird. Die AP- und die P-Studie werden statistisch signifikant unterschiedlich bewertet, wenn dieses aus den Grenzen des 51. und des 950. Wertes gebildete Konfidenzintervall die Zahl 0 nicht erhält.

In Tabelle 10.8 sind Statistiken über den simulierten Vektor der Differenzen zusammengetragen. Unter ihnen befinden sich der Mittelwert der Differenzen und die Standardabweichung um diesen Mittelwert. Man entnimmt Tabelle, daß das oben beschriebene Konfidenzintervall um diesen Mittelwert die Zahl 0 nicht enthält. Die Embeddinghypothese kann auf Basis dieses Tests abgelehnt werden.

Tabelle 10.8 — Simulierte Differenzen ($N^{sim} = 1.000$)

Mittelwert der Differenzen	**Standardabweichung um den Mittelwert der Differenzen**	**51. Wert des Vektors**	**950. Wert des Vektors**	**Folgerung**
-40,5886	0,7151	-80,19	-3,20	H_0 ablehnen (Kein Embedding)

10.6 Der sequentielle Embeddingtest

Zur Vermeidung eines teuren und imageschädigenden Fehlschlags bei der Durchführung der Hauptbefragung, muß auf Embeddingeffekte in der Pretestphase eines Surveys getestet werden. Wird Embedding in Pretests erkannt, ist das Surveydesign zu korrigieren. Damit wird einer Hauptbefragung vorgebeugt, die theoretisch inkonsistente Ergebnisse liefert.

Bei Verwendung der Referendumsmethode sind Pretests jedoch aus zwei Gründen problematisch: Erstens werden in der Regel in Pretests den Probanden offene - und keine geschlossenen - Fragen zur maximalen Zahlungsbereitschaft gestellt. Und zweitens sind die Stichprobenumfänge N^P in Pretests meist recht klein (häufig $N^P < 200$). Damit sind traditionelle statistische Testverfahren, die vom Stichprobenumfang abhängen, als Diagnoseinstrumente für Embeddingeffekte nicht aussagekräftig. Im allgemeinen werden relativ wenige Pretestaten aus geschlossenen Fragen zur Überprüfung der einzelnen Surveyversionen auf Embeddingeffekte zur Verfügung stehen.

Vorteilhaft sind statistische Testverfahren, mit deren Hilfe mit relativ geringem Stichprobenumfang zuverlässig auf Embeddingeffekte *vor* Durchführung der Hauptbefragung getestet werden kann. Erstaunlicherweise beziehen sich die in der Literatur vorgestellten Embeddingtests immer nur auf den Zustand *nach* einer Hauptbefragung. Da nach Hauptbefragungen ausreichend Beobachtungen vorliegen, werden vom Stichprobenumfang abhängige Tests vorgeschlagen. Wie oben erläutert, läuft man mit dieser Vorgehensweise jedoch Gefahr, Embedding erst dann zu diagnostizieren, wenn die Hauptbefragung bereits abgeschlossen ist, und die Ergebnisse den Auftraggebern der Studie vorzulegen sind.

Als Alternative zur üblichen Vorgehensweise bieten sich sequentielle Tests an, die beispielsweise in der Biometrie großen Anklang finden. Auch dort muß man häufig mit geringen Stichprobenumfängen arbeiten. Im Unterschied zu klassischen Verfahren zeichnen sich sequentielle Testverfahren gerade dadurch aus, daß die Prüfungen von Hypothesen nicht simultan mit einem gegebenen Stichprobenumfang, sondern nacheinander, d. h. sequentiell, durchgeführt werden. Erst eine von den Analysten selbst vorgegebene Abbruchregel entscheidet über das Ende eines sequentiellen Tests. Sequentielle Testverfahren eignen sich dazu, bereits vor der Hauptbefragung mit vertretbarem Versuchsaufwand die einzelnen Surveyversionen auf Embeddingeffekte zu testen. Führt ein sequentieller Test indes nicht zur Ablehnung der Embeddinghypothese, ist dies ein Indiz dafür, daß das Surveydesign noch verbessert werden muß.

Einführungen in die Problematik sequentieller Tests geben Büning und Trenkler (1994, S. 316 ff.) und die biometrischen Abhandlungen von Lorenz (1996) und Bauer et al. (1986). Ökonometrische Anwendungen sequentieller Tests im Zusammenhang mit der KEM sind mir nicht bekannt. Daher wird die Diskussion eines sequentiellen Embeddingtests zunächst beispielhaft und ausführlich anhand eines Vergleichs der AP-Studie mit der P-Studie für eine bestimmte Surveyversion durchgeführt. Es zeigt sich, daß sequentielle Tests mit kontrollierbarem Versuchsaufwand zu sinnvollen Ergebnissen kommen. Weitere Studien mit diesem Verfahren sind zu empfehlen.

10.6.1 Testaufbau

Die Durchführung des sequentiellen Testverfahrens basiert auf paarweisen Vergleichen zwischen den Antworten zu den beiden Szenarien AP und P auf Basis einer verwendeten Surveyversion. Die Wahl eines Vergleichspaares, das sich jeweils aus der Befragung eines Teilnehmers zur AP- und eines Teilnehmers zur P-Studie zusammensetzt, erfolgt in der Reihenfolge der durchgeführten Pretests und ist damit zufällig. D. h., es wird bei gegebener Surveyversion zunächst eine Person zur AP-Studie und anschließend eine Person zur P-Studie befragt. Schließlich werden die beiden Antworten miteinander verglichen.

Die Wirkungen der beiden unterschiedlichen Szenarien für die AP- und die P-Studie auf das Antwortverhalten werden qualitativ betrachtet. Zum Verständinis der statistischen Behandlung eines Paarvergleichs sind zunächst einige Begriffsdefinitionen notwendig.

Stimmen in Pretests die Antworten eines befragten Paars auf ein bestimmtes Gebot - z. B. auf Anfangsgebot $100 - überein, liegt ein **konkordantes Paar** vor; antwortet das Paar hingegen unterschiedlich, liegt ein **diskordantes Paar** vor. Eine „Ja"-Antwort auf die Zahlungsbereitschaftsfrage wird als **Erfolg** und eine „Nein"-Antwort als **Mißerfolg** gewertet.[92] Erfolge werden mit einem „+"-Zeichen, Mißerfolge mit einem „-"-Zeichen gekennzeichnet. Eine Kombination aus einer „Ja"-Antwort zum AP- und einer „Nein"-Antwort zum P-Szenario ist als **Plus-Einheit** definiert. Umgekehrt werden Kombinationen aus „Nein"-Antworten zum AP- und „Ja"-Antworten zum P-Szenario als **Minus-Einheiten** deklariert.

---

[92] „Weiß nicht"-Antworten werden als „Nein"-Antworten gewertet.

Nach Durchführung eines solchen Paarvergleichs wird sich demnach einer der Fälle aus Übersicht 5.1 einstellen. Bauer et al. (1986, S. 24) zeigen, daß konkordante Paare bei der Durchführung sequentieller Tests aus der weiteren Analyse ausgeschlossen werden können, da sie keine für das Testergebnis verwendbare Information liefern. In die Analyse aufgenommen werden hingegen alle diskordanten Paare.

Fall	AP-Studie	P-Studie	Folgerung
1	„Ja" (+)	„Ja" (+)	Konkordantes Paar
2	„Ja" (+)	„Nein" (-)	Plus-Einheit
3	„Nein" (-)	„Nein" (-)	Konkordantes Paar
4	„Nein" (-)	„Ja" (+)	Minus-Einheit

Übersicht 10.1

Es wird von einer zweiseitigen Fragestellung ausgegangen. Geprüft wird, ob zu einer bestimmten Surveyversion das AP-Projekt höher oder niedriger bewertet wird als das P-Projekt, oder ob beide Projekte gleich hoch bewertet werden. Ein „Drei-Entscheidungs-Test" liegt vor, weil folgende drei Fälle auftreten können:[93]

1. Fall: AP wird höher bewertet als P (AP > P)
2. Fall: AP wird genauso hoch bewertet wie P (AP = P)
3. Fall: P wird höher bewertet als AP (AP < P)

Der unbekannte Anteil an Plus-Einheiten in der Grundgesamtheit wird mit γ^+ bezeichnet ($0 \leq \gamma^+ \leq 1$). Demgemäß ist der Anteil an Minus-Einheiten gleich ($1 - \gamma^+$). Das sequentielle Verfahren prüft allgemein die Hypothese, daß der Anteil γ einen vorgegebenen Wert p ($0 < p < 1$) nicht überschreitet. Überprüft wird die Hypothese, daß γ^+ den Wert $p = 0{,}5$ nicht überschreitet. Dies bedeutet, daß bei Annahme der Hypothese die Anzahl der Paare, für die zur selben Surveyversion das AP-Szenario höher bewertet wird als das P-Szenario, nicht höher ist als die Anzahl der Paare, für die das P-Szenario höher bewertet wird als das AP-Szenario.

---

93 Einseitige Fragestellungen werden bei Bauer et al. (1986, S. 34f.) diskutiert. Sie ergeben sich als Spezialfälle der hier behandelten Drei-Entscheidungs-Tests.

Im sequentiellen Verfahren werden zwei Personen ausgewählt.[94] Die eine Person wird nach ihrer Bewertung der AP-Studie, die andere nach ihrer Bewertung der P-Studie zum selben Gebot befragt. Antwortet die nach der AP-Studie befragte Person mit „Ja" und die nach der P-Studie befragte Person mit „Nein", nimmt der sogenannte „Erfolgsindex" e_n ($n = 1, ..., N^P$) den Wert +1 (Plus-Einheit) in der Pretest-Stichprobe des Umfangs N^P an.

Antwortet umgekehrt die zur AP-Studie befragte Person mit „Nein" und die zur P-Studie befragte Person mit „Ja", ist $e_n = -1$ (Minus-Einheit).

Sei r die Anzahl der Plus-Einheiten in der Pretest-Stichprobe; die Anzahl der Minus-Einheiten werde mit s bezeichnet. Dann ist $s = (N^P - r)$.

Der sogenannte „numerische Wert der Stichprobe" z, ergibt sich aus:

$$(10.9) \qquad z = r - s = \sum_{n=1}^{N^P} e_n .$$

Der numerische Wert der Stichprobe ist höchstens so groß wie der positive Wert des Pretest-Stichprobenumfangs und höchstens so klein wie der negative Wert des Pretest-Stichprobenumfangs. D. h., $-N^P \leq z \leq N^P$.

Wie lassen sich nun die Hypothesen bezüglich des Drei-Entscheidungs-Tests formulieren? Ziel ist es, im sequentiellen Paarvergleich zu einer der drei geforderten Entscheidungen AP > P, AP = P oder AP < P zu kommen.

Zur Formulierung der Hypothesen wird ein Indifferenzbereich definiert, in dem die Embeddinghypothese weder verworfen noch angenommen wird. Führt der sequentielle Test in diesen Indifferenzbereich, liegt es allein im Ermessen der Betrachter, ob noch Korrekturen am Surveydesign vorzunehmen sind.

Die Indifferenzzone ist durch $|\pi - 0{,}5| \leq d$ definiert. d ist mit der Einschränkung $(0{,}5 - d) > 0$ und $(0{,}5 + d) < 1$ frei wählbar [Bauer et al. (1986, S. 5)].

Mit Hilfe von d werden die zusammengesetzten Hypothesen H_1 und H_2 formuliert:

$$(10.10a) \qquad H_1 : \gamma^+ \leq 0{,}5 - d/2$$

---

[94] Die hier beschriebene Vorgehensweise des Prüfverfahrens basiert auf einem Transfer der allgemeinen Ausführungen von Bauer et al. auf die Referendumsmethode (1986, S. 7 ff.).

und

(10.10b) $\quad H_2 : \gamma^+ \geq 0{,}5 + d/2$

Embedding wird gemäß Hypothese H_2 verworfen. D. h., AP wird höher bewertet als P, wenn der Anteil an Plus-Einheiten, γ^+, mindestens genauso hoch ist wie der Anteil an Minus-Einheiten, $(1 - \gamma^+)$, plus d/2. Umgekehrt wird Embedding angenommen, d. h., P wird höher bewertet als AP, wenn H_1 erfüllt ist. Gemäß (10.10a) und (10.10b) wird implizit ein Indifferenzbereich in Höhe von ±d/2 festgelegt. In diesem Bereich $(0{,}5 - d) < \gamma^+ < d$, bzw. im Bereich $0{,}5 < \gamma^+ < (0{,}5 + d)$, liegt es allein im Ermessen der Beobachter, zu entscheiden, ob Embedding vorliegt, oder nicht.

Ein übliches Vorgehen bei einem Drei-Entscheidungs-Test ist es, die zusammengesetzten Hypothesen H_1 und H_2 in (10.10a) und (10.10b) durch zwei einfache Hypothesen zu ersetzen. Diese Komplexitätsreduktion wird durch Formulierung der Nullhypothese

(10.11) $\quad H_0 : \gamma^+ = 0{,}5$

erreicht, der jeweils eine einzige einfache Alternativhypothese H_- und H_+

(10.12a) $\quad H_- : \gamma^+ = (0{,}5 - d)$ für H_1

und

(10.12b) $\quad H_+ : \gamma^+ = (0{,}5 + d)$ für H_2

gegenübergestellt wird. Es wird also H_0 gegen H_- und gleichzeitig H_0 gegen H_+ getestet.

Zur Vereinfachung der Erläuterungen wird im folgenden die Annahme einer beliebigen Hypothese durch das Symbol $\oplus$H und die Ablehnung einer Hypothese durch das Symbol ΘH gekennzeichnet. In dieser Schreibweise lassen sich die drei möglichen Ergebnisse des sequentiellen Drei-Entscheidungs-Tests wie folgt darstellen: ΘH_- und ΘH_+ führen zu der Entscheidung AP = P, die kein klares Ergebnis liefert. Gemäß $\oplus H_-$ liegt Embedding vor (P > AP). Nach $\oplus H_+$ ist Embedding zu verwerfen (AP > P).

Im Test H_0 gegen H_+ wird die Ablehnung von H_0, d. h., ΘH_0, zur schwerwiegenden Fehlentscheidung, wenn tatsächlich $\gamma^+ \leq (0{,}5 + d)$ ist. In diesem Fall würde die Nullhypothese zu unrecht verworfen. Die Embeddinghypothese würde abgelehnt, obwohl Embedding vorliegt. Diese Wahrscheinlichkeit soll einen vorgegebenen Wert α nicht überschreiten. α ist damit die obere Schranke, einen **Fehler 1. Art** zu begehen („α-Risiko").

Eine schwerwiegende Fehlentscheidung liegt auch dann vor, wenn die Embeddinghypothese angenommen wird, obwohl kein Embedding vorliegt. Die Nullhypothese (10.11) würde zu unrecht angenommen. D. h., $\oplus H_0$ erfolgt, obwohl $\gamma^+ \geq (0{,}5 + d)$ ist. Die Wahrscheinlichkeit, diesen **Fehler 2. Art** zu begehen, soll einen vorgegebenen Wert β nicht überschreiten. β ist eine obere Schranke dafür, einen Fehler 2. Art zu begehen („β-Risiko").

Analoge Überlegungen, bezogen auf die dort gegebene Problemstellung, gelten für den Test von H_0 gegen H_-. Die Wahrscheinlichkeit für $\ominus H_0$, wenn tatsächlich $\gamma^+ = 0{,}5$, soll den Wert α, und die Wahrscheinlichkeit für $\oplus H_0$, wenn tatsächlich $\gamma^+ \leq (0{,}5 - d)$ ist, soll den Wert β nicht überschreiten.

Durch die Festlegungen von α und β sollen Irrtümer bezüglich der Embeddinghypothese weitgehend ausgeschlossen werden; α und β determinieren somit die **Zuverlässigkeit** des Tests. Je kleiner α und β gewählt werden, desto zuverlässiger werden die Tests sein. Charakteristisch für sequentielle Tests ist, daß vom Betrachter gleichzeitig sowohl die exogene Festlegung einer Irrtumswahrscheinlichkeit α für eine fälschliche Ablehnung der Nullhypothese möglich ist, als auch die exogene Festlegung einer Irrtumswahrscheinlichkeit β für eine fälschliche Annahme derselben. Die Zusammenhänge zwischen α-Risiko und β-Risiko sind in Übersicht 10.2 für den oben erläuterten Hypothesentest von H_0 gegen H_+ überblicksartig dargestellt.[95]

		Tatsächlicher Sachverhalt	
Test von H_0 gegen H_+		**$\gamma^+ \leq 0{,}5 + d$**	**$\gamma^+ > 0{,}5 + d$**
Entscheidung	**$\gamma^+ = 0{,}5$**	$\geq 1 - \alpha$	$\leq \beta$
	$\gamma^+ > 0{,}5$	$\leq \alpha$	$\geq (1 - \beta)$

Übersicht 10.2

[95] Analog ließen sich natürlich auch die Zusammenhänge für den Hypothesentest H_0 gegen H_- darstellen.

Die **Genauigkeit**, mit der entschieden wird, ob das AP-Projekt höher bewertet wird als das P-Projekt, oder umgekehrt, wird hingegen durch d festgelegt.[96] Dies ergibt sich aus den Alternativhypothesen (10.12a) und (10.12b). Je größer d gewählt wird, desto größer wird auch der Indifferenzbereich. Umgekehrt wird der Indifferenzbereich um so kleiner, je kleiner d ist. Für steigendes d erhöht sich die Wahrscheinlichkeit, das Testergebnis in die Indifferenzregion fällt, in der keine unmittelbare Aussage über das Auftreten von Embedding möglich ist.

Ein sequentieller Drei-Entscheidungs-Test nach dem in (10.11) und (10.12a) bzw. (10.12b) dargestellten Testschema führt demnach zu einer der folgenden drei Aussagen:

(1) Wird die Entscheidung AP = P getroffen, ist keine unmittelbare Aussage über die Existenz von Embedding möglich, wenn der wahre Anteil der Plus-Einheiten $\pi = 0{,}5$ ist. In diesem Fall soll die Wahrscheinlichkeit für eine Fehlentscheidung, AP > P oder AP < P, den vorgegebenen Wert α nicht überschreiten. Innerhalb der Grenzen $(0{,}5 - d) < \pi < (0{,}5 + d)$ ist die Entscheidung AP = P noch zulässig.
(2) Die Embeddinghypothese wird verworfen (AP > P), wenn $\pi \geq (0{,}5 + d)$.
(3) Die Embeddinghypothese wird angenommen (AP < P), wenn $\pi \leq (0{,}5 - d)$ ist.
Für die Aussagen (2) und (3) soll die Wahrscheinlichkeit einer Fehlentscheidung ein vorgegebenes Niveau β nicht überschreiten.

Definiert man im Test von H_0 gegen H_+ zur Vereinfachung der Schreibweise $p_- \equiv (0{,}5 - d)$ und $p_+ \equiv (0{,}5 + d)$, gilt wegen der Bedingung für d, $0 < d < 0{,}5 < (1 - d)$, definitionsgemäß auch der Zusammenhang $0 < p_- < 0{,}5 < p_+ < 1$. Durch p_- und p_+ werden also die untere und die obere Grenze des Indifferenzbereichs festgelegt.

Das Prinzip des sequentiellen Entscheidungsverfahrens erschließt sich [vgl. Bauer et al. (1986, S. 8)], wenn die Wahrscheinlichkeit für eine bestimmte Stichprobe $e_1, ..., e_{N^P}$ unter H_+:[97]

$$(10.13) \qquad \Pr\{H_+\} = p_+^{\,r}\,(1 - p_+)^s$$

---

[96] Wie Bauer et al. (1986, S. 6) andeuten, existiert keine einheitliche Bezeichnung für d. Die Autoren selbst führen d als ein Maß für die „Genauigkeit" des Tests an.

[97] Zum Zusammenhang dieser Wahrscheinlichkeiten mit der Binomialverteilung s. Bauer et al. (1986, S. 8). Man beachte, daß bei Sequentialtests die Reihenfolge des Auftretens von Plus- und Minus-Einheiten entscheidend ist, was dazu führt, daß die Binomialkoeffizienten in (10.13) und (10.14) fehlen.

mit der Wahrscheinlichkeit derselben Stichprobe unter H_0 verglichen wird:

(10.14) $\quad Pr\{H_0\} = p_0^{\,r}\,(1 - p_0)^s .$

Nach jeder in die Stichprobe aufgenommenen Einheit e_n ($n = 1, ..., N^P$) wird im sequentiellen Testverfahren die Wahrscheinlichkeit für die bisherige Stichprobe unter H_+, $Pr\{H_+\}$, und unter H_0, $Pr\{H_0\}$, neu berechnet. Zur Prüfung der Hypothese $H_0 : \gamma^+ = 0{,}5$ werden anschließend die Wahrscheinlichkeiten $Pr\{H_+\}$ und $Pr\{H_0\}$ zueinander in Beziehung gesetzt, indem das Wahrscheinlichkeitsverhältnis $Pr\{H_+\}/Pr\{H_0\}$ gebildet wird. Des weiteren werden zwei Grenzen, $G_+ > 1$ und $G_0 < 1$, gewählt, durch die ein Abbruchkriterium festgelegt ist.[98] Der Test wird solange fortgesetzt, d. h., es werden solange Befragungen von zwei Personen zur selben Surveyversion, aber zu unterschiedlichen Szenarien AP und P, durchgeführt, solange die Ungleichung gilt:

(10.15) $$G_0 < \frac{Pr\{H_+\}}{Pr\{H_0\}} < G_+$$

Der Test wird beendet, wenn erstmals eine der Grenzen G_0 oder G_+ erreicht oder überschritten wird, d. h., wenn erstmals $Pr\{H_+\}/Pr\{H_0\} \leq G_0$ oder erstmals $Pr\{H_+\}/Pr\{H_0\} \geq G_+$ ist. Im Falle von $Pr\{H_+\}/Pr\{H_0\} \leq G_0$ erfolgt $\oplus H_0$ und führt zur Entscheidung $\gamma = 0{,}5$. Man befindet sich im Indifferenzbereich. Im Falle von $Pr\{H_+\}/Pr\{H_0\} \geq G_+$ erfolgt $\oplus H_+$ und führt zur Entscheidung $\gamma^+ > 0{,}5$: Embedding kann verworfen werden. Dieselbe Idee liegt dem Hypothesentest von H_0 gegen H_- zugrunde.

Handelt es sich bei dem Versuchsaufbau um einen Testplan, bei dem unabhängig von der Stichprobengröße eine Entscheidung getroffen werden soll, handelt es sich um einen **offenen Plan**. **Geschlossene Pläne** führen hingegen mit vertretbarem Versuchsaufwand zu Ergebnissen, was für KEM-Pretests vorteilhaft ist. Man beachte, daß für alle Surveyversionen - also nicht nur für die Surveyversion mit Anfangsgebot \$100 - die Embeddinghypothese überprüft werden muß. Man berücksichtige weiter, daß neben Befragungen, die zu Plus- und Minus-Einheiten führen, auch Befragungen für alle konkordanten Paare durchgeführt werden müssen. Der Versuchsaufwand ist demnach bereits für geschlossene Pläne groß. Im

---

[98] Die Grenzen G_+ und G_0 hängen dabei von α und β ab und lassen sich theoretisch für gegebene α- und β-Risiken für beliebige Versuchspläne exakt bestimmen [s. zur theoretischen Herleitung von G_0 und G_+ Bauer et al. (1986, Kapitel 2 und Anhang A1)].

folgenden wird daher der praxisrelevante Fall eines geschlossenen Plans behandelt.

Für einen geschlossenen Plan sind zunächst Werte für G_0, G_+ und - im Falle des Tests von H_0 gegen $H\_$ - $G\_$ zu finden. Die Ungleichungen in (10.10a), (10.10b) und (10.15) sind einzuhalten. Näherungslösungen für dieses Problem existieren, so daß es möglich ist, sequentielle Testpläne graphisch zu erstellen.

Hierzu werden sogenannte „Annahme- und Ablehnungsgeraden" konstruiert. Berührt oder kreuzt eine „Stichprobenspur" eine solche Gerade, wird eine Entscheidung zugunsten einer der drei Hypothesen des Drei-Entscheidungs-Tests gefällt. Da in der Regel immer eine Gerade gekreuzt - und nicht berührt - wird, wird im folgenden vereinfachend von „Kreuzen" gesprochen.

Die Lage der Geraden im Koordinatensystem wird durch die Irrtumswahrscheinlichkeiten α und β sowie durch d und den maximalen Stichprobenumfang der Testreihe, n_{max}, determiniert. Es wird hier nur der Fall $\alpha = \beta$ betrachtet. Nach Festlegung der Genauigkeitsforderung d und der Irrtumswahrscheinlichkeit werden die Annahmegeraden $L_{+(0)}$ und $L_{0(+)}$ sowie die Ablehnungsgeraden $L_{-(0)}$ und $L_{0(-)}$ für die Hypothese $H_0 : \gamma^+ = 0{,}5$ gegen die Alternativhypothesen $H_+ : \gamma^+ = (0{,}5 + d)$ und $H\_ : \gamma^+ = (0{,}5 - d)$ berechnet. Ein Kreuzen der Geraden führt zur Annahme einer der Hypothesen H_0, H_+ oder $H\_$.

Ein Vorteil sequentieller gegenüber traditionellen Tests besteht darin, daß eine intuitive graphische Auswertung sequentieller Testpläne die Überprüfung von Hypothesen mit minimalem Rechenaufwand erlaubt. In Abbildung 10.4 wird, im Koordinatenursprung beginnend, für jeden in die Stichprobe aufgenommenen Vergleich entlang der n-Achse (Abszisse), auf der die Anzahl der Paarvergleiche abgetragen werden, um eine Einheit nach rechts gerückt.

Im Falle einer Minus-Einheit wird entlang der z-Achse (Ordinate), auf der der numerische Wert der Stichprobe gemäß (10.9) abgetragen wird, um eine Einheit nach unten gerückt. Im Falle einer Plus-Einheit rückt man um eine Einheit nach oben. Für Plus-Einheiten entsteht eine Spur in Richtung NO, für Minus-Einheiten in Richtung SO. An den jeweiligen Endpunkten einer Spur knüpft bis zur Beendigung des Tests der nächste paarweise Vergleich an. Es entsteht eine Stichprobenspur. Sie beginnt im Koordinatenursprung. Ihre Endpunkte (n, z) sind durch den bereits gezogenen Stichprobenumfang, n, und den numerischen Wert z der Stichprobe gegeben.

Sobald die Stichprobenspur eine Annahme- oder Ablehnungsgerade kreuzt, wird der Test beendet, und es wird eine Entscheidung $\oplus H\_$, $\oplus H_0$, oder $\oplus H_+$ gefällt.

Die Besonderheit von geschlossenen gegenüber offenen Plänen besteht in folgender Überlegung: Hat eine sequentielle Testreihe bis zu einem bestimmten, nicht zu kleinen Wert von n zu keiner Entscheidung geführt, so soll eine Entscheidung $\oplus H_{\_}$, $\oplus H_0$, oder $\oplus H_+$ gefällt werden, auch wenn noch keine der Ablehnungs- und Annahmegeraden gekreuzt wurde. Hierzu bedient man sich Hilfsgeraden. Mit deren Hilfe ist nach einer bestimmten Anzahl an Versuchen identifizierbar, ob eine Testreihe in der Nähe eines Annahme- oder eines Ablehnungsbereichs einer bestimmten Hypothese liegt.

Zur Rechtfertigung von Hilfsgeraden wird eine **Zusatzhypothese** H^* eingeführt. Aus der Formulierung einer Zusatzhypothese $H^* : \gamma^+ \leq 0,5$ werden weitere abszissenparallele Annahme- und Ablehnungsgeraden $L^*_{-(+)}$ und $L^*_{+(-)}$ konstruiert. Dieser zusätzlichen Hypothese, H^*, liegt zwar dasselbe α und dasselbe β zugrunde wie der Hypothese H, wobei $\alpha = \beta$. Die Präzision des Tests wird jedoch verschärft, so daß $d^* < d$.

Dies bedeutet, daß wegen der Zusatzhypothese H^* die Entscheidung $\oplus H_+$ schon für $\gamma^+ > (0,5 - d^*)$ und die Entscheidung $\oplus H_{\_}$ bereits für $\gamma^+ < (0,5 + d^*)$ erfolgen darf, wobei $d^* < d$. Für d^* wird der Wert d/4 gewählt.

Für $d = 0,2$, ist $d^* = 0,1/4 = 0,05$. Dies wiederum bedeutet, daß mit der vorgegebenen Irrtumswahrscheinlichkeit $\oplus H_+$ bereits für $\gamma = 0,45$ - und nicht erst für 0,3 - und $\oplus H_{\_}$ für $\pi = 0,55$ erfolgt - und nicht erst für 0,7.

Für die graphische Darstellung des Aufbaus des geschlossenen Drei-Entscheidungs-Tests werden die Formeln (5.16a-h) in Tabelle 10.9 für die Gleichungen der Annahme- und Ablehnungsgeraden verwendet.[99]

Der Annahmebereich für H_+ liegt oberhalb der Geraden $L_{+(0)}$ und der Annahmebereich für $H_{\_}$ liegt unterhalb von $L_{\_(0)}$. Besteht eine Stichprobenspur nur aus Plus- bzw. Minuseinheiten lassen sich aus den zugehörigen Geradengleichungen (10.16a) und (10.16h) die mindestens erforderlichen Stichprobenumfänge bis zur Beendigung eines sequentiellen Tests berechnen. Für ausnahmslos Plus-Einheiten führt die Stichprobenspur zu $z = n$, und der minimale Stichprobenumfang ist dort erreicht, wo diese Spur die Gerade $L_{+(0)}$ kreuzt. Die Stichprobenspur für Minus-Einheiten ist $z = -n$. Der minimale Stichprobenumfang ist dort erreicht, wo die Spur $L_{\_(0)}$ kreuzt.

---

[99] Vergleiche für die Herleitung dieser Formeln ausführlich Bauer et al. (1986, S. 36 ff. und Anhang A1.2, S. 131 ff.).

Tabelle 10.9	Formeln für die Geradengleichungen [Gleichungen (10.16)]
Geradengleichung	**Entscheidung bei Kreuzen**
(a) $L_{+(0)}: z = a + b \cdot n$	Für die Annahme von H_+ gegen H_0:
(b) $L^*_{+(0)}: z = a^*$	$\oplus H_+ : AP > P$
(c) $L^*_{0(+)}: z = a^* - a^*/b + n$	
(d) $L_{0(+)}: z = -a + b \cdot n$	Für die Annahme von H_0:
(e) $L_{0(-)}: z = a - b \cdot n$	$\oplus H_0 : AP = P$
(f) $L^*_{0(-)}: z = a^*/b - a^* - n$	
(g) $L^*_{-(0)}: z = -a^*$	Für die Annahme von $H\_$ gegen H_0:
(h) $L_{-(0)}: z = -a - b \cdot n$	$\oplus H\_ : AP < P$

Berechnet man demnach den Schnittpunkt aus der Geraden $L_{+(0)}$ in (10.16a) mit $z = n$ und den Schnittpunkt von $L_{\_(0)}$ in (10.16h) mit $z = -n$, erhält man den **mindestens erforderlichen Stichprobenumfang**, n_{min}, zu:

$$\text{(10.17)} \qquad \frac{a}{1-b} \leq n_{min} < \frac{a}{1-b} + 1$$

Die maximale, für eine Entscheidung erforderliche Anzahl diskordanter Paare, n_{max}, ist an den Schnittpunkten von $L^*_{+(0)}$ mit $L^*_{0(+)}$, bzw. von $L^*_{0(-)}$ mit $L^*_{-(0)}$ gegeben. Aus den entsprechenden Formeln (10.16b) und (10.16c) bzw. (10.16f) und (10.16g) ergibt sich sofort, daß diese Schnittpunkte den Abszissenwert $n = a^*/b$ haben. Berücksichtigt man, daß eine Stichprobenspur nur bei ganzzahligen Werten von n und z enden kann, ergibt sich der **maximal erforderliche Versuchsaufwand** an Paarvergleichen, n_{max}, aus:

$$\text{(10.18)} \qquad \frac{a^*}{b} - 1 < n_{max} < \frac{a^*}{b} + 1$$

Mit Hilfe der Geradengleichungen in Tabelle 10.9 und unter Berücksichtigung der folgenden Formeln werden für beliebige Werte $\alpha = \beta$, d und d^* die Annahme-

und Ablehnungsgeraden für einen geschlossenen sequentiellen Pretestplan ermittelt [Bauer et al. (1986, S. 37)]:

(10.19) (a) $\alpha = \beta$; (b) $d^* = \frac{d}{4}$; (c) $A = \log_{10}\frac{1-\beta}{\alpha}$;

(d) $a = \frac{A}{B}$; (e) $B = \frac{1}{2}\log_{10}\frac{1+2d}{1-2d}$; (f) $C = \frac{1}{2}\log_{10}\frac{1}{1-4d^2}$;

(g) $b = \frac{C}{B}$; (h) $B^* = \log_{10}\frac{1+2d^*}{1-2d^*}$ (i) $a^* = \frac{A}{B^*}$,

wobei mit $\log_{10}$ der Logarithmus zur Basis 10 symbolisiert ist. Mit Hilfe von (10.17) und (10.18) läßt sich daraus der mindestens und der maximal erforderliche Versuchsaufwand berechnen.

Zur einfachen Konstruktion eines geschlossenen Stichprobenplans in Abb. 10.9 werden Koordinaten verwendet, die durch die Geradengleichungen in (10.16a-h) verbunden werden. Zur Generierung der Entscheidungsgeraden reichen die fünf in Tabelle 10.10 angegebenen Koordinatenpunkte der Geraden aus.

Diese Koordinatenpunkte sind für $i = 1$ der minimal erforderliche Stichprobenumfang n_1 für ΘH_0 und der zugehörige z_1-Wert (vgl. (10.17)). Für $i = 5$ ist n_5 der minimale Stichprobenumfang für $\oplus H_0$ und z_5 der zugehörige z-Wert. n_3 gibt den maximalen, für eine Entscheidung erforderlichen Stichprobenumfang an mit zugehörigem z-Wert z_3 (vgl. (10.18)). n_2 ergibt sich aus $(n_3 - n_5)$; n_4 ist gleich $(n_3 - n_1)$. Entsprechend ergeben sich z_2 aus $(z_3 - z_5)$ und z_4 aus $(z_3 - z_1)$. Die Koordinaten (n_2, z_2) und (n_5, z_5) ergeben sich aus der Deckungsgleichheit der Dreiecke A und A^*, bzw. B und B^* in Abbildung 10.3 [s. Bauer et al. (1986, S. 37)].

Die drei Regeln für die Annahme einer der drei einander ausschließenden Hypothesen $H_+ : \gamma^+ = 0{,}5 + d$, $H_0 : \gamma^+ = 0{,}5$ und $H_- : \gamma^+ = 0{,}5 - d$ lauten:

1. $\oplus H_+$, falls die Stichprobenspur die Gerade $L_{+(0)}$ oder $L^*_{+(0)}$ kreuzt;

2. $\oplus H_-$, falls die Stichprobenspur die Gerade $L_{-(0)}$ oder $L^*_{-(0)}$ kreuzt;

3. $\oplus H_0$, falls die Stichprobenspur eine der Geraden $L^*_{0(+)}$, $L_{0(+)}$, $L_{0(-)}$ oder $L^*_{0(-)}$ kreuzt und somit in den schraffiert gekennzeichneten Annahmebereich für H_0 eindringt.

Zur graphischen Demonstration sei π wieder der Anteil der Plus-Paare in der Grundgesamtheit, d. h., der Anteil derjenigen Paare, in denen die AP-Studie höher bewertet wird als die P-Studie. Die Präzision des Testverfahrens werde mit $d = 0{,}2$ festgelegt. Die noch zulässigen Irrtumswahrscheinlichkeiten seien $\alpha = \beta = 0{,}05$.

Mit großer Wahrscheinlichkeit $(1 - \beta = 0{,}95)$ soll $\oplus H_+$ getroffen werden, wenn $\pi \geq 0{,}75$ ist. Umgekehrt soll $\oplus H\_$ mit derselben Wahrscheinlichkeit angenommen werden, wenn $\pi \leq 0{,}25$ ist. Für $\pi = 0{,}5$ soll entsprechend $\oplus H_0$ mit einer Wahrscheinlichkeit von $(1 - 2 \cdot \alpha) = 0{,}90$ angenommen werden. Außerhalb des Bereiches $0{,}25 < \pi < 0{,}75$ bedeutet $\oplus H_0$ eine schwerwiegende Fehlentscheidung, deren Eintrittswahrscheinlichkeit auf $\beta = 0{,}05$ begrenzt ist.

Tabelle 10.10 Formeln zur Bestimmung der Koordinatenpunkte des geschlossenen Plans

i	$\mathbf{n_i}$	$\mathbf{z_i}$
1	$\frac{a}{1-b}$	$\frac{a}{1-b}$
2	$\frac{a^* - a}{b}$	a^*
3	$\frac{a^*}{b}$	a^*
4	$\frac{a^*}{b} - \frac{a}{1-b}$	$a^* - \frac{a}{1-b}$
5	$\frac{a}{b}$	0

Tabelle 10.11	Koordinatenpunkte	
i	**n_i**	**z_i**
1	7,26	7,26
2	24,27	11,72
3	44,74	11,72
4	37,48	4,45
5	20,47	0

Für die Festlegungen $\alpha = \beta = 0{,}05$, $d = 0{,}25$ und $d^* = 0{,}0625$ erhält man folgende, auf zwei Nachkommastellen gerundete Werte für die Determinanten der Koordinatengleichungen (10.16a-h) aus Tabelle 10.10 mit Hilfe von (10.19a-i): $A = 1{,}28$; $B = 0{,}24$; $B^* = 0{,}11$; $C = 0{,}06$; $a = 5{,}36$; $a^* = 11{,}72$; $b = 0{,}26$. Dies liefert die in Tabelle 10.11 berechneten Werte für die Koordinatenpunkte.

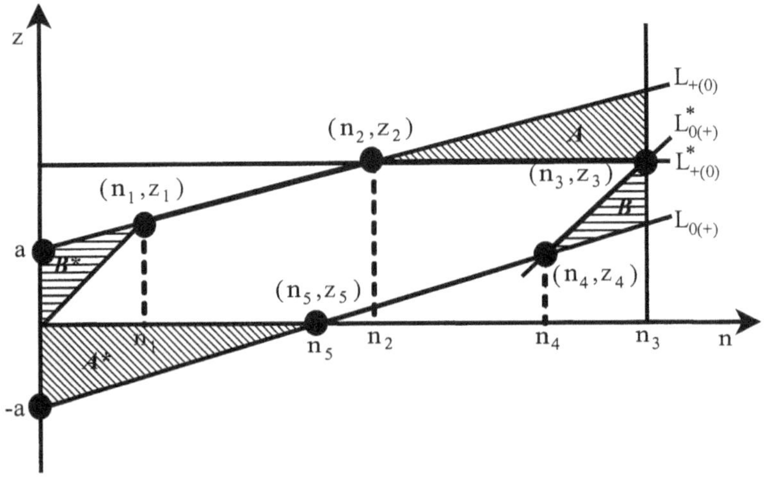

Abb. 10.3 Sequentieller Pretestplan

Der sequentielle Pretestplan ist in Abbildung 10.3 dargestellt. Es wird auf negative z-Werte verzichtet. Der Entscheidungsplan für negative z-Werte kann wegen der Symmetrie des Testaufbaus einfach durch Spiegelung an der Abszissenachse konstruiert werden [Bauer et al. (1986, S. 36)]. Die in Tabelle 10.11 berechneten fünf Koordinatenpunkte reichen daher aus, um sich den gesamten Testplan zu erschließen. Mit Hilfe der Formeln (10.16a-h) und den Formeln aus Tabelle 10.10 kann sich jeder Anwender einen sequentiellen Testplan erstellen.

10.6.2 Durchführung des sequentiellen Embeddingtests

Zur Durchführung des Tests werden die Verteilungen der Antworten auf Surveyversion A mit dem Anfangsgebot $100 zur AP-Befragung in Tabelle 7.5 verwendet. Diese Antworten werden mit denjenigen zur Pamlico-Studie in Tabelle 9.20 verglichen. Aus paarweisen Vergleichen der Antworten auf das Anfangsgebot $100 wird mit dem sequentiellen Embeddingtest geprüft ob Embedding für diese Surveyversion vorliegt. Ist dies nicht der Fall, kann gefolgert werden, daß zur Surveyversion A das AP-System höher bewertet wird als der Pamlico-Sund allein.

Der bis zur Entscheidung notwendige Stichprobenumfang kann gemäß Tabelle 10.11 selbst bei geschlossenen Versuchsplänen sehr groß werden. So beläuft sich dort die maximale Anzahl an Paarvergleichen auf $n_{max} = 45$, die konkordanten Paare nicht eingerechnet, was mindestens 90 Einzelbefragungen erfordert. Große Stichproben sind in Pretests jedoch zu vermeiden. Eine schnellere Entscheidungsfindung wird ermöglicht, indem d erhöht wird. Die erforderliche Zahl der zur Beendigung eines Tests nötigen Beobachtungen ist bei geschlossenen Plänen durch den Testaufbau also kontrollierbar.

Sei zur Demonstration des sequentiellen Testverfahrens $\alpha = \beta = 0,05$, $d = 0,4$ und $d^* = 0,1$, erhält man aus (5.19a-i) folgende Werte zur Konstruktion der Entscheidungsgeraden: $A = 1,28$, $B = 0,48$, $B^* = 0,18$, $C = 0,22$, $a = 2,68$, $a^* = 7,26$ und $b = 0,46$.

Die Koordinaten zur graphischen Bestimmung der Lage der Entscheidungsgeraden der positiven z-Achse sind nach den Formeln in Tabelle 10.10: $(n_1, z_1) = (5,01,\ 5,01)$, $(n_2, z_2) = (9,85,\ 7,26)$, $(n_3, z_3) = (15,62,\ 7,26)$, $(n_4, z_4) = (10,61,\ 2,25)$, $(n_5, z_5) = (5,76,\ 0)$. Die Koordinaten für den negativen Teil der z-Achse ergeben sich durch Spiegelung der berechneten Koordinaten an der Abszissenachse. Der vollständige geschlossene Testplan ist in Abbildung 10.4 visualisiert.

Da nicht über Daten aus den Pretestbefragungen für die AP- und die P-Studien verfügt werden kann, wird der sequentielle Test auf die Daten der Hauptbefragung angewandt. Zu Surveyversion A werden die Antworten aus der AP-

Befragung den Antworten aus der P-Befragung in der Reihenfolge ihres Auftretens gegenübergestellt. Es ergibt sich die in Tabelle 10.12 dargestellte Auswertung der paarweisen Vergleiche von Antworten.

Es sind 66 Befragungen notwendig, bis die Entscheidung fällt, die Hypothese H_+ anzunehmen und damit die Embeddinghypothese abzulehnen. In der Untersuchung ist die deskriptive Varianz also hinreichend groß, so daß keine Korrekturen am Surveydesign mehr vorgenommen werden müssen. Die Anzahl der konkordanten Paare erhöht jedoch den Versuchsaufwand erheblich.

Geht man von vier Surveyversionen aus, und kann man mit durchschnittlich 75 Befragungen für jede Surveyversion den sequentiellen Embeddingtest abschließen, beliefe sich der Pretestaufwand auf 300 Befragungen. Für eine in mehreren Etappen sequentiell durchgeführte Befragung sollte dieser Aufwand nicht zu hoch sein. Des weiteren ließe sich mit der doppelten Referendumsmethode der Stichprobenumfang weiter reduzieren. Dabei nimmt die Zahl der konkordanten Paare aufgrund der Einbeziehung der zweiten Gebote weiter ab.

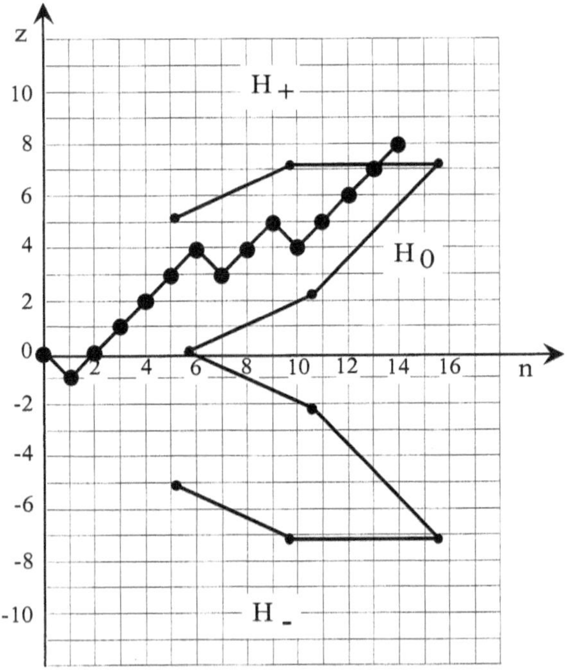

Abb. 10.4 Der sequentielle Pretest mit dem Referendumsformat

Tabelle 10.12 Paarweise Vergleiche der Antworten zur Surveyversion A mit Anfangsgebot $100

Paar	AP-Studie	P-Studie	Folgerung
1	+	+	konkordant
2*	-	-	konkordant
3	-	+	Minus-Einheit
11	+	-	Plus-Einheit
12	+	-	Plus-Einheit
13	+	-	Plus-Einheit
15	+	-	Plus-Einheit
16	+	-	Plus-Einheit
17	+	-	Plus-Einheit
19	-	+	Minus-Einheit
22	+	-	Plus-Einheit
23	+	-	Plus-Einheit
26	-	+	Minus-Einheit
27	+	-	Plus-Einheit
29	+	-	Plus-Einheit
31	+	-	Plus-Einheit
33	+	-	Plus-Einheit

* Nach dem zweiten Paarvergleich wird auf eine explizite Aufführung der konkordanten Paare verzichtet. Die Numerierung der Paare behält ihre Gültigkeit.

11 Das Aggregationsproblem

Aus den repräsentativen Lagemaßen für die geschätzte Verteilungen der maximalen Zahlungsbereitschaften ist ein in Einklang mit der ökonomischen Theorie stehender Wert für die gesellschaftliche maximale Zahlungsbereitschaft (MZB) abzuleiten. Der Vorgang der Aggregation fordert eine Auseinandersetzung mit den räumlichen und zeitlichen Verteilungen der Projektwirkungen.

Einer Gliederung von Hanley et al. (1997, S. 391) besteht die Aggregation aus drei Teilen. Erstens ist über die aggregationsrelevante statistische Grundgesamtheit, bzw. über die von den Umweltwirkungen des unterbreiteten Projektvorschlags betroffene Population, N^*, zu entscheiden. Es ist festzulegen, welche Personen von dem Projekt betroffen sind, wie die Personen sich geographisch verteilen und inwieweit sie statistisch erfaßbar sind. Zweitens ist über ein gesellschaftliches Aggregationskriterium zu befinden. Die Eignung solcher mit der ökonomischen Theorie konformen Kriterien wird in der Literatur kontrovers diskutiert. Fallen Projektnutzen und -kosten über mehrere Perioden an, so ist drittens ein Diskontierungshorizont, T, und eine soziale Diskontrate, δ_s, festlegen.

In den folgenden Abschnitten werden die einzelnen Aspekte der Aggregationsproblematik diskutiert. In 11.1 wird die Wahl der relevanten Population diskutiert. In 11.2 werden unter theoretischen und praktischen Gesichtspunkten verschiedene Aggregationskriterien erläutert. 11.3 ist einer Diskussion der intertemporalen Verteilung der projektinduzierten Umwelteffekte gewidmet.

11.1 Wahl der befragungsrelevanten Population

Zunächst ist darüber entscheiden, welche und wie viele Personen zur Aggregation herangezogen werden. Die Identifizierung der befragungsrelevanten Population und damit der statistischen Grundgesamtheit ist ein zentrales Element des Surveydesigns, da sich in den aggregierten Ergebnissen nur die Präferenzen der befragten Population widerspiegeln. Üblicherweise besteht ein Identifikationsproblem darin, diese Grundgesamtheit in Abhängigkeit von der Verteilung der maximalen Zahlungsbereitschaften für das Umweltprojekt hinsichtlich geographisch-räumlicher Kriterien zu ermitteln [Arrow et al. (1993, S. 4603)]. Das Identifikationsproblem ist insofern von praktischer Bedeutung, als daß die Auswahl einer repräsentativen Stichprobe auf die befragungsrelevante Population abgestimmt werden muß.

Da sich aus der Grundgesamtheit aller befragungsrelevanten Personen die Größe des Marktes für das Umweltprojekt ableitet, legt man sich mit der Wahl des Marktes für das Umweltprojekt auf die Streuung monetärer Werte innerhalb der relevanten Population fest. Wird die relevante Surveypopulation zu klein gewählt, wird die Wertschätzung für das Umweltprojekt unterschätzt; faßt man den Markt zu groß, werden Projektgelder verschwendet.

Zur Lösung des Identifikationsproblems ist darüber befinden, ob alle Individuen berücksichtigt werden sollen, deren Nutzen durch das Umweltprojekt beeinflußt wird, oder ob als Teilmenge dieser umfassenden Grundgesamtheit nur eine Population innerhalb bestimmter geographischer oder politischer Grenzen als Aggregationsbasis gewählt wird [Hanley et al. (1997, S. 391)].

Die Entscheidung darüber hängt sowohl vom räumlichen Ausmaß der Projektwirkungen wie von den zur Verfügung stehenden Einflußmöglichkeiten und finanziellen Mitteln der Analysten ab. Ist ein Projekt mit hohen Nichtgebrauchs- und Optionswerten verbunden, kann potentiell jeder Mensch einem Umweltgut gemäß seinen Präferenzen einen monetären Wert beimessen. Damit wird die Grundgesamtheit unerreichbar. Dies ist beispielsweise dann der Fall, wenn globale Umweltänderungen, wie Veränderungen des Weltklimas durch Treibhausgase, Gegenstand der Bewertung sind. Für globale Umweltgüter existieren zum einen keine Eigentumsrechte, d. h., sie stehen in der gesamtgesellschaftlichen Verantwortung, und zum anderen ist potentiell jeder Mensch von einer Klimaänderung betroffen. Globale Umweltgüter werden bis heute nur lokal bewertet [s. Kramer / Mercer (1997)]. Das Identifikationsproblem ist nicht KEM-spezifisch, sondern es tritt unabhängig von der Wahl direkter oder indirekter Methoden bei jeder Form der Bewertung von Umweltgütern auf.

Sieht man von globalen Gütern ab, reicht es in der Regel aus, die befragungsrelevante Bevölkerung in einer Gruppe zu sehen, die innerhalb politisch oder geographisch definierter Grenzen von den Wirkungen eines Projekts betroffen ist. So zeigen Pate und Loomis (1997), daß die Zahlungsbereitschaften für eine Umweltverbesserung mit der räumlichen Distanz der Befragten zu dem Projekt systematisch abnehmen. In angewandten KEM-Studien bedient man sich daher üblicherweise einer „natürlichen Grundgesamtheit“, die durch eine politisch-geographische Region definiert ist [Schuman (1996, S. 80)]. Dies kann beispielsweise die Gesamtheit aller erwachsenen Personen oder Haushalte einer Region oder eines Landes sein [Hanley et al. (1997, S. 391)].

Die NOAA-Kommission hält bei qualitätsmindernden Eingriffen in die Umwelt diejenigen Personen für befragungsrelevant, die einen rechtmäßigen Anspruch auf Schadenersatz als Kompensation für das in seiner Qualität geminderte Umweltgut haben [Arrow et al. (1993, S. 4605)]. Pragmatisch gesteht das Panel den Initiatoren einer Studie zu, Personen, die vorhersehbar wenig oder gar kein Interesse an dem Projekt haben, in der Stichprobe unterzurepräsentieren.

11.2 Mittelwert versus Median

Der Aufgabe, aus den individuellen Nutzenänderungen Nutzen-Kosten-Regeln abzuleiten, die konsistent sind mit den Erfordernissen der ordinalen Nutzentheorie, kommt eine zentrale Stellung zu. Hierzu sind die individuellen Nutzenänderungen so zu aggregieren, daß daraus zum einen der gesellschaftliche Wert der Maßnahme in Geldeinheiten geschätzt und zum anderen anhand eines geeigneten Kriteriums das in Frage gestellte Projekt auf seine gesellschaftliche Vorteilhaftigkeit hin überprüft werden kann [s. Ahlheim (1995, S. 319 ff.)].

In angewandten Nutzen-Kosten-Analysen geht es bei der Entscheidung über eine gesellschaftliche Aggregationsregel darum, in Abhängigkeit vom Zeithorizont T ($t = 0, 1, \ldots, T$), die anfallenden Bruttobenefits eines Projekts, B_t^b, und die Brutto-Nutzenverluste, C_t^b, für alle T Perioden zu bestimmen. Die Differenz aus B_t^b und C_t^b ist für jede Periode t mit einem Diskontfaktor $1/(1 + \delta_s)^t$, in dem die soziale Diskontrate δ_s exogen festzulegen ist, zu multiplizieren und anschließend über die T Perioden zu summieren. Diese Berechnung führt zum gesellschaftlichen Gegenwartswert des Projekts, dem Nettobenefit B^n. In (11.1) wird z. B. eine diskrete Form der Diskontierung unterstellt:[100]

$$(11.1) \qquad B^n = \sum_{t=0}^{T} \{(B_t^b - C_t^b) \cdot \frac{1}{(1+\delta_s)^t}\},$$

Zur Prüfung der gesellschaftlichen Vorteilhaftigkeit der Maßnahme ist zu untersuchen, ob die aus (11.1) berechneten gesellschaftlichen Nettobenefits B^n größer oder kleiner als Null sind. Für $B^n > 0$ ist das Projekt durchzuführen, für $B^n < 0$ ist es abzulehnen.

Die Aggregationsregel sollte ökonomisch konsistent auf Basis der individuellen Präferenzordnungen der das Projekt bewertenden Individuen festgelegt werden. Unglücklicherweise existiert kein gesellschaftlicher Entscheidungsmechanismus, der Konsistenz erbringt und nicht entweder aufgezwungen oder diktatorisch ist.

---

[100] Für eine Diskussion verschiedener Formen der Diskontierung vgl. Price (1993).

Dieser Umstand kommt in Arrows Unmöglichkeitstheorem zum Ausdruck: *"If we exclude the possibility of interpersonal comparisons of utility, then the only methods of passing from individual tastes to social preferences which will be satisfactory and which will be defined for a wide range of sets of individual orderings are either imposed or dictatorial"* (1950, S. 43). Darüber hinaus merkt Sen (1979, S. 6) an, daß das Konzept der ordinalen Präferenzordnung, durch das interpersonelle Nutzenvergleiche ausgeschlossen werden, nicht immer hilfreich ist, gesellschaftliche Entscheidungsprozesse zu verstehen.

Die Vorteilhaftigkeit eines Projekts kann demnach nur durch einen Rückgriff auf mehr oder minder geeignete Ersatzkriterien erfolgen, deren oft unkritische Anwendung eine der größten Kontroversen um die KEM ausgelöst hat. Die Wahl einer gesellschaftlichen Entscheidungsregel impliziert, wie Hanemann (1989, S. 1060) bemerkt, ein ethisches Werturteil seitens der Projektdurchführer: *"(...) that the choice choice of a welfare measure (or a social choice rule) is inescapably an ethical decision. Conventional economic practice is certainly one way to decide value judgements, but not necessarily the best one."*

Der gesellschaftliche Wert der Maßnahme ergibt sich üblicherweise durch die Multiplikation der ermittelten repräsentativen MZB mit der Anzahl N^* der Personen in der Grundgesamtheit. Die Wahl des Aggregationskriteriums determiniert dabei die Entscheidung über ein zentrales statistisches Lagemaß der Verteilung der maximalen Zahlungsbereitschaften. In dieser Arbeit wurden der Mittelwert und der Median der Verteilung der maximalen Zahlungsbereitschaften zur Bestimmung eines repräsentativen Werts der MZB herangezogen. Spricht man sich für den Median, $M(MZB_n)$, als repräsentativen Wert der MZB aus, ergibt sich der Wert der gesellschaftlichen Wohlfahrtsänderung aus $N^* \cdot M(MZB_n)$. Verwendet man hingegen den arithmetischen Mittelwert, $E(MZB_n)$, berechnet sich die aggregierte Wohlfahrtsänderung zu $N^* \cdot E(MZB_n)$.

Der Kontroverse um die Frage, ob nun der Median oder der Mittelwert besser als gesellschaftliches empirisches Wohlfahrtsmaß geeignet sei, liegt die tiefere Frage nach dem Aggregationskriterium zugrunde, von dem aus von den individuellen Zahlungsbereitschaften auf die aggregierte MZB der Grundgesamtheit und damit letztlich auf die Vorteilhaftigkeit des Projekts geschlossen werden soll. Ahlheim (1995, S. 319 ff.) diskutiert mehrere dieser Aggregationskriterien.

Aus Sicht der ordinalen Nutzentheorie eignet sich das *strenge Pareto-Kriterium* zur Beurteilung der Vorteilhaftigkeit von Projekten. All diejenigen Projekte erfüllen dieses Kriterium, für die nach Durchführung eines Projekts mindestens ein Individuum nutzenmäßig besser und kein Individuum der Gesellschaft nutzenmäßig schlechter gestellt ist. Obwohl dieses Kriterium interpersonelle Nutzenvergleiche vermeidet und Verteilungsüberlegungen keine Rolle spielen, ist es wenig praktikabel. Denn seine Anwendung würde bedeuten, daß es bei Verwirklichung eines Projekts keine Personen geben darf, die Nutzeneinbußen erleiden.

Realistischer ist die Verwirklichung des *potentiellen Pareto-Kriteriums*. Es besagt, daß das Projekt dann durchgeführt werden sollte, wenn die Gewinner des Projekts, die Nutzengewinne erzielen, potentiell in der Lage sind, die Verlierer des Projekts, die Nutzenverluste erleiden, so zu entschädigen, daß nach Durchführung dieser Kompensationszahlungen ein gesellschaftlicher Zustand erreicht würde, der gegenüber dem Ausgangszustand eine Verbesserung im Sinne des strengen Pareto-Kriteriums wäre.

Ahlheim (1995, S. 321) zeigt jedoch, daß das potentielle Pareto-Kriterium „zu Widersprüchen bei der Anzeige von Wohlfahrtsverbesserungen" führen kann und letztlich auf mit der ordinalen Nutzentheorie nicht vereinbaren interpersonellen Nutzenvergleichen beruht. In der Praxis werden nicht alle Gewinner und Verlierer eines Projekts zu identifizieren sein, so daß es zu den notwendigen Kompensationszahlungen in Wirklichkeit nie kommt. Bleiben die Entschädigungen aus, wird durch die Durchführung des Projekts auch kein Pareto-verbessernder Zustand der Gesellschaft erreicht. Des weiteren könnte die Absicht, tatsächlich Kompensationszahlungen leisten zu wollen, die Zahlenden angesichts horrender Kompensationsforderungen schnell entmutigen. Die Ernüchterung würde insbesondere dann rasch eintreten, wenn es um Schadensersatzansprüche in so extremen Fällen wie nach einem atomaren GAU oder nach einem Dioxinunfall in einer Sondermülldeponie geht. Price (1993, S. 341) vermutet, daß die Höhe der Forderungen in solchen Fällen die Weltwirtschaft dominieren könnte.

Hanemann (1989) schlägt alternativ die *demokratische Mehrheitsregel* als Nutzen-Kosten Indikator vor. Die Regel findet in der Public Choice-Literatur breite Zustimmung. Bei deren Anwendung wird ein Projekt dann angenommen, wenn ihm mindestens die Hälfte der Bevölkerung zustimmt.

In Referendumsstudien ist diese Entscheidungsregel mit dem Betrag kompatibel, dem mehr als die Hälfte der Bevölkerung zustimmt. Dabei wird diese Regel im Unterschied zum potentiellen Pareto-Kriterium unabhängig von realisierten Nutzengewinnen und -verlusten der einzelnen Personen und unabhängig von Verteilungsgesichtspunkten angewandt. Interpersonelle Nutzenvergleiche finden nicht statt. Ausschlaggebend ist allein die einfache Mehrheit, unabhängig davon, wie hoch die Verluste der Verlierer sind. Aus diesem Grund wird behauptet, die demokratische Mehrheitsregel könne zu einer „Tyrannei der Mehrheit" führen.

Der Mittelwert der Verteilung der maximalen Zahlungsbereitschaften ist nun gerade kompatibel mit dem potentiellen Pareto-Kriterium und der Median mit der demokratischen Mehrheitsregel. Dieser Sachverhalt läßt sich anhand eines einfachen Beispiels veranschaulichen. Das Beispiel wird auch dabei helfen, die aktuelle Diskussion um die "mean versus median"-Kontroverse besser zu verstehen. Betrachtet man eine „Volkswirtschaft" mit $N = 5$ ($n = 1, ..., 5$) Personen, die mit einem umweltverbessernden Projekt konfrontiert werden, und die jeweils ihre MZB für die Durchführung des Projekts nennen. Der Beobachtungsbefund ist in Tabelle 12.1 gegeben. Tabelle 12.1 ist zu entnehmen, daß vier Personen nur \$1 für die Projektdurchführung maximal zu zahlen bereit sein werden, eine Person würde hingegen \$9.996 zahlen.

Dieser Beobachtungsbefund führt zu einem Median der maximalen Zahlungsbereitschaften in Höhe von $M(MZB_n) = \$1$; die aggregierte MZB gemäß der demokratischen Mehrheitsregel ist demnach \$5 (aus: $5 \cdot M(MZB_n)$).

Tabelle 12.1 Verteilung der maximalen Zahlungsbereitschaften in einer 5-Personen-Ökonomie

	n = 1	2	3	4	5
MZB_n	\$1	\$1	\$1	\$1	\$9.996

Ein völlig anderes Ergebnis erhält man, wenn der Mittelwert der maximalen Zahlungsbereitschaft in Höhe von $E(MZB_n) = \$2.000$ betrachtet wird. Dieser führt zu einem gesellschaftlichen Projektwert in Höhe von \$10.000 (aus: $5 \cdot E(MZB_n)$).

Würde nun das fünfte Individuum die anderen vier Individuen jeweils mit dem Betrag \$1.999 kompensieren, würden sich die Kompensationszahlungen auf insgesamt \$7.996 belaufen, die allein das fünfte Individuum zu leisten hätte. Durch diese Kompensationen wären die Nutzenverluste, die die ersten vier Personen durch Zahlung des Mittelwertbetrags \$2.000 erleiden, gerade abgeglichen. Gleichzeitig würde sich das fünfte Individuum nicht schlechter stellen als vor Durchführung des Projekts, wenn es zusätzlich zur Kompensationszahlung in Höhe von \$7.996 noch \$2.000 für die Projektdurchführung abführen müßte. Der Mittelwert entspricht damit dem Geldbetrag, mit dem das potentielle Pareto-Kriterium kompatibel ist.

Wie in dem Beispiel ist es typisch für Referendumsbefragungen, daß eine große Anzahl an Personen bereit ist, einen relativ geringen Betrag zu zahlen. Gleichzeitig ist eine relativ geringe Anzahl an Personen bereit, einen sehr hohen Geldbetrag zu zahlen [Harrison / Kriström (1995, S. 37)]. Der Median der maximalen Zahlungsbereitschaften wird daher bei KEM-Studien im allgemeinen unter dem Mittelwert liegen. So ist der gesellschaftliche Wert des Beispielprojekts bei Verwendung des potentiellen Pareto-Kriteriums 2.000 mal höher als bei Verwendung des Mediankriteriums. Der Mittelwert ist auch für die in dieser Arbeit behandelten Albermale-Pamlico-Studien stets höher als der Median. Der Median ist somit das konservativere Maß und entspricht den Empfehlungen der NOAA-Kommission.

Wenn die Verteilung der maximalen Zahlungsbereitschaften rechtsschief ist, kann die Verwendung des Mittelwerts dazu führen, daß einige wenige Personen, die sehr hohe Zahlungen zu leisten bereit sind, den Mittelwert durch strategisches Überbieten ihrer MZB in die Höhe treiben. Personen mit großer Marktmacht können daher Einfluß auf den Mittelwert nehmen. Das potentielle Pareto-Kriterium ist damit nicht anreizkompatibel. Mitchell und Carson (1989, S. 381) warnen vor der Verwendung des Mittelwerts: *"In general, the mean of the respondents' W[illingness] T[o] P[ay] amounts will not be a good estimate of the population's mean millingness to pay for the amenity."*

Der Median ist allerdings immer dann gleich Null, sobald mehr als die Hälfte der Personen dem Projekt gegenüber indifferent eingestellt ist [s. z. B. die Studie von Hanemann / Kriström (1995)]. Dies wäre im obigen Beispiel dann der Fall, wenn mindestens drei Personen eine MZB von \$0 äußern würden. Bemerkenswert ist in diesem Zusammenhang, daß allein durch eine Vergrößerung des geographischen Raums der Befragung, was, wie oben gezeigt, tendenziell zu größerer Indifferenz gegenüber dem Projekt führt, es möglich ist, mit Hilfe der Medianregel die gesellschaftliche MZB auf den Wert Null zu drücken.

Boyle et al. (1988, S. 96) sprechen sich gegen die Verwendung des Medians aus, da dieser nicht angemessen die Bewertungen derer berücksichtige, die sowohl die geringsten als auch die höchsten maximalen Zahlungsbereitschaften in der Bevölkerung besäßen. Das wären diejenigen, die am meisten zu verlieren bzw. am meisten zu gewinnen hätten. Bowker und Stoll (1988, S. 375) sehen insbesondere die wenigen Personen nicht durch die Medianregel vertreten, die das Projekt sehr hoch schätzen und, fernab davon, „Ausreißer" zu sein, viel Geld für die Umweltverbesserung bezahlen würden.

Eine Entscheidung zugunsten des Mittelwerts oder des Median als Aggregationsgrundlage impliziert demnach ein Werturteil. In jedem Fall sollte ein Projekt mit beiden Maßen evaluiert werden.

11.3 Diskontierung

In die streng auf den Axiomen der neoklassischen Haushaltstheorie basierende KEM fließen Überlegungen der Ökologischen Ökonomie in der Regel erst bei der Wahl einer Diskontierungsregel ein. Die Diskontierung betrifft sämtliche Benefits und Kosten, die über mehrere Perioden hinweg anfallen. Verzicht auf eine effektive Diskontierung würde bedeuten, daß ein gesellschaftlicher Nutzenzuwachs oder Nutzenverlust in der Zukunft um eine Einheit genauso hoch zu bewerten ist wie eine Einheit Nutzenzuwachs oder Nutzenverlust in der Gegenwart. Die Wahl der Diskontierungsregel erfordert eine Entscheidung über den Diskontierungshorizont T und über einen Diskontfaktor $1/(1 + \delta_s)$.

Erstaunlich ist, daß die NOAA-Kommission zur Wahl der Diskontierungsregel wenig sagt. Sie empfiehlt, den Diskontierungsvorgang nicht den Befragten selbst, sondern „technischen Experten" zu überlassen [Arrow et al. (1993, S. 4608)]: *"The discounting and the estimation of the rate of the resource should be done by technological experts and not by the respondents, who are unlikely to handle these tasks adequately."*

Individuen sollten nach Auffassung des Panels das Projekt so bewerten, als ob der Ist- und der Soll-Zustand der Umweltqualität lediglich etwa ein Jahr auseinander lägen. Die endgültige Diskontierung sollte von den „technischen Experten" anschließend so vorgenommen werden, daß die tatsächliche Zeitspanne zwischen Ist- und Sollzustand als Diskontierungshorizont gewählt wird. Die zukünftigen gesellschaftlichen Gewinne und Verluste sollten von den „Experten" mit einem „geeigneten Zinssatz" diskontiert werden [Arrow et al. (1993, S. 4608)].

Es stellt sich weiter die Frage, welche Größen diskontierfähig sind, und welche Diskontrate für diese zu wählen ist. Hierzu sind die verschiedenen Wertkomponenten separat zu betrachten.

Gebrauchswerte repräsentieren diejenigen Größen, die ein Individuum einem Gut beimißt, wenn es sicher davon ausgehen kann, daß ihm diese Güter - auch in der Zukunft - zur Verfügung stehen werden. Diese Werte sollten also potentiell einer Diskontierung unterliegen. Viele Erfahrungen, die mit dem Konsum von Umweltgütern verbunden sind, sind jedoch Augenblickserlebnisse, die nicht bewahrt oder gelagert und somit auch nicht diskontiert werden können. Hierzu zählen z. B. *"scenic beauty, wildlife interest, solitude"* [Price (1993, S. 206)].

Im Hinblick auf Nichtgebrauchswerte bemerkt die NOAA-Kommission [Arrow et al. (1993, S. 4608)], daß selbst ein erheblicher Verlust an Tieren einer Art keine Minderungen von Nichtgebrauchswerten bedeuten müssen, wenn die Tierarten selbst nicht von der Ausrottung bedroht sind. Solche Umweltänderungen sollten nicht diskontiert werden.

Optionswerte entstehen, wenn Individuen unsicher sind über die zukünftige Bereitstellung eines Gutes. Es sind Werte, die die Unsicherheit über zukünftige Wahlmöglichkeiten repräsentieren und somit gleichsam als eine Risikoprämie für den Verlust an Wahlmöglichkeiten zu interpretieren sind (s. Kapitel 1 und 2). Optionswerte können daher bereits als Gegenwartswerte aufgefaßt werden und sollten keiner weiteren Diskontierung unterliegen [Price (1993, S. 207)].

Folgt man dieser Argumentation, müßte jede Wertkomponente separat betrachtet werden. Dann müßte darüber entschieden werden, ob sie diskontierfähig ist, oder nicht. Da eine KEM-Studie jedoch stets den Gesamtwert ("total value") einer Umweltänderung mißt, ist eine Unterteilung des "total value" nicht praktikabel.

Auch eine Entscheidung über die Höhe des Diskontfaktors ist schwierig. Aus ökonomischer Sicht bieten sich die auf den Präferenzen der Individuen basierenden puren Zeitpräferenzraten dazu an, in der Zukunft anfallende Nutzengewinne und -verluste zu diskontieren [Price (1993, S. 100)]. Die pure Zeitpräferenzrate bringt zum Ausdruck, wie ein Individuum Konsum in der Gegenwart gegenüber Konsum in der Zukunft in Beziehung setzt. Üblicherweise wird unterstellt, daß Individuen „ungeduldig" im Konsum sind, gegenwärtigen Konsum also zukünftigem vorziehen, was positive pure Zeitpräferenzen impliziert. Betrachtet man die Gesellschaft als Summe ihrer Individuen, würde dies bedeuten, daß auch eine aus diesen puren Zeitpräferenzraten abgeleitete soziale Zeitpräferenzrate positiv wäre. Problematisch ist dabei, daß die Zeitpräferenzraten der Individuen ebensowenig beobachtbar sind, wie ihre Präferenzen selbst, so daß das Konzept der puren Zeitpräferenzrate auf Basis empirischer Befunde nicht unumstritten ist [Loewenstein / Adler (1995)]. Bei der Suche nach „geeigneten Zinssätzen" ist man daher auf Vermutungen angewiesen.

Unter dem Aspekt der politischen Durchsetzbarkeit der aus KEM-Studien abgeleiteten Empfehlungen ist es jedoch nicht vertretbar, nicht zu diskontieren, wo grundsätzlich alle mittel- und langfristigen öffentlichen Investitionen einer Diskontierung unterliegen [Price (1993, S. 340)]. Da das Kapitalangebot der Haushalte ihrer Ersparnis und damit ihrem Konsumverzicht entspricht, bieten die Haushalte so lange Kapital auf dem Kapitalmarkt an, wie der Kapitalmarktzins über der individuellen Zeitpräferenzrate liegt. Geht man davon aus, daß ein perfekter Kapitalmarkt existiert, sollte der Kapitalmarktzins als „idealer Indikator der Zeitpräferenz" herangezogen werden [Mühlenkamp (1994, S. 182)].

Jedoch ist in der Literatur umstritten, ob sich die individuellen puren Zeitpräferenzraten überhaupt zu einer gesellschaftlichen Zeitpräferenzrate aggregieren lassen. Pope und Perry (1989) stellen empirisch fest, daß Individuen eine niedrigere Zeitpräferenzrate für persönliche als für öffentliche Entscheidungen haben. Dies deckt sich mit Überlegungen von Common et al. (1997), die Unterschiede im Verhalten von Individuen als „Konsumenten“ und als „Bürger“ empirisch nachweisen.

Die Wahl einer Diskontierungsregel hängt weiter ab vom Diskontierungszeitraum T. Jedoch ist die Zeitspanne, in der zukünftige Benefits anfallen, gerade bei Umweltgütern häufig nur sehr schwer zu bestimmen, so daß der Diskontierungshorizont auch davon beeinflußt wird, welches Projekt gerade bewertet wird.

So ist die Diskontierung bei *irreversiblen Verlusten* besonders problematisch, da theoretisch unendlich viele Perioden berücksichtigt werden müßten, bis der Zeitpunkt eintritt, zu dem das Gut keinen Nutzen mehr zu stiftet. Weiter ist zu berücksichtigen, daß *langlebige oder dauerhafte Umweltressourcen* und die daraus ableitbaren Werte den Menschen über mehrere Jahre und häufig über mehrere Generationen hinweg zur Verfügung stehen können.

Die Festlegung von T berührt in den beiden genannten Fällen die Interessen zukünftiger Generationen, über deren Lebensgrundlagen in der Gegenwart durch der Form die Diskontierung der Zukunft mitentschieden wird. Das neoklassische Bewertungskonzept ist jedoch gegenwartsbezogen, und es wird eine rein anthropozentrische Sicht auf die den Menschen umgebenden, natürlichen Ressourcen geworfen; nur die Präferenzen der jetzt lebenden Generationen werden als maßgeblich angesehen.

Nach dem Ansatz der ordinalen Nutzentheorie berücksichtigen die jetzt lebenden Generationen die Präferenzen zukünftiger Generationen nur insoweit, wie dies nutzenstiftend für sie selbst ist. Die Lebensgrundlagen und Nutzenniveaus zukünftiger Generationen werden lediglich auf Basis eines intergenerationalen Altruismus der jetzt entscheidenden Generationen in die Bewertung mit einbezogen. Präferenzen zukünftiger Generationen spielen nur insoweit eine Rolle, wie diese von den heutigen Generationen antizipiert werden: *"Acting for the sake of near descendants is a matter of love, but remoter descendants can look only to a sense of justice"* [Price (1993, S. 187)].

Zukünftige Generationen lassen sich nur schwer berücksichtigen, wenn intertemporale interpersonelle Nutzenvergleiche vermieden werden sollen. Denn selbst dann, wenn die Präferenzen zukünftiger Generationen aus der Entscheidungsfindung ausgeschlossen werden, impliziert dies intertemporale, interpersonelle Nutzenvergleiche. Die Nichtberücksichtigung der Präferenzen zukünftiger Generationen ist gleichbedeutend damit, entweder zu sagen, daß die Präferenzen zukünftiger Generationen vernachlässigbar sind, oder daß zukünftige Präferenzen auf die gegenwärtigen Entscheidungen unabhängig von den Präferenzen der jetzt lebenden Generationen sind [s. Price (1993, S. 187)].

Die Gründe, warum sich viele Ökonomen bei der Wahl einer Diskontierungsregel schwer tun, ist einsichtig: Die Entscheidung für einen langen Diskontierungszeitraum und eine niedrige Diskontrate würde bedeuten, daß selbst dann, wenn die Bewahrung oder Qualitätsverbesserung von Umweltgütern gegenwärtig hohe Opportunitätskosten verursacht, diese Maßnahme dennoch gesellschaftlich profitabel sein kann, wenn man den Gegenwartswert des Projekts betrachtet. Somit ist zu vermuten, daß viele Projekte, die in die Umwelt eingreifen, nicht durchgeführt werden könnten.

Insbesondere dann, wenn irreversibel in die Umwelt eingegriffen werden soll, werfen die Festlegungen von δ_s und T moralische, ethische und religiöse Probleme auf, die nicht allein im Rahmen der ökonomischen Theorie lösbar sind. So ist es nicht Aufgabe von Ökonomen, die Entscheidungen rational handelnder Individuen durch Werturteile in deren Handlungen zu beeinflussen: *"Economists are not (...) meant to make value judgements: they simply observe and interpret the judgements of value made by producers and consumers"* [Price (1993, S. 102)].

12 Abschließende Bemerkungen

Die vorliegende Arbeit zeigt, daß die Referendumsmethode der KEM besser ist als ihr Ruf. Sie ist fest in der neoklassischen Haushaltstheorie verankert. Auf dieser Grundlage können mit Hilfe des Discrete-Choice Ansatzes mit der ökonomischen Theorie konsistente ökonometrische Modelle entworfen werden. Auf Basis der Schätzungen von Verteilungen der maximalen Zahlungsbereitschaften lassen sich dann zentrale Lagemaße zur Wohlfahrtsmessung heranziehen.

Statistische Tests zeigen, daß die Referendumsmethode Inkonsistenzen ausgesetzt ist. Diese liegen aber teils auf anderen Feldern, als bislang angenommen. So wurden z. B. Embeddingeffekte nicht in signifikantem Ausmaß nachgewiesen. Die Kontroverse um die zeitliche Reliabilität der KEM-Ergebnisse konnte entschärft werden. Unterschiedliche funktionale Formen für die Nutzendifferenzen und verschiedene Verteilungsannahmen nehmen relativ geringen Einfluß auf repräsentative Werte der maximalen Zahlungsbereitschaften. Dennoch sei die Weiterentwicklung nichtparametrischer Schätzverfahren nachdrücklich empfohlen. Der nichtparametrische Minimal Legal-Schätzer aus Abschnitt 9.5 liefert einen sehr konservativen Wert für die repräsentative MZB; ihm liegt darüber hinaus eine plausible Interpretation der „Ja"- und „Nein"-Antworten auf vorgegebene Zahlungsbereitschaftsbeträge zugrunde. Der Minimal Legal-Schätzer wird daher als Aggregationsgrundlage empfohlen.

Andererseits ist anzunehmen, daß die Referendumsmethode mehr als bislang angenommen strategischen Verzerrungen ausgesetzt ist. Dies wird insbesondere dann der Fall sein, wenn das Design Gebote enthält, die nicht in realistischem Bezug zu den zu erwartenden Projektkosten stehen. Des weiteren sind gerade bei Anwendung der Referendumsmethode Ankereffekte zu erwarten, denen sich die angewandte Literatur noch nicht in ausreichendem Maße gewidmet hat. Diese Felder müssen weiter bearbeitet werden, um zu besseren Ergebnissen zu kommen.

Es wurde gezeigt, daß der ökonomische Bewertungsansatz bei der Bereitstellung einer gesellschaftlichen Nutzen-Kosten-Regel an seine Grenzen stößt. Die Bewertungsfähigkeit der zu einem bestimmten Zeitpunkt lebenden Individuen hängt von deren Kenntnisstand über ökologische Zusammenhänge im Moment der Bewertung ab. Längst sind jedoch nicht alle natürlichen Zusammenhänge und Interdependenzen bekannt. Ökosysteme sind aufgrund ihrer komplexen, aber noch unerforschten Wirkungszusammenhänge und Funktionsweisen häufig nur als ganzes und nicht in ihren einzelnen Bestandteilen zu bewerten. Daher hängt die traditionelle ökonomische Bewertung von Umweltgütern direkt vom Forschungsstand naturwissenschaftlicher Disziplinen sowie von der Durchdringung dieser Forschungsergebnisse von der Öffentlichkeit ab [Pate / Loomis (1997, S. 200)]. Die Disziplin der Ökologischen Ökonomie versucht den Interdependenzen von Ökosystemen und ethischen Argumenten gerecht zu werden und so die neoklassische Haushaltstheorie um interdisziplinäre Ansätze zu erweitern. Zentrales ethisches Leitbild der Ökologischen Ökonomie ist die Herstellung intergenerationaler Gerechtigkeit unter dem Oberziel der Nachhaltigkeit [Söllner (1997, S. 423)]. Die Entwicklung von allgemein akzeptierten Leitbildern und daraus ableitbaren Handlungsanweisungen ist noch nicht vollzogen. Carson (1998, S. 20) merkt jedoch an, daß die Präferenzen von Individuen nicht nachweisbar inkonsistent sind mit einer nachhaltigen Wirtschaftsweise.

Lösungsansätze, wie sie die Referendumsmethode anbietet, werden in einer demokratischen Gesellschaft nur dann an Einfluß gewinnen, wenn sie auch politisch durchsetzbar und damit mehrheitsfähig sind. Die Diskussion um direkte Demokratieformen weist dabei verblüffende Parallelen zur Kontroverse um die Referendumsmethode auf. Die Nähe der Referendumsmethode zu realen Referenden wird von der NOAA-Kommission gar als ein entscheidender Vorteil dieses Befragungsformats gegenüber anderen Formaten angesehen. Das Panel empfiehlt, die Ergebnisse einer KEM-Studie mit denen eines realen Referendums zu vergleichen [Arrow et al. (1993, 4607)]. Direkten Demokratieformen wie der Abhaltung von Volksbefragungen wird in der Bundesrepublik Deutschland jedoch äußerst kritisch begegnet.

So wird häufig ein vermeintlicher Zusammenhang zwischen der zunehmenden Durchführung realer Referenden sowie dem damit verbundenen Drang zu direkten Demokratieformen und einem mutmaßlich gesteigerten Hang zum Egoismus hergestellt: *„Die Befürworter der direkten Demokratie ermuntern die Wähler, nur kräftig an sich zu denken: mehr Egoismus statt mehr Demokratie“* [Kilz (1997)].

Im vierten Kapitel wurde jedoch nachgewiesen, daß reale Referenden dann, wenn eine Mehrheitsregel über die Durchführung des Projekts entscheidet und jeder Befragte glaubt, einen signifikanten Einfluß auf das Ergebnis der Volksabstimmung haben zu können, gerade die Anreize liefern, die nötig sind, damit Individuen ihre wahren Präferenzen offenbaren. Die Auffassung von Kilz steht auch im direkten Widerspruch zu Erfahrungen mit direkten Demokratieformen in anderen Ländern: *„Ein Blick auf die Erfahrungen der Schweizer Demokratie ist dabei ganz instruktiv: Er zeigt, daß Bürger durchaus in der Lage sind, im Inter-*

esse eines wohlverstandenen Gemeinwohls zu handeln und nicht allein egoistische Ziele zu verfolgen" [Schieren (1996, S. 69)].

Nach Ansicht anderer KEM-Kritiker förderten umgekehrt direkte Demokratieformen gerade den dem Gemeinwohl verpflichteten Staatsbürger. Es wird angezweifelt, ob die Rationalität des Verhaltens in Volksabstimmungen auf die Rationalität individueller Konsumentscheidungen übertragbar ist. So würden sich Entscheidungen, bei denen ein Individuum gleichsam als „citoyen" handelt, der das gesellschaftliche Wohl ins Auge faßt, von Entscheidungen nach rein individualistischen Prinzipien handelnder „bourgeoises" signifikant zugunsten gemeinschaftlichen Handelns unterscheiden. Faber et al. (1997) ergänzen das Konzept des homo oeconomicus um das des homo politicus. Dieser verfolgt neben dem Gemeinwohl auch ein ökologisches Interesse, unter welchem die Bewahrung der Natur bzw. ein Interesse an einer nachhaltigen ökonomischen Entwicklung verstanden wird (S. 464 ff. und S. 476f.).

Aus diesem Konflikt zwischen individueller und kollektiver Rationalität wird gefolgert, daß ein Individuum auch bei KEM-Referenden Anreize erhält, sich eher wie ein homo politicus und weniger wie ein homo oeconomicus zu verhalten. Dem ökonomischen Kontext entsprechend beruhen jedoch auch Aktivitäten von Individuen im Hinblick auf die Verwirklichung gesellschaftlicher Ziele auf der Basis individueller Präferenzordnungen. Dies erzeugt individuell rationale Entscheidungen, die zu gesellschaftlicher Effizienz führen: *"(...) efficient (democratic and economic) collective action is directly linked to individual preferences"* [Carson (1998, S. 27)]. So ist in einem intertemporalen Kontext nicht immer auch langfristig ökonomisch rational, was unter kurzfristigen Gesichtspunkten vorteilhaft erscheint. Dieser Gedanke findet zunehmend in ökonomische Modelle Eingang, wie aus Überlegungen von Green et al. (1998, S. 91) hervorgeht: *"(...) subjects are influenced by "precommitments" or "norms" in a "supergame" that encompasses far more than the immediate public good issue."* So ist es durchaus individuell rational, wenn Individuen zur Bewahrung langfristiger Chancen kurzfristige Vorteile nicht wahrnehmen.

Die Frage, ob direkte Demokratieformen und die Referendumsmethode nun eher egoistische oder gemeinschaftlich orientierte Verhaltensweisen fördern, ist empirisch nicht entschieden. Es kann vermutet werden, daß die Ausübung wohlverstandener direkter Demokratierechte nicht egoistische Motive fördert, sondern statt dessen - und im Widerspruch zur Meinung vieler, insbesondere deutscher Gegner der direkten Demokratie - tendenziell eher sozialen Verhaltensweisen Auftrieb gibt.

Die Ablehnung direkter Formen der Demokratie ist im deutschen Bewußtsein tief verankert. Sie ist auf juristische, historische und psychologische Ursachen zurückzuführen. 1949 wurde vom Parlamentarischen Rat beschlossen, auf plebiszitäre Elemente im Grundgesetz zu verzichten. 1976 konnte in einem Bericht einer vom Bundestag eingesetzten Enquête-Kommission zur Verfassungsreform die Rechtsauffassung bestätigt werden, *„daß Volksbefragung, Volksbegehren, Volksentscheid und andere Formen der Volksinitiative keine geeigneten Instrumente sind, die Legitimation und Handlungsfähigkeit der repräsentativ-parlamentarischen Demokratie zu verstärken“* [Schieren 1996, S. 66)]. So sei *„aus allen die direkte Demokratie ablehnenden Äußerungen die Sorge um die Stabilität des repräsentativ-demokratischen Gemeinwesens abzulesen“* [Schieren (1996, S. 66)]. Die Ablehnung direkter Demokratieformen wurzelt in historischen Erfahrungen aus der Zeit der Weimarer Republik (1919-1933) und aus der Zeit der nationalsozialistischen Diktatur (1933-1945). Während aus historischer Betrachtung die Behauptung, die direkte Demokratie sei verantwortlich für den Zusammenbruch der Weimarer Republik, als widerlegt gelten kann [Schieren (1996, S. 67f.)], wirkt der gezielte Einsatz der Nazis von manipulierten Referenden zur Durchsetzung und Legitimation antidemokratischer und gegen die Freiheit einzelner gerichteter Ziele nach, wie dies z. B. bei der manipulierten Abstimmung des „Anschlusses“ von Österreich an das Deutsche Reich im April 1938 geschehen war.

Wegen dieser historischen Erfahrungen wird die Befürchtung zum Ausdruck gebracht, daß Plebiszite dazu dienen könnten, die Partikularinteressen einiger weniger Interessengruppen durchzusetzen. Anstatt „der angestrebten Volksgesetzgebung“ würde „die Herrschaft der Interessengruppen etabliert“ [Schieren (1996, S. 64)]. Dieser Verdacht der Manipulierbarkeit des Ausgangs eines realen Referendums wurzelt in der Vermutung, daß derjenige, der „eine zur Abstimmung gelangende Alternative formuliert“ über „mehr Macht als diejenigen, die darüber lediglich abstimmen dürfen“ [Kilz (1997)], verfügt. Ursachen, die die Befürchtung rechtfertigen könnten, daß sich die Präferenzen der Mehrheit in der Abstimmung nicht durchsetzten, sind jedoch in verfahrenstechnischen Problemen, beispielsweise in einer zu geringen Wahlbeteiligung zu sehen. Man beachte die verblüffende Analogie dieses Einwands zur Diskussion von Ankereffekten in Referendumsmodellen in 8.5.4.1.

Überträgt man diesen Einwand gegen reale Referenden auf die Referendumsmethode, so könnten die Sorgen der Gegner der Referendumsmethode leicht zerstreut werden, da die NOAA-Kommission Ergebnisse, die nicht die wahren Präferenzen der Bevölkerung zum Ausdruck bringt, als invalide ablehnt [Arrow et al. (1993, S. 4607)]. Anwendungen der Referendumsmethode liefern invalide

Ergebnisse, wenn sie nicht repräsentativ sind. Die Durchsetzung von Partikularinteressen wird verhindert.

Das Argument, Demagogen könnten die direkte Bürgerpolitik letztlich in einer Umkehrung des eigentlichen Ziels als Spitze gegen die Demokratie gerichtet einsetzen, mutet außerdem grotesk an angesichts der Tatsache, daß in vielen Staaten Volksbegehren und Volksentscheide gerade deswegen eingesetzt werden, weil befürchtet wird, *„daß sich die Parlamentarier im Verfassungsalltag zu stark von dem wirklichen Willen der Bevölkerungsmehrheit entfernen könnten"* [Grote (1996, S. 325)]. Gerade in Zeiten, in denen Meinungsumfragen Politikern Bürgerferne attestieren, sollte man annehmen, daß Referenden die Demokratie in wichtigen und zwischen den Parteien umstrittenen Themen richtungsweisend ergänzen. Grote (1996, S. 318) nennt Beispiele aus Irland und Italien, die diese These stützen.

Somit ist der Verdacht, reale Referenden würden politisch hoch motivierte oder demagogische Minderheiten begünstigen, so daß politische Ziele gegen das Interesse der Mehrheit durchgesetzt würden, als verfahrenstechnisches Problem anzusehen. Dieses Problem ist, beispielsweise durch Aufstellung eines Kriterienkatalogs zur Durchführung realer Referenden in ähnlicher Art wie ihn die NOAA-Kommission für die Anwendung der Referendumsmethode vorgibt, prinzipiell lösbar.

Ein weiteres Argument, daß sich gegen direkte Demokratieformen richtet, und daß sich in verblüffender Weise mit der Kritik an Referendumsbefragungen deckt, besagt, *„daß dem Volk nicht zuzutrauen sei, in einer so komplexen Welt richtige Entscheidungen zu treffen, die ohnehin nicht auf ein simples »Ja-Nein«-Schema zu vereinfachen seien"* [Schieren (1996, S. 68)]. Der erste Anknüpfungspunkt dieser Kritik, daß »Ja-Nein«-Schemata zu vereinfachend seien, kann als verfahrenstechnisches Problem angesehen werden. Es läßt sich lösen, indem beispielsweise in einem realen Referendum mehrere Alternativen angeboten werden. Der zweite Punkt knüpft an einem offensichtlich tief sitzenden Mißtrauen gegenüber der Urteilskraft des Volkes an. Auch die NOAA-Kommission empfiehlt in ihren Richtlinien, Expertenrat heranzuziehen, und die Ergebnisse der Referendumsmethode mit der Expertenmeinung zu vergleichen. Eine Übereinstimmung zwischen den Meinungen der Experten mit denen der Befragten erhöhe dabei die Zuverlässigkeit der Ergebnisse [Arrow et al. (1993, S. 4607)].

Doch auch die Kommission konstatiert, daß Expertenmeinungen nicht immer existieren (S. 4607). So reicht gerade bei umstrittenen und komplexen Fragen auch das Wissen von Experten nicht zur Klärung aus. Des weiteren ist gemäß Faber et al. (1997, S. 470) die Wohlfahrt einer Gesellschaft nicht in einem objektiven Sinne qualifizierbar. Aus diesem Grunde können auch Experten diese nicht eindeutig festlegen. Letztlich ist es allein totalitären Systemen vorbehalten, Expertenmeinungen zur Erreichung einer höheren Wohlfahrt als allgemeinverbindlich zu betrachten: *"It is a characteristic feature of totalitarian ideologies that they maintain such an objective `welfare', and insist on knowing exclusively and exactly how to achieve it."*

Externe Expertenurteile sind ergänzend, nicht aber anstelle von KEM-Studien zur Umweltbewertung heranzuziehen. Carson (1998, S. 21) wirft die provokante Frage auf, ob beispielsweise im Falle eines Tankerunglücks Experten von Greenpeace oder vom amerikanischen Petroleum Institute zur Schadensbewertung konsultiert werden sollten. Hanemann (1994, S. 28) sieht in der Durchführung einer Contingent Valuation-Studie die geeignetste Form einer Expertenbefragung: *"When the public valuation is the object of measurement, a well-designed contingent valuation* <u>*is*</u> *one way of consulting the relevant experts - the public itself."*

Werden bei Referendumsstudien die Voraussetzungen der NOAA-Kommission erfüllt, kann von einer großen Zukunft dieser Methode im Sinne von Mitchell und Carson (1989, S. 96) gesprochen werden: *"A contingent valuation scenario offers respondents the opportunity to make such a judgement under relatively optimal conditions. To the extent that this occurs, a CV survey is a form of "super-referendum" in which individuals give meaningful values for nonpriced goods."*

Deutschland darf sich von dieser Entwicklung weder in der Forschung noch in der praktischen Anwendung der Referendumsmethode abkoppeln. In jüngster Zeit ist auch ein Umdenken in der deutschen Politik in Richtung Bürgerbeteilung erkennbar, wenn z. B. von verantwortlichen Politikern ein „Staat starker Bürger" [Süddeutsche Zeitung vom 8. Nov. 1999, S. 4)] gefordert wird. Das Fazit dieser Arbeit kann nur lauten, daß der Contingent Valuation-Methode in der Bundesrepublik Deutschland größtmöglichen Spielraum einzuräumen und die Zukunftschancen, die in ihrem Einsatz liegen, endlich zu nutzen.

Literatur

AHLHEIM, M. (1993), Zur Theorie rationierter Haushalte: Ein Beitrag über die Berücksichtigung limitierter staatlicher Subventionsprogramme in der Haushaltstheorie, Physica-Verlag, Heidelberg.

AHLHEIM, M. (1994), On the Measurement of Economic Welfare, Aktuelle Reihe, TU Cottbus 4/94, Eigenverlag.

AHLHEIM, M. (1995), Nutzen-Kosten-Analyse und kontingente Evaluierung bei der Bewertung von Umweltprojekten, Staatswissenschaften und Staatspraxis, 3, 317-57.

AHLHEIM, M. (1997), Kosten und Nutzen von Rekultivierungsmaßnahmen, in: Arndt, U. / Böcker, R. / Kohler, A. (Hg.), 1997, Abbau von Bodenschätzen und Wiederherstellung von Landschaft, Hohenheimer Umwelttagung, 29, 47-64.

AHLHEIM, M. (1998), Contingent Valuation and the Budget Constraint, Ecological Economics, 27, 205-211.

AHLHEIM, M. / BUCHHOLZ, W. (1998), WTP or WTA - Is that the Question? Reflections on the Difference between Willingness to Pay and Willingness to Accept, Diskussionsschrift 1/98, BTU Cottbus.

AHLHEIM, M. / ROSE, M. (1992), Messung individueller Wohlfahrt, Springer-Verlag, Heide

AHLHEIM, M. / WAGENHALS, G. (1988), Exakte Wohlfahrtsmaße in der Nutzen-Kosten-Analyse, Zeitschrift für Wirtschafts- und Sozialwissenschaften, 108, 169-93.

ALBERINI, A. (1995a), Optimal Designs for Discrete Choice Contingent-Valuation Surveys: Single-Bound, Double-Bound and Bivariate Models, Journal of Environmental Economics and Management, 28, 287-306.

ALBERINI, A. (1995b), Testing Willingness-to-Pay Models of Discrete Choice Contingent Valuation Survey Data, Land Economics, 71(1), 83-95.

ALBERINI, A. (1995c), Efficiency vs. Bias of Willingness-to-Pay Estimates: Bivariate and Interval-Data Models, Journal of Environmental Economics and Management, 29, 169-80.

ALBERINI, A. / KANNINEN, B. / CARSON, R. (1997), Modeling Response Incentive Effects in Dichotomous Choice Contingent Valuation Data, Land Economics, 73(3), 309-24.

AMEMIYA, T. (1981), Qualitative Response Models: A Survey, Journal of Economic Literature, Vol. XIX, 1483-536.

AN, Y. (1997), Semiparametric Estimation of Willingness to Pay Distributions with Arbitrarily Grouped Data, Department of Economics, Duke University, Discussion Paper, May 1997.

AN, Y. / AYALA, R. (1996a), A Mixture Model of Willingness to Pay Distributions, Duke University and Central Bank, Ecuador, Discussion Paper, June 1996.

AN, Y. / AYALA, R. (1996b), Nonparametric Estimation of a Survivor Function with Across-Interval-Censored-Data, Duke University and Central Bank, Ecuador, Disussion Paper, April 1996.

ARROW, K. / SOLOW, R. / PORTNEY, P. / LEAMER, E. / RADNER, R. / SCHUMAN, H. (1993), Report on the NOAA Panel on Contingent Valuation: Natural Resource Damage Assessment Under the Oil Pollution Act of 1990, Federal Register, 58, 4601-14.

ARROW, K. (1950), A Difficulty in the Concept of Social Welfare, Journal of Political Economy, 88, 328-46.

BATEMAN, I. (1993), Valuation of the Environment, Methods and Techniques: Revealed Preference Methods, in: Turner, K. (ed.), 192-265.

BATEMAN, I. / LANGFORD, I. (1997), Budget-Constraint, Temporal, and Question-Ordering Effects in Contingent Valuation Studies, Environment and Planning A, 29(7), 1215-28.

BATEMAN, I. / LANGFORD, I. / TURNER, R. / WILLIS, K. / GARROD, G. (1995), Elicitation and Truncation Effects in Contingent Valuation Studies, Ecological Economics, 12, 161-79.

BATEMAN, I. / TURNER, R. (1993), Valuation of the Environment, Methods and Techniques: The Contingent Valuation Method, in: Turner, K. (ed.), 120-91.

BAUER, P. / SCHEIBER, V. / WOHLZOGEN, F. (1986), Sequentielle statistische Verfahren, Gustav Fischer Verlag, Stuttgart, N. Y.

BEN-AKIVA, M. / LERMAN, S. (1985), Discrete Choice Analysis: Theory and Application to Travel Demand, The MIT Press, Cambridge, Massachusetts.

BIEMER, P. / GROVES, R. / LYBERG, L. / MATHIOWETZ, N. / SUDMAN, S. (eds.), (1991), Measurement Errors in Surveys, Wiley Series in Probability and Mathematical Statistics, John Wiley & Sons, N. Y.

BISHOP, R. / HEBERLEIN, T. (1979), Measuring Values of Extramarket Goods: Are Indirect Measures Biased?, American Journal of Agricultural Economics, 61, 926-30.

BJORNSTAD, D. / CUMMINGS, R. / OSBORNE, L. (1997), A Learning Design for Reducing Hypothetical Bias in the Contingent Valuation Method, Environmental and Resource Economics, 10, 207-21.

BJORNSTAD, D. / KAHN, J. (eds.) (1996), The Contingent Valuation of Environmental Resources: Methodological Issues and Research Needs, Edward Elgar, Cheltenham, U.K.

BLEYMÜLLER, J. / GEHLERT, G. / GÜLICHER, H. (1992), Statistik für Wirtschaftswissenschaftler, 8. Auflage, Verlag Franz Vahlen GmbH, München.

BLOSSFELD, H. / HAMERLE, A. / MAYER, K. (1986), Ereignisanalyse: Statistische Theorie und Anwendung in den Wirtschafts- und Sozialwissenschaften, Campus-Verlag, Frankfurt.

BOCKSTAEL, N. / MCCONNELL, K. (1993), Public Goods as Characteristics of Non-Market Commodities, The Economic Journal, 103, 1244-57.

BOWKER, J. / STOLL, J. (1988), Use of the Dichotomous Choice Nonmarket Methods to Value the Whooping Crane Resource, American Journal of Agricultural Economics, 70, 372-81.

BOYLE, K. / DESVOGUES, W. / JOHNSON, F. / DUNFORD, R. / HUDSON, S. (1993), An Investigation of Part-Whole Biases in Contingent Valuation-Studies, Journal of Environmental Economics and Management, 27, 64-83.

BOYLE, K. / MACDONALD, H / CHENG, H. / MCCOLLUM, D. (1998), Bid Design and Yea Saying in Single-Bounded, Dichotomous-Choice Questions, Land Economics, 74(1), 49-64.

BOYLE, K. / BISHOP, R. (1988), Welfare Measurements Using Contingent Valuation: A Comparison of Techniques, American Journal of Agricultural Economics, 70, 21-8.

BOYLE, K. / WELSH, H. / BISHOP, R. (1993), The Role of Question Order and Respondent Experience in Contingent-Valuation Studies, Journal of Environmental Economics and Management, 25, S30-S99.

BOYLE, K. / WELSH, M. / BISHOP, R. (1988), Validation of Empirical Welfare Measures of Welfare Change: Comment, Land Economics, 64, No. 1, 94-8.

BRADEN, J. / KOLSTAD, C. (eds.) (1991), Measuring the Demand for Environmental Quality, Elsevier Science Publishers B.V., North-Holland.

BRESLAW, J. / SMITH, J. (1995), Measuring Welfare Changes when Quantity is Constrained, Journal of Business & Economic Statistics, 13(1), 95-103.

BROWN, C. / CHAMP, P. / BISHOP, R. / MCCOLLUM, D. (1996), Which Response Format Reveals the Truth about Donations to a Public Good?, Land Economics, 72(2), 152-66.

BROWN, T. (1984), The Concept of Value in Resource Allocation, Land Economics, 60(3), 231-46.

BÜNING, H. / TRENKLER, G. (1994), Nichtparametrische statistische Methoden, de Gruyter, Berlin.

CAMERON, T. (1988), A New Paradigm for Valuing Non-Market Goods Using Referendum Data: Maximum Likelihood Estimation by Censored Logistic Regression, Journal of Environmental Economics and Management, 15, 355-79.

CAMERON, T. / HUPPERT, D. (1989), OLS versus ML Estimation of Non-Market Values with Payment Card Interval Data, Journal of Environmental Economics and Management, 17, 230-46.

CAMERON, T. / QUIGGIN, J. (1994), Estimation Using Contingent Valuation Data from a Dichotomous Choice with Follow-up Questionnaire, Journal of Environmental Economics and Management, 27(3), 218-34.

CAMERON, T. / QUIGGIN, J. (1998), Estimation Using Contingent Valuation Data from a Dichotomous Choice with Follow-up Questionnaire: Reply, Journal of Environmental Economics and Management, 35, 195-99.

CARSON, R. / HANEMANN, M. / KOPP, R. / KROSNICK, J. / MITCHELL, R. / PRESSER, S. / RUUD, P. / SMITH, V. (1997), Temporal Reliability of Estimates from Contingent Valuation, Land Economics, 73(2), 151-63.

CARSON, R. / MITCHELL, R. / HANEMANN, M. / KOPP, R. / PRESSER, S. / RUUD, P. (1992), Contingent Valuation Study of Lost Passive Use Values Resulting from the Exxon Oil Spill, Attorney General of the State of Alaska, Anchorage.

CARSON, R. (1991), Constructed Markets, in: Braden, J. / Kolstad, C. (eds.), Chapter 5.

CARSON, R. (1998), Valuation of Tropical Rainforests: Philosophical and Practical Issues in the Use of Contingent Valuation, Ecological Economics, 24, 15-29.

CARSON, R. / FLORES, N. / HANEMANN, M. (1998), Sequencing and Valuing Public Goods, Journal of Environmental Economics and Management, 36, 314-23.

CARSON, R. / MITCHELL, R. (1995), Sequencing and Nesting in Contingent Valuation Surveys, Journal of Environmental Economics and Management, 28, 1155-73.

COMMON, M. / REID, I. / BLAMEY, R. (1997), Do Existence Values for Cost Benefit Analysis Exist?, Environmental and Resource Economics, 9, 225-38.

COOPER, J. (1993), Optimal Bid Selection for Dichotomous Choice Contingent Valuation Surveys, Journal of Environmental Economics and Management, 24, 25-40.

COOPER, J. (1994), A Comparison of Approaches to Calculating Confidence Intervals for Benefit Measures from Dichotomous Choice Contingent Valuation Surveys, Land Economics, 70(1), 111-22.

COOPER, J. / LOOMIS, J. (1992), Sensitivity of Willingness-to-Pay Estimates to Bid Design in Dichotomous Choice Contingent Valuation Models, Land Economics, 68(2), 211-24.

CREEL, M. (1997), Why do Referendum CVM Models often Work Well is Spite of Misspecification?, Working Paper, Universitat Autònoma de Barcelona, June 1997.

CREEL, M. / LOOMIS, J. (1997), Semi-Nonparametric Distribution-Free Dichotomous Choice Contingent Valuation, Journal of Environmental Economics and Management, 32, 341-58.

CROCKER, T. / SHOGREN, J. (1993), Dynamic Inconsistency in Valuing Environmental Goods, Ecological Economics, 7, 239-54.

CUMMINGS, R. / HARRISON, G. (1995), The Measurement and Decomposition of Nonuse Values: A Critical Review, Environmental and Resource Economics, 5, 225-47.

CUMMINGS, R. / HARRISON, G. / RUTSTRÖM, E. (1995), Homegrown Values and Hypothetical Surveys: Is the Dichotomous Choice Approach Incentive Compatible?, American Economic Review, 85, 260-6.

CUMMINGS, R. / TAYLOR, L. (1998), Does Realism Matter in Contingent Valuation Surveys?, Land Economics, 74(2), 203-15.

DAVIDSON, R. / MACKINNON, J. (1993), Estimation and Inference in Econometrics, Oxford University Press, N. Y., Oxford.

DAVIS, R. (1963), The Value of Outdoor Recreation: An Economic Study of the Maine Woods, Doctoral Dissertation in Economics, Harvard University.

DEATON, A. / MUELLBAUER, J. (1980), Economics and Consumer Behavior, Cambridge University Press, Cambridge.

DEVAUS, D. (1990), Surveys in Social Research, Second edition, Contemporary Social Research Series: 11, Kim Hup Le Printing, Singapore.

DIAMOND, P. (1996a), Discussion of the Conceptual Underpinnings of the Contingent Valuation Method by A. C. Fisher, in: Bjornstad, D. / Kahn, J. (eds.), 61-74.

DIAMOND, P. (1996b), Testing the Internal Consistency of Contingent Valuation Valuation Surveys, Journal of Environmental Economics and Management, 30, 337-47.

DUFFIELD, J. / PATTERSON, D. (1991), Inference and Optimal Design for a Welfare Measure in Dichotomous Choice Contingent Valuation, Land Economics 67(2), 225-39.

FABER, M. / MANSTETTEN, R. / PETERSEN, T. (1997), Homo Oeconomicus and Homo Politicus. Political Economy, Constitutional Interest and Ecological Interest, Kyklos, Vol. 50, Fasc. 4, 457-83.

FISHER, A. (1996), The Conceptual Underpinnings of the Contingent Valuation Method, in: Bjornstad, D. / Kahn, J. (eds.), 19-37.

FLORES, N. / CARSON, R. (1997), The Relationship between the Income Elasticities of Demand and Willingness to Pay, Journal of Environmental Economics and Management, 33, 287-95.

FREEMAN, M. (1993), The Measurement of Environmental and Resource Values: Theory and Methods, Resources for the Future, USA.

FRYKBLOM, P. (1998), Hypothetical Question Modes and Real Willingness to Pay, Journal of Environmental Economics and Management, 34, 275-87.

GARROD, G. / WILLIS, K. (1998), Using Contingent Ranking to Estimate the Loss of Amenity Value for Inland Waterways from Public Utility Service Structures, Environmental and Resource Economics, 12, 241-7.

GILJAM, M. / GRANBERG, D. (1993), Should We Take Don't Know for an Answer?, Public Opinion Quarterly, Vol. 57, 348-57.

GREEN, D. / JACOWITZ, K. / KAHNEMAN, D. / MCFADDEN, D. (1998), Referendum Contingent Valuation, Anchoring and Willingness to Pay for Public Goods, Resource and Energy Economics, 20, 85-116.

GREENE, W. (1993), Econometric Analysis, Second edition, Prentice Hall, Macmillan Publishing, London

GREENE, W. (1995), LIMDEP: Version 7.0 User's Manual, Econometric Software, N.Y.

GROTE, R. (1996), Direkte Demokratie in den Staaten der Europäischen Union, Staatswissenschaften und Staatspraxis, Heft 3, 317-63.

GROVES, R. / BIEMER, P. / LYBERG, L. / MASSEY, J. / NICHOLLS II, W. /WAKSBERG, J. (1988), Telephone Survey Methodology, Wileys Series in Probability and Marthematical Statistics, New York.

GROVES, R. (1989), Survey Errors and Survey Costs, Wileys Series in Probability and Marthematical Statistics, New York.

HAAB, T. (1997), Analyzing Multiple Question Contingent Valuation Surveys: A Reconsideration of the Bivariate Probit, East Carolina University, Greenville, North Carolina.

HAAB, T. (1998), Estimation Using Contingent Valuation Data from a Dichotomous Choice with Follow-up Questionnaire: A Comment, Journal of Environmental Economics and Management, 190-94.

HAAB, T. (1996), Indifference or Misspecification? The Distributional Impacts of Indifference on Dichotomous Choice Contingent Valuation, Discussion Paper, Department of Economics, East Carolina University.

HAAB, T. / MCCONNELL, K. (1997), Referendum Models and Negative Willingness to Pay: Alternative Solutions, Journal of Environmental Economics and Management, 32, 251-70.

HAAB, T. / MCCONNELL, K. (1998), Referendum Models and Economic Values: Theoretical, Intuitive and Practical Bounds on Willingness to Pay, Land Economics, 74(2), 216-29.

HADKER, N. / SHARMA, S. / DAVID, A. / MURALEEDHARAN, T. (1997), Willingness-to-pay for Borivli National Park: Evidence from a Contingent Valuation, Ecological Economics, 21,105-22.

HAFNER, R. (1989), Wahrscheinlichkeitsrechnung und Statistik, Springer-Verlag, Berlin, Heidelberg.

HANEMANN, M. (1984), Welfare Evaluations in Contingent Valuation Experiments with Discrete Responses, American Journal of Agricultural Economics, 66, 332-41.

HANEMANN, M. (1985a), Some Issues in Continuous- and Discrete-Response Contingent Valuation Studies, Northeastern Journal of Agricultural Economics, 5-13.

HANEMANN, M. (1985b), Welfare Analysis with Discrete Choice Models, Working Paper, No. 792, Department of Agricultural an Resource Economics, University of California at Berkely, USA.

HANEMANN, M. (1989), Welfare Evaluations in Contingent Valuation Experiments with Discrete Responses: Reply, American Journal of Agricultural Economics, 71, 1057-61.

HANEMANN, M. (1991), Willingness to Pay and Willingness to Accept: How much can they differ?, The American Economic Review, (June) 81(3), 635-47.

HANEMANN, M. (1994), Valuing the Environment through Contingent Valuation, Economic Perspectives, Vol. 8, 19-43.

HANEMANN, M. / KANNINEN, B. (1996), The Statistical Analysis of Discrete-Response CV Data, Department of Agricultural and Resource Economics, Working Paper No. 798, University of California at Berkeley.

HANEMANN, M. / KRISTRÖM, B. (1995), Preference Uncertainty, Optimal Designs and Spikes, in: Johannson, P. / Kriström, B. / Mäler, K. (eds.), 58-77.

HANEMANN, M. / LOOMIS, J. / KANNINEN, B. (1991), Statistical Efficiency of Double-Bounded Dichotomous Choice Contingent Valuation, American Journal of Agricultural Economics, 73, 1255-63.

HANLEY, J. / SHOGREN, J. / WHITE, B. (1997), Environmental Economics: In Theory and Practice, TJ Press (Padstow) Ltd., Bristol, England.

HANLEY, N. (1989), Valuing Non-Market Goods Using Contingent Valuation, Journal of Economic Surveys, 3(3).

HANLEY, N. / SPASH, C. (1993), Cost-Benefit Analysis and the Environment, Edward Elgar Publishing Company Ltd., USA.

HARRISON, G. / KRISTRÖM, B. (1995), On the Interpretation of Responses in Contingent Valuation Surveys, in: Johannson, P. / Kriström, B. / Mäler, K. (eds.), 35-57.

HAUSMAN, J. (ed.) (1993), Contingent Valuation: A Critical Assessment, Elsevier Science Publishers B. V., The Netherlands.

HAUSMAN, J. / LEONARD, G. / MCFADDEN, D. (1995), A Utility Consistent, Combined Discrete Choice and Count Data Model. Assessing Recreational Use Losses due to Natural Resource Damage, Journal of Public Economics, 56, 1-30.

HEAP, S. / HOLLIS, M. / LYONS, B. / SUGDEN, R. / WEALE, A. (1992), The Theory of Choice: A Critical Guide, Blackwell, Oxford UK & Cambridge USA.

HERRIGES, J. / SHOGREN, J. (1996), Starting Point Bias in Dichotomous Choice Valuation with Follow-Up Questioning, Journal of Environmental Economics and Management, 30, 112-31.

HOEHN, J. / RANDALL, A. (1987), A Satisfactory Benefit Cost Indicator from Contingent Valuation, Journal of Environmental Economics and Management, 14, 226-47.

HOGARTH, R. / REDER, M. (eds.) (1987), Rational Choice: The Contrast between Economics and Psychology, The University of Chicago Press, Chicago, London.

HOLMES, T. / KRAMER, R. (1995), An Independent Sample Test of Yea-Saying and Starting Point Bias in Dichotomous-Choice Contingent Valuation, Journal of Environmental Economics and Management, 29, 121-32.

HOSMER, J. / LEMESHOW, S. (1989), Applied Logistic Regression, John Wiley & Sons, N. Y.

HUANG, J. / HAAB, T. / WHITEHEAD, J. (1997), Willingness to Pay for Quality Improvements: Should Revealed and Stated Preference Data be Combined?, Journal of Environmental Economics and Management, 34, 240-55.

JAKOBSSON, K. / DRAGUN, A. (1996), Contingent Valuation and Endangered Species: Methodological Issues and Applications, Edward Elgar, Cheltenham, UK.

JOHANNSON, P. / KRISTRÖM, B. / MÄLER, K. (1989), Welfare Evaluations in Contingent Valuation Experiments with Discrete Responses: Comment, American Journal of Agricultural Economics, 71, 1054-6.

JOHANNSON, P. / KRISTRÖM, B. / MÄLER, K. (eds.) (1995), Current Issues in Environmental Economics, Manchester University Press, Manchester.

JOHNSON, N. / KOTZ, S. / BALAKRISHNAN, N. (1994), Distributions in Statistic: Continuous Univariate Distributions - Vol. 1, Second edition, John Wiley & Sons, N.Y.

JOHNSON, N. / KOTZ, S. / BALAKRISHNAN, N. (1995), Distributions in Statistic: Continuous Univariate Distributions - Vol. 2, Second edition, John Wiley & Sons, N.Y.

JORGENSEN, B. / SYME, G. / BISHOP, B. (1999), Protest Responses in Contingent Valuation, Environmental and Resource Economics, 14(1), 131-50.

JUDGE, G. / GIFFITHS, W. / LÜTKEPOHL, H. / LEE, T (1985), The Theory and Practice of Econometrics, Second edition, John Wiley & Sons, N. Y.

KAHNEMAN, D. / TVERSKY, A. (1979), Prospect Theory: An Analysis of Decision Making under Risk, Econometrica, 263-91.

KAHNEMANN, D. / KNETSCH, J. (1992), Valuing Public Goods: The Purchase of Moral Satisfaction, Journal of Environmental Economics and Management, 22, 57-70.

KAHNEMANN, D. / RITOV, I. / JACOWITZ, K. / GRANT, P. (1993), Stated Willingness to Pay for Public Goods: A Psychological Perspective, Psychological Science, 4(5), 310-5.

KANNINEN, B. (1993a), Design of Sequential Experiments for Contingent Valuation Studies, Journal of Environmental Economics and Management, 25 (Supplement), S1-S11.

KANNINEN, B. (1993b), Optimal Experimental Designs for Double-Bounded Dichotomous Choice Contingent Valuation, Land Economics, 69, 138-46.

KANNINEN, B. (1995), Bias in Discrete Response Contingent Valuation, Journal of Environmental Economics and Management, 28, 114-25.

KANNINEN, B. / KHAWAJA, M. (1995), Measuring Goodness of Fit for the Double-Bounded Logit Model, American Journal of Agricultural Economics, 77, 885-90.

KEITH, J. / FAWSON, C. (1996), Compliance Bias in Dichotomous Choice CVM: Some Evidence from a Utah Wilderness Study, Economic Research Study Paper, 96-27.

KILZ, H. (1997), Die Stimme des Egoismus, Süddeutsche Zeitung, Nr. 187, 4.

KLING, C. (1997), The Gains from Combining Travel Cost and Contingent Valuation Data to Value Nonmarket Goods, Land Economics, 73(3), 428-39.

KRAMER, R. / MERCER, D. (1997), Valuing a Global Environmental Good: U.S. Residents' Willingness to Pay to Protect Tropical Rain Forests, Land Economics, 73(2), 196-210.

KRISTRÖM, B. (1993), Comparing Continuous and Discrete Contingent Valuation Questions, Environmental and Resource Economics, 3, 63-71.

KRUTILLA, J. (1967), Conservation Reconsidered, American Economic Review, 57, 787-96.

LANGFORD, I. / BATEMAN, I. / LANGFORD, H. (1996), A Multilevel Modelling Approach to Triple-Bounded Dichotomous Choice Contingent Valuation, Environmental and Resource Economics, 7, 197-211.

LARSON, D. (1993), On Measuring Existence Value, Land Economics, 69(4), 377-88.

LEE, E. (1992), Statistical Methods for Survival Data Analysis, John Wiley & Sons, Inc., 2nd edition, N.Y.

LEÓN, C. / VÁZQUEZ-POLO, F. (1998), A Bayesian Approach to Double Bounded Contingent Valuation, Environmental and Resource Economics, 11, 197-215.

LI, C. (1996), Semiparametric Estimation of the Binary Choice Model for Contingent Valuation, Land Economics, 72(4), 462-73.

LOCKWOOD, M. / LOOMIS, J. / DELACY, T. (1994), The Relative Unimportance of a Nonmarket Willingness to Pay for Timber Harvesting, Ecological Economics, 9, 145-52.

LOEWENSTEIN, G. / ADLER, D. (1995), A Bias in the Prediction of Tastes, The Economic Journal, 105, 929-37.

LOOMIS, J. / BROWN, T. / LUCERO, B. / PETERSON, G. (1997), Evaluating the Validity of the Dichotomous Choice Question Format in Contingent Valuation, Environmental and Resource Economics, 10, 109-23.

LORENZ, R. (1996), Grundbegriffe der Biometrie, 4. Auflage, Gustav Fischer-Verlag, Stuttgart.

MADDALA, G. (1983), Limited Dependent and Qualitative Variables in Econometrics, Econometrics Society Monographs No. 3, Cambridge University Press, USA.

MAIER, G. / WEISS, P. (1989), Modelle diskreter Entscheidungen: Theorie und Anwendung in den Wirtschafts- und Sozialwissenschaften, Springer-Verlag, Berlin, Heidelberg.

MÄLER, K. (1974), Environmental Economics: A Theoretical Inquiry, Baltimore, John Hopkins.

MARGGRAF, R. / STREB, S. (1997), Ökonomische Bewertung der natürlichen Umwelt: Theorie, politische Bedeutung, ethische Diskussion, Spektrum Akademischer Verlag, Heidelberg.

MAZOTTA, M. / OPALUCH, J. (1995), Decision Making when Choices are Complex: A Test of Heiner's Hyothesis, Land Economics, 71(4), 500-15.

MCFADDEN, D. (1974), Conditional Logit Analysis of Qualitative Choice Behavior, in: Zarembka, P. (ed.), 105-42.

MCFADDEN, D. (1994), Contingent Valuation and Social Choice, American Journal of Agricultural Economics, 76, 689-708.

MCFADDEN, D. (1995), Why is Natural Resource Damage Assessment so Hard?, Working Paper, University of California, Berkeley.

MCFADDEN, D. / LEONARD, G. (1993), Issues in the Contingent Valuation of Environmental Goods: Methodologies for Data Collection and Analysis, in: Hausman, J. (ed.), 165-208.

MENARD, S. (1995), Applied Logistic Regression Analysis, Sage Publications, Sage.

MEYERHOFF, J. / PETSCHOW, U. (1995), Natur und Umwelt in der Kosten-Nutzen-Analyse der Bundesverkehrswegeplanung, Zeitschrift für angewandte Umweltforschung, Jg. 8, Heft 4, 44-56.

MITCHELL, R. / CARSON, R. (1989), Using Surveys to Value Public Goods: The Contingent Valuation Method, Resources for the Future, Washington D.C., USA.

MOONEY, C. / DUVAL, R. (1993), Bootstrapping: A Nonparametric Approach to Statistical Inference, Sage University Papers, 95, Newbury Park.

MÜHLENKAMP, H. (1994), Kosten-Nutzen-Analyse, Oldenbourg-Verlag, München.

NAPE, S. / FRYKBLOM, P. / HARRISON, G. / LESLEY, J. (1995), Hypothetical Bias and Willingness to Accept, Economic Working Paper Series, B-95-09, University of South Carolina.

NICKERSON, C. (1995), Does Willingness to Pay Reflect the Purchase of Moral Satisfaction? A Reconsideration of Kahnemann und Knetsch, Journal of Environmental Economics and Management, 28, 126-33.

NYQUIST, H. (1992), Optimal Designs of Discrete Response Experiments in Contingent Valuation Studies, The Review of Economics and Statistics, 559-63.

PARK, T. / LOOMIS, J. (1992), Comparing Models for Contingent Valuation Surveys: Statistical Efficiency and the Precision of Benefit Estimates, Northeastern Journal of Agricultural Economics, October 1992, 170-6.

PARK, T. / LOOMIS, J. / CREEL, M. (1991), Confidence Intervals for Evaluating Benefits Estimates from Dichotomous Choice Contingent Valuation Studies, Land Economics, 67(1), 64-73.

PATE, J. / LOOMIS, J. (1997), The Effect of Distance on Willingness to Pay Values: A Case Study of Wetlands and Salmon in California, Ecological Economics, 20, 199-207.

PETHIG, R. (ed.) (1994), Valuing the Environment: Methodological and Measurement Issues, Kluwer Academic Publishers, Dodrecht, The Netherlands.

PETSCHOW, U. / MEYERHOFF, J. (1993), Ökonomisch-ökologische Bewertung des Projekts 17 Deutsche Einheit-Aufbau der Havel zur Großschiffahrtsstraße, Schriftenreihe des IÖW, 63/93, Berlin.

POE, G. / SEVERANCE-LOSSIN, E. / WELSH, M. (1994), Measuring the Difference (X-Y) of Simulated Distributions: A Convolutions Approach, American Journal of Agricultural Economics, 76, 904-15.

POE, G. / WELSH, M. / CHAMP, P. (1997), Measuring the Difference in Mean Willingness to Pay when Dichotomous Choice Contingent Valuation Responses are not Independent, Land Economics, 73(2), 255-67.

POPE, C. III/ PERRY, G. (1989), Individual versus Social Discount Rates in Allocating Depleatable Natural Resources over Time, Economics Letters, 29, 257-64.

PRICE, C. (1993), Time, Discounting and Value, Blackwell Publishers, Oxford, UK.

PUDNEY, S. (1989), Modelling Individual Choice-The Econometrics of Corners, Kinks and Holes, Basil Blackwell Ltd., UK.

RANDALL, A. / HOEHN, J. (1996), Embedding in Market Demand Systems, Journal of Environmental Economics and Management, 30, 369-80.

READY, R. / BUZBY, J. / HU, D. (1996), Differences between Continuous and Discrete Contingent Valuation Estimates, Land Economics, 72(3), 397-411.

READY, R. / HU, D. (1995), Statistical Approaches to the Fat Tail Problem for Dichotomous Choice Contingent Valuation, Land Economics, 71(4), 491-99.

READY, R. / WHITEHEAD, J. / BLOMQUIST, G. (1995), Contingent Valuation when Respondents are Ambivalent, Journal of Environmental Economics and Management, 29, 181-96.

RÖMER, A. (1993), Was ist den Bürgern die Verminderung eines Risikos wert? Eine Anwendung des kontingenten Bewertungsansatzes auf das Giftmüllrisiko, Allokation im marktwirtschaftlichen System, Bd. 34, Peter Lang-Verlag, Frankfurt a. M.

RONNING, G. (1991), Mikroökonometrie, Springer-Verlag, Berlin, Heidelberg.

RÜGER, B. (1996), Induktive Statistik: Einführung für Wirtschafts- und sozialwissenschaftler, R. Oldenbourg Verlag, München, Wien.

SCHAICH, E. (1990), Schätz- und Testmethoden für Sozialwissenschaftler, 2. Aufl., Verlag Franz Vahlen GmbH, München.

SCHIEREN, S. (1996), Plebiszitäre Elemente in der parlamentarischen Demokratie. Einige theoretische Überlegungen zu den Verfahrensproblemen, Staatswissenschaften und Staatspraxis, Heft 1, 63-86.

SCHLUCHTER, W. / ELGER, U. / HÖNIGSBERGER, H. (1991), Die psychoszialen Kosten der Umweltverschmutzung, Texte Umweltbundesamt.

SCHULZ, W. (1985), Der monetäre Wert besserer Luft, Peter Lang Verlag, Frankfurt a. M.

SCHULZE, W. / MCCLELLAND, G. / LAZO, J. / ROWE, R. (1998), Embedding and Calibration in Measuring Non-Use Values, Resource and Energy Economics, 20, 163-78.

SCHUMAN, H. (1996), The Sensitivity of CV Outcomes to CV Survey Methods, in: Bjornstad, D. / Kahn, J. (eds.), 75-96.

SCHWARZ, N. / STRACK, F. / HIPPLER, H. / BISHOP, G. (1991), The Impact of Administration Mode on Response Effects in Survey Measurement, Applied Cognitive Psychology, Vol. 5, 193-212.

SELLAR, J. / CHAVAS, J. / STOLL, J. (1986), Specification of the Logit Model: The Case of Valuation of Nonmarket Goods, Journal of Environmental Economics and Management, 13, 382-90.

SEN, A. (1979), Collective Choice and Social Welfare, North-Holland, Amsterdam.

SHECHTER, M. / FREEMAN, S. (1994), Nonuse Value: Reflections of the Definition and Measurement, in: Pethig, R. (ed.), Chapter 7.

SHOGREN, J. / SHIN, S. / HAYES, D. / KLIEBENSTEIN, J. (1994), Resolving Differences in Willingness to Pay and Willingness to Accept, The American Economic Review, 84(1), 255-70.

SÖLLNER, F. (1997), Die Ökologische Ökonomie-ein neuer Ansatz zur Lösung der Umweltproblematik, Wirtschaftsdienst, VII, 423-8.

STEPHAN, G. / AHLHEIM, M. (1996), Ökonomische Ökologie, Springer-Verlag, Berlin.

STEVENS, T. / DECOTEAU, N. / WILLIS, C. (1997), Sensitivity of Contingent Valuation to Alternative Payment Schedules, Land Economics, 73(1), 140-8.

SVENTO, R. (1993), Some Notes on Trichotomous Choice Discrete Valuation, Environmental and Resource Economics, 3, 533-43.

SVENTO, R. (1999), On the Asymmetry of the Vagueness Band in WTP-Answers, Environmental and Resource Economics, 14(1), 151-63.

TURNBULL, B. (1976), The Empirical Distribution Function with Arbitrarily Grouped, Censored and Truncated Data, Journal of the Royal Statistical Society Series, B 38, 290-5.

TURNER, K. (1993), Sustainable Environmental Economics and Management: Principles and Praxis, John Wiley & Sons, Chichester.

TVERSKY, A. / KAHNEMANN, D. (1987), Rational Choice and the Framing of Decisions, in: Hogarth, R. / Reder, M. (eds.), 67-94.

TVERSKY, A. / SLOVIC, P. / SATTATH, S. (1988), Contingent Weighting in Judgement and Choice, Psychological Review, 95(3), 371-84.

WAGNER, R. (1998), Konsistenzprüfungen von Nutzen-Kosten-Analysen mit der Kontingenten Evaluierungsmethode, Aktuelle Reihe, BTU Cottbus, 6/98.

WALLS, D. (1999), Volatility, Volume and Maturity in Electricity Futures, Applied Financial Economics, 9, 283-7.

WANG, H. (1997), Treatment of `Don't-Know' Responses in Contingent Valuation Surveys: A Random Valuation Model, Journal of Environmental Economics and Management, 32, 219-32.

WEISBROD, B. (1964), Collective-Consumption Services of Individual-Consumption Goods, Quarterly Journal of Economics, 78, 471-7.

WHITEHEAD, J. / BLOMQUIST, G. / READY, R. / HUANG, J. (1998), Construct Validity of Dichotomous and Polychotomous Choice Contingent Valuation Questions, Environmental and Resource Economics, 11, 107-16.

WHITEHEAD, J. / HOBAN, T. (1999), Temporal Reliability in Contingent Valuation, Land Econimcs, 75(3), 453-65.

WHITEHEAD, J. / HUANG, J. (1997), Albermale-Pamlico Sounds Economic Survey: Data Appendix, Department of Economics, East Carolina University, http://personal.ecu.edu/whiteheadj.

WHITTINGTON, D. (1996), Administering Contingent Valuation Surveys in Developing Countries, University of North Carolina at Chapel Hill, Department of Environmental Sciences & Engineering, Discussion Paper.

ZAREMBKA, P. (ed.) (1974), Frontiers in Econometrics, Economic Theory and Mathematical Economics, Academic Press, N.Y.

FSC
www.fsc.org
MIX
Papier | Fördert
gute Waldnutzung
FSC® C083411

Kolibri 360 GmbH
Ferdinand-Jühlke-Straße 7
99095 Erfurt, Deutschland
produktsicherheit@kolibri360.de

Druck:
CPI Druckdienstleistungen GmbH
im Auftrag der
Kolibri 360 GmbH
Ferdinand-Jühlke-Str. 7
99095 Erfurt